ユーザ中心ウェブサイト戦略

USER CENTERED WEBSITE STRATEGY
Practice of the Usability Science via the Hypothesis Testing Approach
Yukiko Takei and Naoki Endo, beBit, Inc.

仮説検証アプローチによるユーザビリティサイエンスの実践

株式会社ビービット
武井由紀子／遠藤直紀

SoftBank Creative

■本書に掲載されている会社名、商品名、製品名などは、一般に各社の商標または登録商標です。
■本書中では、TM、®マークは明記しておりません。

本書の内容は、著作権法による保護を受けております。著作権者、出版権者の文書による許諾を得ずに、本書の内容の一部あるいは全部を無断で複写、複製することは禁じられております。

目次

序章 1

- 0.1 ユーザ視点に基づいたウェブビジネスの構築 2
  - 0.1.1 ユーザ事例紹介 2
- 0.2 本書の目的 11
  - 0.2.1 ウェブビジネスを成功に導く方法論 11
  - 0.2.2 ユーザ中心、顧客中心の本質 13
- 0.3 本書の特徴 14
  - 0.3.1 理論と実践 14
  - 0.3.2 豊富な事例 15

第I部 ウェブビジネスを成功に導く方法論 17

第1章 ユーザ中心思想の背景とネットユーザ行動特性 19

- 1.1 徹底したユーザ理解が成功の秘訣 20
- 1.2 ウェブサイトはセルフサービスメディア 22
- 1.3 時代背景から見るユーザ中心の必要性 24
  - 1.3.1 企業理念に掲げた顧客中心の実態 24
  - 1.3.2 時代背景 24
  - 1.3.3 インターネット革命による消費者の情報武装 ... 29
- 1.4 インターネットと既存システムの違い 33
  - 1.4.1 生産と消費のシステムの違い 33
  - 1.4.2 コミュニケーションシステムの違い 35
  - 1.4.3 情報システムの違い 37
- 1.5 ネットユーザの行動特性 39
  - 1.5.1 前のめり型メディア 40
  - 1.5.2 斜め読みメディア 41
  - 1.5.3 新鮮・網羅メディア 42
  - 1.5.4 遠慮不要メディア 42
  - 1.5.5 比較メディア 43

目次

第2章　ユーザ中心設計手法とは　……………………………… 45

- 2.1　ユーザ中心設計　………………………………………………… 46
  - 2.1.1　ユーザ中心設計の概念　……………………………… 46
  - 2.1.2　ユーザ中心設計のゴール　…………………………… 47
- 2.2　ユーザ中心設計のプロセス　…………………………………… 49
  - 2.2.1　従来の方法論との違い　……………………………… 53
- 2.3　ユーザ中心設計の特徴　………………………………………… 55
  - 2.3.1　ユーザターゲティング　……………………………… 55
  - 2.3.2　ユーザシナリオのデザイン　………………………… 57
  - 2.3.3　実ユーザによる検証　………………………………… 58
  - 2.3.4　費用対効果を高めるスパイラル手法　……………… 60
  - 2.3.5　早期可視化による品質向上　………………………… 61
- 2.4　ユーザ中心設計によるウェブビジネス成功のポイント　…… 64
  - 2.4.1　ユーザの接点と振る舞いを総合的に把握　………… 64
  - 2.4.2　ユーザ視点でサイトの価値を定義　………………… 68
  - 2.4.3　誠実な対応と徹底した情報開示　…………………… 69
  - 2.4.4　主導権をユーザに付与　……………………………… 70
  - 2.4.5　組織、業務プロセス、システムの最適化　………… 71
  - 2.4.6　スピーディな対応の実現　…………………………… 72
  - 2.4.7　ユーザ視点での画面設計　…………………………… 73

第3章　ユーザ中心設計を進めるツール　………………………… 75

- 3.1　仮説検証ツール　………………………………………………… 76
  - 3.1.1　仮説検証ツールの必要性　…………………………… 76
  - 3.1.2　仮説検証ツールの種類　……………………………… 77
- 3.2　ツール活用の基本姿勢──意見より行動を重視　…………… 85
  - 3.2.1　ニーズ言語化の限界　………………………………… 86
  - 3.2.2　言語化されたニーズと実際の行動のギャップ　…… 87
  - 3.2.3　過去と現在の行動を分析　…………………………… 91
  - 3.2.4　仮説検証の回数　……………………………………… 92
- 3.3　ユーザビリティテスト　………………………………………… 93
  - 3.3.1　実例紹介　……………………………………………… 94
  - 3.3.2　ユーザビリティテストの概要　……………………… 98
    - Column　テストはコストか？　……………………… 102
  - 3.3.3　ユーザ中心設計におけるテストの位置付け　……… 103
  - 3.3.4　ユーザビリティテストの実践ステップ　…………… 107
  - 3.3.5　簡易ユーザビリティテスト　………………………… 124
    - Column　複数画面案のテスト　……………………… 125
- 3.4　画面プロトタイプ　……………………………………………… 126
  - 3.4.1　画面プロトタイプの意義　…………………………… 127

3.4.2　画面プロトタイプ作成の目的 ……………………………… 128
　　　3.4.3　画面プロトタイプ作成ツール ……………………………… 129
　　　3.4.4　画面プロトタイプ作成担当者 ……………………………… 130
　　　3.4.5　画面プロトタイプ作成範囲 ………………………………… 131
　　　3.4.6　画面プロトタイプとビジュアルデザインの関係 ………… 132
　3.5　アクセスログ解析 …………………………………………………… 133
　　　3.5.1　アクセスログとは …………………………………………… 133
　　　3.5.2　アクセスログ解析項目 ……………………………………… 135
　　　3.5.3　アクセスログ解析による検証 ……………………………… 137
　　　3.5.4　アクセスログの本質と限界 ………………………………… 139
　　　3.5.5　アクセスログ解析の前提条件 ……………………………… 145
　　　3.5.6　アクセスログ解析のポイント ……………………………… 148
　　　3.5.7　アクセスログの活用 ………………………………………… 149
　3.6　社内ヒアリング ……………………………………………………… 151
　　　3.6.1　社内ヒアリングの目的と効果 ……………………………… 151
　　　3.6.2　社内ヒアリングの基本姿勢 ………………………………… 152
　3.7　その他のツール ……………………………………………………… 154

第II部　ユーザ中心設計の進め方 …………………………… 159

第1章　サイト戦略の立案 ………………………………………… 161

　1.1　サイト戦略立案の意義 ……………………………………………… 162
　　　1.1.1　サイト戦略立案のゴール …………………………………… 163
　　　1.1.2　サイト戦略策定の効果 ……………………………………… 163
　1.2　サイトの目的の設定 ………………………………………………… 165
　　　1.2.1　サイト上位の企業戦略、事業戦略から導出 ……………… 166
　　　1.2.2　他媒体との役割分担を明確化 ……………………………… 167
　　　1.2.3　サイト目的立案の注意点 …………………………………… 169
　　　1.2.4　事例紹介 ……………………………………………………… 170
　1.3　サイトの目標値の設定 ……………………………………………… 173
　　　1.3.1　サイト目的から目標値を設定 ……………………………… 174
　　　1.3.2　測定可能な指標を選択 ……………………………………… 175
　　　1.3.3　比較可能な指標を選択 ……………………………………… 176
　　　1.3.4　検証作業を通じて目標見直し ……………………………… 177
　1.4　ターゲットユーザの定義 …………………………………………… 178
　　　1.4.1　自分とユーザは異なることを意識 ………………………… 178
　　　1.4.2　既存データを参照してターゲットユーザを設定 ………… 179
　　　1.4.3　ユーザ行動に影響を与える要素で分類 …………………… 180
　　　　　　Column　デモグラフィック属性での分類は時代遅れか？ ……… 182

1.5　ユーザのニーズ・心理の想定 …… 183
- 1.5.1　ユーザのニーズを検討 …… 184
- 1.5.2　ユーザのインセンティブを検討 …… 185
- 1.5.3　ユーザの心理状態を検討 …… 188

1.6　ユーザ環境の定義 …… 189
- 1.6.1　認知・流入経路、状況の洗い出し …… 189
- 1.6.2　接続環境の定義 …… 192
- 1.6.3　競合、代替、仲間を調査 …… 193

1.7　ユーザ行動シナリオの策定 …… 200
- 1.7.1　ユーザ行動シナリオとは …… 201
- 1.7.2　従来のシナリオとの違い …… 202
- 1.7.3　ユーザ行動シナリオを理解するためのワークショップ …… 203
- 1.7.4　シナリオ策定のポイント …… 209
- 1.7.5　シナリオ策定方法 …… 213
- 1.7.6　検証ごとにシナリオを精緻化 …… 218

第2章　サイト戦略の検証 …… 221

2.1　サイト戦略検証のポイント …… 222

2.2　社内ヒアリングの実施 …… 224
- 2.2.1　ヒアリングすべき情報のリストアップ …… 224
- 2.2.2　ヒアリング対象者の選定 …… 227
- 2.2.3　日程調整 …… 229
- 2.2.4　ヒアリング項目事前送付 …… 229
- 2.2.5　ヒアリング実施のコツ …… 232
- 2.2.6　社内ヒアリングの具体例 …… 233
- 2.1.7　ヒアリング結果の分析と修正 …… 237

2.3　画面プロトタイプ作成 …… 238
- 2.3.1　主要ページ画面プロトタイプの作成 …… 239
- 2.3.2　画面プロトタイプの精度 …… 241

2.4　第1回ユーザビリティテスト …… 243
- 2.4.1　目的と検証ポイント …… 244
- 2.4.2　テスト実施のタイミング …… 246
- 2.4.3　テスト人数 …… 246
- 2.4.4　テスト進行のコツ …… 247
- 2.4.5　テスト観察・分析のコツ …… 249
- 2.4.6　テストの具体例 …… 250
- 2.4.7　テスト結果分析 …… 251
- 2.4.8　サイト戦略の修正とユーザシナリオの精緻化 …… 252

2.5　アンケートによる市場規模検証 …… 255

第3章 サイト基本導線設計と検証 …… 257

- 3.1 要件定義 …… 258
  - 3.1.1 要件定義とは …… 258
  - 3.1.2 要件定義を行う意義 …… 260
  - 3.1.3 要件定義の方法、注意点 …… 261
  - 3.1.4 要件定義の具体例 …… 263
- 3.2 重要画面設計 …… 265
  - 3.2.1 サイト基本導線の定義 …… 265
  - 3.2.2 重要画面プロトタイプの作成 …… 267
  - 3.2.3 基本導線設計、重要画面プロトタイプ作成における ポイント …… 268
- 3.3 第2回ユーザビリティテスト …… 273
  - 3.3.1 検証ポイント …… 274
  - 3.3.2 テスト実施のコツ …… 274
  - 3.3.3 テスト結果分析とシナリオ、画面の修正 …… 275

第4章 サイト詳細画面設計と検証 …… 277

- 4.1 詳細画面設計 …… 278
  - 4.1.1 重要画面の詳細設計 …… 279
  - 4.1.2 そのほかの画面の設計 …… 280
  - 4.1.3 詳細設計時のポイント …… 281
- 4.2 重要ページビジュアルデザイン …… 289
  - 4.2.1 顧客接点を考慮したデザイン …… 291
  - 4.2.2 デザインの自由度 …… 291
- 4.3 第3回ユーザビリティテスト …… 293
  - 4.3.1 検証ポイント …… 293
  - 4.3.2 テスト実施のコツ …… 294
  - 4.3.3 テスト結果を受けてのシナリオ、画面修正 …… 295
- 4.4 ページ制作 …… 296
- 4.5 サイトリリース準備 …… 297
  - 4.5.1 リリース後こそがサイト運営の本番 …… 298

第5章 サイトの効果検証 …… 299

- 5.1 運用の重要性 …… 300
  - 5.1.1 効果検証の必要性 …… 301
  - 5.1.2 効果検証を阻む壁 …… 302
  - Column 効果検証は意外に簡単 …… 305
- 5.2 効果検証の手順 …… 306

5.3 効果検証目的の明確化 ……… 307
- 5.3.1 効果検証の目的 ……… 307
- 5.3.2 社内説得・啓蒙を目的としたサイトの効果検証 ……… 307
  - Column サイト効果検証の未来形 ……… 309

5.4 検証項目の定義 ……… 310
- 5.4.1 サイト目的からの検証項目導出方法 ……… 311

5.5 検証手法の選択 ……… 315
- 5.5.1 最低限必要な検証手法 ……… 315
- 5.5.2 検証頻度 ……… 317
- 5.5.3 改善プロセスへの引き継ぎ ……… 317
  - Column 社内説得が目的の場合の評価手法の選択 ……… 319

5.6 アクセスログ解析 ……… 320
- 5.6.1 ページビュー、アクセス数を定期的に確認してトレンドを把握 ……… 320
- 5.6.2 実際のサイトと照らし合わせて分析 ……… 321
- 5.6.3 数値を過去データやほかのページと比較 ……… 321
- 5.6.4 検証と改善の反復による検証精度の向上 ……… 324
- 5.6.5 ログ解析事例 ……… 324

5.7 ユーザビリティテスト ……… 326
- 5.7.1 運用時のユーザビリティテスト ……… 326
- 5.7.2 パフォーマンス測定 ……… 327
- 5.7.3 競合調査 ……… 329
  - Column さまざまなサイト評価サービスに無駄な投資をしないために ……… 330

5.8 その他の手法によるサイトの効果検証 ……… 331
- 5.8.1 アンケート調査 ……… 331
- 5.8.2 インタビュー調査 ……… 338
- 5.8.3 チェックリスト評価（ヒューリスティック評価）……… 339
- 5.8.4 視聴率調査 ……… 341
  - Column サイト運営効果の算出 ……… 343

あとがき ……… 344

索引 ……… 346

著者紹介 ……… 351

序章

0.1 ユーザ視点に基づいたウェブビジネスの構築

　インターネットの爆発的普及に伴い、企業にとってウェブサイトは単なる自社の告知媒体ではなく、見込み客の顧客化や顧客との関係構築をもたらす経営の重要チャネルとして位置付けられるようになってきている。たとえるなら、ウェブサイトは"パンフレット"を脱却して"営業マン"や"支店"あるいは"本社"と同等の機能を持ちつつあると言えるだろう。しかしながら、ウェブサイトを活用したビジネスで成果を上げているのはまだ一握りにすぎず、巨大資本をバックにウェブの世界に参入した有名企業のサイトであっても、あっという間に閉鎖に追い込まれるケースもある。ウェブビジネスの成功と失敗の分かれ道はどこにあるのか？　筆者は、その答えは「ユーザ（顧客）の理解とユーザ視点からのビジネスの組み立て」にあると考えている。ウェブビジネスではどれだけユーザ中心に戦略・戦術を立てることができたかが成否を分けるのである。

　以下では、成功した先進的な事例をいくつか紹介する。

0.1.1 ユーザ事例紹介

成功事例① 住宅ローン問い合わせ数が大幅増加

サイト	：三井住友銀行　住宅ローンページ（新規借り入れ部分）
業種	：金融機関
サイト概要	：住宅ローンの各種商品案内を行うとともに、入力フォームに必要事項を記入して送信することで、住宅ローン事前申し込みと相談が受けられるサービスを実施している。
成果	：2002年、ユーザ中心設計手法を用いたリニューアルにより、住宅ローンへの問い合わせ（診断サービス申し込み）数が大幅に増加

リニューアル前の課題

　商品パンフレットをそのままサイトに掲載していたため、コンテンツは商品案内とシミュレーション程度であった。

リニューアル前

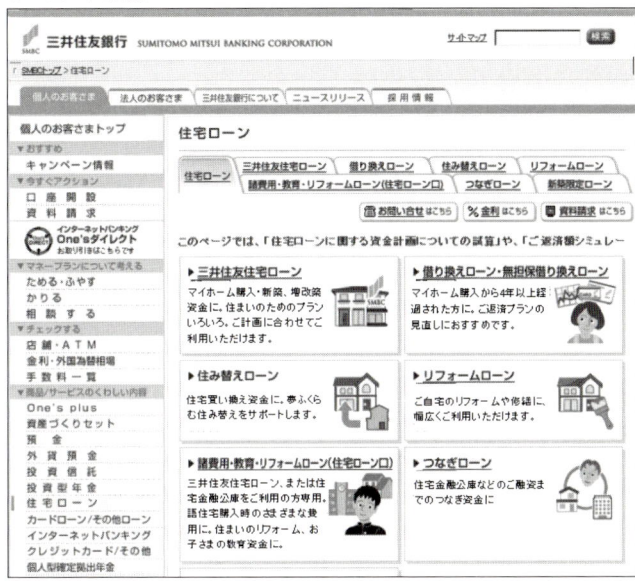

リニューアル後

また、住宅ローンの事前申し込み・相談サービスといったサービスを「住宅ローン申し込み」と表記しており、住宅ローンの最終的な申し込みができるかのような誤解をユーザに与えていた。さらに、キャンペーン商品やお勧め商品が判別できないなど、銀行サイトで住宅ローン商品情報を収集するユーザのニーズに沿ったコンテンツが不足していた。このため、お問い合わせ（相談サービス利用）への動機付けを弱めていた。

リニューアルのポイント

　さまざまな角度からユーザへの調査、検証作業（以降、ユーザ検証）を行い、ほか金融機関との比較検討を行っているユーザの実態やニーズを把握し、その状況に即したユーザシナリオを設計および実装した。

　具体的にはユーザの基本ニーズである「商品ラインナップ」「適用金利」「各種の優遇サービス」などを明確にするとともに、比較検討をしているユーザ向けのコンテンツを用意した。

　特に、多くのユーザが金利だけを比較検討している点に着目し、「比較検討のポイント」というページにおいて、金利以外の項目も加味して検討すれば、より有利なローンが見つかることを説明するようにした。金利至上の考え方に疑問を呈することで一個人の情報収集力では限界があることを認識してもらい、住宅ローン相談機能の利用が有効であることをアピールした。また、「住宅ローン申し込み」という機能名称に対するユーザの誤解を解き、さらに申し込みを動機付けするために「住宅ローン診断サービス」に改称した。

解説

　当時、大半のユーザは住宅金融公庫のローンを利用していた。にもかかわらず、わざわざインターネットで銀行の住宅ローン情報を収集するユーザについて徹底的にユーザ検証を行い、ニーズや行動パターンを把握し、サイト戦略を立案した。

　その際には、ユーザ検証で見えてきた、ユーザの「比較」行動とユーザが一番気にしている「金利」というニーズとの関係に着目した。ユーザの心理面も踏まえて、銀行が提供できる無料の相談機能という価値をユーザが認識できるようにして、相談問い合わせ件数の増加を実現した。同時に、このシナリオに全ユーザが気がつくような仕掛けを随所に織り交ぜた。

一見、リニューアル前後でページに大きな変化はないように見えるが、その裏にはユーザの行動パターン、心理の動きを前提にしたシナリオが組まれ、最終的に問い合わせにつながる導線が実装されている。

　提供する商品・サービス内容はまったく変えず、それらの見せ方だけを変えただけにもかかわらず、サイトリニューアル後に申し込み数は急増した。アクセスログ解析による効果検証でも、事前の行動仮説の妥当性が検証された。さらに、サイトリニューアル後も定期的に検証と修正を繰り返し、成果の維持・向上に努めている。

　住宅ローンは1件あたり数千万円という高額金融商品であり、さらに、メインバンク機能もまとめて獲得できるなど波及効果の大きい商品でもある。問い合わせ数の増加は、当然のごとく成約数の増加をもたらした。1.5ヶ月という短い期間でサイトリニューアルを実施したが、費用対効果は極めて大きかったと言える。

成功事例②　売上げが月間4億円アップ

サイト　　　：PCサクセス
業種　　　　：オンライン販売
サイト概要　：パソコン本体や周辺機器、デジカメ、家電などを扱うオンラインショップ。各種セールイベントの実施やユーザ本位のサイト作りにより急成長を遂げている。
成果　　　　：2005年、買い物カゴから購入手続き部分をユーザ検証を踏まえてリニューアルしたことにより、カート放棄率15％が改善、月間売上げが4億円増加

リニューアル前の課題

　目当ての商品を買い物カゴに入れたユーザにとって、買い物カゴ内で送料や代金支払い方法、納期などが見つけづらく、購入を躊躇・断念させる原因となっていた。

　また、購入手続きに進んだ際に、入力フォームにおいて入力すべき事項がわかりづらく、そのためユーザによっては入力エラーが頻発することがあり、購入をあきらめさせてしまう可能性が高かった。

リニューアルのポイント

　送料や代金支払い方法、納期が買い物カゴ画面で閲覧されることを意識した画面に変更し、スムーズな購入手続きへの誘導を促進した。

　また、入力フォームでは入力項目の明確化や具体例の表記、画面分割を行い、ユーザの入力負荷軽減を物理的にも心理的にも実現した。

解説

　この事例では、サイトの中でも、買い物カゴから購入手続きまでのプロセスにおいて、「どのタイミングでどの情報をどう見せれば購入完了に結び付くのか」という観点から仮説検証を繰り返し、リニューアルを行った。

　ユーザ検証の結果、ユーザは商品を買い物カゴに入れたら、そのまますぐ商品購入手続きに進むのではなく、買い物カゴに入っている商品を眺めて初めて「送料」「支払い方法」などについて知りたいと思ったり、「納期」を改めて確認することがわかった。また、商品を買い物カゴに入れる前であっても送料などが知りたいと思った場合には、買い物カゴにアクセスする傾向があることが把握できた。そのため、買い物カゴ画面では、送料などを適切な形で提示するように改善した。入力フォーム部分では、ユーザが入力しなければならない部分を減らすなど、操作および見た目を改善した。

　このようにユーザ行動を想定し、適切なタイミングでユーザの疑問に答えることで、結果としてカート放棄率が15％改善され、売上げも増加した。もちろん、この結果にはサイトリニューアル以外の要因、キャンペーンやユーザ数増加、SEO効果などもあると考えられるが、それでもサイト改善による経済効果は一定あったと言える事例である。

成功事例③　1人あたりページビュー数が1.5倍に

サイト	：本田技研工業株式会社　企業サイト
業種	：製造業
サイト概要	：二輪車、四輪車、汎用製品に関する商品や販売店情報、ならびに広報、採用、投資家情報の提供を行う企業サイト。商品に関連する豊富な情報提供や50種類以上のメールマガジン発行などにより顧客との長期的な関係を維持するための施策にも積極的に取り組んでいる。

リニューアル前

リニューアル後

成果 ：2003年2月にユーザ中心設計手法を用いた上位階層ページリニューアルにより1人あたりページビュー数が1.5倍に増加、車種一覧ページのページビュー数が30〜50%以上増加

リニューアル前の課題

　2001年のYahoo!BBなどの登場によって、一般家庭におけるブロードバンド化が一気に進んだ結果、同社ウェブサイトにもこれまでのユーザ層とは違う、主婦層などの女性ユーザや初心者ユーザのアクセスが増加していることが各種検証から明らかとなった。これらの新しいユーザ層は、車種名や車のタイプなどの前提知識が少ない場合が多いが、サイトは自動車やバイクに詳しい人をメインターゲットとして作られていたため、せっかくユーザがサイトに訪れても欲しい情報が探せない可能性があった。

　また、これらの新しいユーザ層は、サイトで行っているプレゼントへの応募目的で来訪していたり、自分もしくは家族の車購入に際して製品の情報収集を行う目的で来訪していることも各種調査から把握できた。

　さらにこれら新しいユーザ層は、自動車買い替えなどのタイミングにおいて家族に車種選択を任せるのではなく、自らの意見も反映させるべくサイトを訪問している可能性が高く、販売促進のためにもまずは各商品ページへの誘導率の向上が課題となった。

リニューアルのポイント

　初心者ユーザの前提知識やニーズ、サイト内での行動パターンを考慮し、初心者が車の見た目だけで関心のある車種にたどり着けるようレイアウトやワーディングの改善を実施した。

　具体的には、写真を効果的に使って車種一覧への誘導を高めるとともに、車種一覧では車種名だけでなく、すべて写真で表現し直感的な車種選択を可能にして、各商品ページへの誘導率向上を狙った。

　また、リンク名称やコンテンツタイトルにある英語表記・専門用語表記を見直し、自動車やバイクに詳しくないユーザでも無理なくサイトが使えるよう配慮した。さらに、初心者でも理解しやすい分類（「価格帯別」「乗車定員別」「燃費別」など）をわかりやすく配置し、初心者であっても色々な軸で車種選択できるよう

リニューアル前

リニューアル後

にした。

解説

　初心者ユーザの増加に伴い、特に車種選択までの一連の流れをリニューアルした結果、1人あたりページビュー数は1.5倍に増加し、車種一覧への誘導率も大幅に改善された。

　このリニューアルは、リニューアル結果もさることながら、課題の発見やリニューアル方針の策定が同社のサイト運営の仮説検証サイクルによってもたらされていることがわかった。
　2002年10月頃からアクセス数が顕著に増加したことをまずはアクセスログ解析によってタイムリーに把握し、さらに日々取得し続けているサイトからの「ご意見・ご要望」の声やその際のアンケート結果をもとに、アクセスが増えているのは女性ユーザ、初心者ユーザであると仮説を立てた。さらにその仮説を、グループインタビューとユーザビリティテスト（ユーザにサイト利用を再現してもらう調査）によって検証した。
　その結果、仮説が証明されたため、増えつつある女性ユーザや初心者ユーザでも無理なくサイトが使えるようユーザビリティテストを繰り返しながらサイトをリニューアルし、高いページビュー数を実現できた。
　ちなみに、2003年頃、全車種一覧を写真付きで表現したのは本田技研工業が初めてだった。このような他社に先駆けた取り組みが行えるのも、常に仮説を立てて検証することで、ユーザ環境の変化をすばやく的確に捉えられることに起因しているだろう。

その他のユーザ中心設計による成功事例

- 通信教育A社ウェブサイト：通信教育の資料請求数1.5倍
  　　　　　　　　　　　　顧客獲得単価（検索広告）37％減
- 保険会社B社ウェブサイト：保険の見積もり請求数3.28倍
- 新築分譲マンションCウェブサイト：モデルルーム予約率3倍
- オンラインバンキングD：メール通知サービス申し込み数3倍
- ホテルEウェブサイト：婚礼、宿泊問い合わせ数3倍

0.2　本書の目的

0.2.1　ウェブビジネスを成功に導く方法論

　前節で紹介した事例にあるように、ウェブサイトのターゲットユーザの視点からウェブビジネス全体を構築することで、ウェブサイトをビジネス上の重要なツールにすることができる。このときに用いる考え方、作業のフレームワークを「ユーザ中心設計手法」と呼ぶ。本書の目的は、この方法論を紹介することにある。

　インターネットは情報収集手段としてテレビや新聞を凌駕しているだけでなく、インターネット専業ビジネスが既存のビジネスを圧倒するなど、ビジネス環境に著しい変化をもたらしている。インターネットの利用人口は2005年末時点で8,500万人、人口普及率は6割を超えると推計され、さらにその勢いはさらに増すばかりである。

　たとえば、情報収集用途をメディア別に見ると、「ニュース」以外のあらゆる項目でインターネットの利用が新聞・雑誌・テレビなどの従来メディアを追い抜く結果となっている（図0.1）。

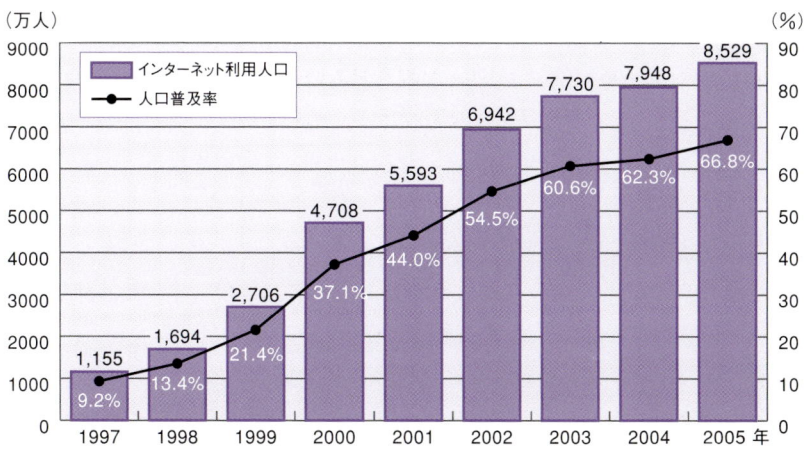

図0.1 ● インターネット利用人口及び人口普及率
　　　（出典：総務省「情報通信白書 平成18年版」）

表 0.1 ● 情報メディア別の情報収集用途（複数回答、単位％）

	インターネット	テレビ	新聞	雑誌・書籍
ニュース	67.4	84.0	62.2	5.0
仕事の情報	61.6	12.8	26.0	30.9
勉強の情報	65.1	11.9	15.5	46.2
趣味や遊びの情報	88.6	35.6	11.6	46.7
旅行やお店の情報	80.3	28.1	11.5	44.8
生活情報	73.3	45.9	26.1	29.4
健康情報	62.9	46.6	20.5	29.8

（出典：総務省「ネットワークと国民生活に関する調査」平成17年実施）

　このような状況の中、旧来の企業にとってインターネットは機会であり、かつ脅威でもある。このような変化への対応は経営の重点課題と認識されている。インターネットというメディアを企業活動の中に明確に位置付け、インターネットの存在を考慮した経営戦略を取ることで、ネットユーザを積極的に捕捉し、収益基盤の維持・拡大を実現できるようになる。

　しかしながら、インターネットの歴史が浅いせいもあってか、ウェブサイトの戦略立案や画面・機能の設計に関してはその具体的方法論に関する情報が少なく、多くの企業はいまだ手探り状態であると言える。ウェブサイトというメディアが持つ特性やネットユーザに対する洞察が方法論に反映されずに、従来の方法論の焼き直しでサイトが構築されており、結果として目に見えるわかりやすい部分、つまり、ビジュアルデザインからサイトのあるべき姿が議論されてしまうことすら多々ある。

　そこで本書では、ユーザの視点に立ったウェブサイト戦略立案と、サイト設計の具体的方法論を紹介する。

　いかなる製品やサービスもまずは事業の目的や市場、ターゲット顧客、収益性といった項目から検討がスタートし、いきなりその製品やサービスのビジュアルデザインから議論されることは少ないはずである。インターネットを活用してビジネスを行おうとする場合もまったく同じである。特にインターネットの場合はユーザに主導権があるため、ユーザを中心としたビジネスの構築がその成否を分けるのである。

　本書で紹介する方法論は「ユーザ中心設計手法」と呼ばれ、常にユーザを中心

に据えて、ユーザの視点から戦略、設計、ビジュアルデザイン、開発、運用を推進する手法である。

　本書では、全作業を通じて最も難しい部分である「サイト戦略立案（ユーザシナリオ策定）」や「サイトの基本設計」部分を主に取り扱う。「デザイン」や「HTML制作」など、ユーザ中心設計手法全体の後段のフェーズで行うサイト制作の具体的作業については、すでに多数の書籍が刊行されているため本書では最小限の記述にとどめている。ビジュアルデザインやHTML制作に関する知識がなくとも、本書の内容は十分に理解して頂くことが可能である。

　ここで紹介するのはあくまで「方法論」であり、「サイトで儲けるための答え」ではない。答えはそのサイトの目的やユーザなどによって変わってくる。ユーザ中心設計の理念を理解し、方法論を実践することで初めて「答え」が見えてくるはずである。具体的な答えを探さず、汎用的な方法論を体得することを目的としてほしい。

0.2.2　ユーザ中心、顧客中心の本質

　ユーザ中心設計手法は、その分析や作業の対象がユーザ、つまりは人間であり、そこには人間の複雑な心理理解が必要となる。学問領域でも脳の機能や、人間の心理、認知・理解のプロセスはまだまだ未解明な部分が多いと言われている。本当のニーズ、本当の気持ちは実はユーザ本人にもわからないことが多いことは、自分自身を振り返ってみても思いあたるところだろう。

　そのため、**本書で紹介する手法では、ユーザにニーズや意見を直接尋ねることを推奨してはいない**。ユーザのニーズを把握するのは提供側である企業の仕事であってユーザに直接尋ねることは仕事の放棄にほかならない。そして、ユーザを理解する作業は決して簡単なことではなく、地道な調査と詳細な分析が必要な作業となる。

　ユーザ中心とは、ユーザに迎合することでもユーザの意見に従うことでもない。最終ゴールはあくまでウェブビジネスの成功であり、そのためにユーザにとっての価値とウェブサイトが提供できる価値を適合させていくことが、ユーザ中心の本質なのである。

0.3 本書の特徴

0.3.1 理論と実践

　すべての方法論は実践できてこそ意味を持つ。本書はこの考え方に従い、理論に終始することなく実践できることを目指して構成している。方法論などの理論的な部分は第1部で解説し、実践的な部分は第2部で解説する。

■ 第1部の狙いとターゲット読者

　第1部は「理論編」として、ユーザ中心設計が登場した背景やその必要性、ネットユーザの特徴や実践の際に必要となるツールを紹介する。ユーザ中心設計の必要性を歴史的背景、市場の変化、インターネットというメディアの特性など多面的に検証し、ウェブサイトの企画・運営にあたっての理念を示す。読者の中には、すぐに実践方法や即効性のある手法を知りたくなる方もいるかもしれないが、成果を永続的にもたらすには、考え方の理解が不可欠である。

　第1部はウェブビジネスやウェブサイト運営を担当する方だけでなく、ウェブビジネスの統括担当者や管理職、役員といった方にも読んで頂きたいと考えている。ユーザ中心の体制、方法論、サイトを持つことがビジネスにとっていかに効果があるかを具体的に説いており、サイト運営の指針もクリアになるはずだ。

　内容に関してはマーケティング論に近いため、マーケティングに対する理解に自信がないウェブサイトシステム開発担当者、デザイナー、運営者にも有益だ。さらに、第2部「実践編」の理解もより一層深まるはずである。また、実践部分に特に興味のある方は、必要な各種ツールの説明をしている第1部第3章を読んだあとに第2部（全章）を読んで頂きたい。

■ 第2部の狙いとターゲット読者

　第2部は「実践編」として、第1部で理解した理念や考え方を実際に「実践するにはどうすればよいか」という視点で書かれている。手順とそのときのコツ、具体例を中心として構成している。膨大なユーザ中心設計手法の中でも、最も重要な

部分である「サイト戦略の立案」と「サイト戦略の検証」に多くの紙幅を割いている。

　ターゲット読者は、実際に現場でサイト立ち上げやリニューアルを担当する担当者となる。ウェブビジネスで成功を収めるためには、ユーザ理解が何より重要であり、その意味で現場にこそマーケティング、経営、システム、ウェブトレンドを広く理解した担当者が求められるようになってきている。これら知識や経験がない読者にとっては、いきなりすべてのスキルを完璧にすることは現実的ではないと思われるかもしれないが、本書を読むことで「ユーザを洞察する」というマーケティングにおける重要な目的を理解して頂ければ幸いである。もちろん、より深くその意義や必要性について理解されたい場合には、第1部も一読されるとよいだろう。

0.3.2 豊富な事例

　本書では実感を持って方法論を理解して頂くために、可能な限り筆者らが実際に経験した実例を掲載するよう心がけた。本書の刊行時には掲載している事例が多少古くなっている可能性はあるが、方法論の理解に役立ち、普遍的に通用するものをできる限り選定するよう配慮した。

　これまでのユーザ中心設計、あるいはウェブサイト戦略関連の書籍では、ケーススタディや事例の多くが欧米のウェブサイトを対象としたものであった。これは、ウェブビジネスの興隆と淘汰に対する関心が日本以上に高い欧米でユーザ中心の考え方やユーザエクスペリエンス（顧客体験）が早くから注目され、その改善にそれなりの投資が行われてきた実績があるためだ。さらに、欧米が方法論づくりに長けていることも理由として挙げられるだろう。しかし、本書では日本のウェブビジネスや日本人というユーザの特性を前提としたウェブサイト戦略策定・設計方法論を議論することが主眼であるため、日本のサイト事例を多数掲載している。

　本書を参考にして、これまで個人の直感もしくは従来の慣習に頼っていたウェブサイト戦略策定・設計手法を体系的な方法論として体得して頂きたい。

第Ⅰ部 ウェブビジネスを成功に導く方法論

第1章 ● ユーザ中心思想の背景とネットユーザ行動特性
第2章 ● ユーザ中心設計手法とは
第3章 ● ユーザ中心設計を進めるツール

第1章

ユーザ中心思想の背景と
ネットユーザ行動特性

1.1 徹底したユーザ理解が成功の秘訣

もしあなたがウェブサイトを運営しているのであれば、まずは以下の質問に答えてみてほしい。

- サイトの目的は何ですか？
- サイトのターゲットユーザは誰ですか？
- ユーザのニーズは何ですか？
- ユーザは普段どんなときにあなたのサイトを使いますか？
- ユーザはどんな情報をどういう順番で求めていますか？
- ユーザの心理状態はどのような状態にありますか？（「あせっている」「不安に思っている」など）
- 上記ユーザの状態を受けたサイト側の戦略は？
- 次の発展に向けた課題は？
- リニューアルで目に見える成果が上がりましたか？（サイトをリニューアルした経験がある人向け）

いずれもすらすらと答えるには難しい問いかもしれない。おそらく、有名企業や有名サイトの運営者ですら、どの問いに対しても「確証はないのですが……」という前提付きで回答する人が多いだろう。

これはある意味仕方がないとも言える。インターネットはまだその歴史も浅く、確固たる考え方や方法論が洗練される間もなく急激に発展を遂げてきた。特に企業のウェブサイト運営者にとっては、新しい技術、アイディア、サイトが次々と生まれる中で、情報の流れが変わり、今まで想定もしなかったライバルが登場し、顧客との関係性が変容していく状況を追うだけで精一杯であった。

このような状況では基本的なことが議論されなくなる。動きの激しい業界の中で先行優位を取るべく、パンフレットの内容をそのままウェブページにしたり、コミュニティ、アフィリエイト、SEO、CMS、ブログ、Ajax、Web 2.0 といったあらゆるサービスや概念に手を出すことになるかもしれない。

しかしながら、このように多額の資本を投入してウェブサイトの活用に乗り出したにもかかわらず、目に見える成果が上がっていないケースが多い。ここで必要なことは、突飛なアイディアでも成功の方程式でもない。冒頭の質問のような基本的なこと、つまり**サイトの目的やターゲットユーザといったサイト戦略について明示的かつ確信的に理解し、実践することである。**

序章で紹介した成功事例の場合、冒頭にあるような問いにはすべて明確に回答することができる。それ故に成果を上げているといっても過言ではない。成功事例に共通するポイントは、以下の4つである。

- サイトの顧客＝ユーザを徹底的に知っている
- ユーザを知った上でサイト戦略を立てている
- 事前に仮説検証をしている
- 事後に効果検証をしている

この中で特に重要なのは、1つ目の「サイトの顧客＝ユーザを徹底的に知っている」ことだろう。「ユーザを知るなんて当たり前。もっと違う方法があるはずだ」と思われるかもしれない。しかし、ことインターネットの世界では、当たり前のことができているつもりでできていない。

インターネットというバーチャルなメディアにおいては見えないユーザを徹底的に理解し、ユーザにとっての品質（ユーザビリティ）を向上させなければビジネスの成果を上げることはできない。この考え方自体は昔ながらのやり方であり、目新しさはそれほどない。「ユーザを理解しろ」とは、従来のマーケティングにおける「顧客を理解しろ」「消費者を知れ」という概念と同じものであるからだ。ただし、インターネットという新しい変化に迅速かつ確実に対応するためには、新しいアプローチ方法を取り入れる必要がある。

本書ではこのような考え方に立脚し、ウェブサイトを成功に導くための方法論を「ユーザ中心設計手法」として定義している。ユーザ中心設計という手法は、**見えないユーザを正確かつ効率的に知ることでサイトの成功をもたらすものである。**

地道な仮説検証の繰り返しの中でユーザを理解していくことは、華麗な戦略ではなく、地道で泥臭く、きめ細かいプロセスの作り込みの作業の連続となる。しかし、地道な活動の行く末に、確実な結果が待っているのである。

1.2 ウェブサイトはセルフサービスメディア

アメリカのユーザエクスペリエンスコンサルティング会社 Adaptive Path の創業者である Jesse James Garrett 氏は、自著(『ウェブ戦略としての「ユーザーエクスペリエンス」』毎日コミュニケーションズ、2005)の中でウェブサイトは「セルフサービス製品」であると定義している。この定義どおり、ウェブサイトの利用はすべてエンドユーザに任される。

このこと自体は当たり前のようだが、作り手側にとっては大きな変化である。従来のシステムやソフトウェアであれば、事前に読むべきマニュアルや研修を提供することで使い方の理解を促したり、銀行の ATM のように操作方法がわからなければすぐにサービス担当者が手助けすることができた。これらはサポート可能なメディアであり、「多少使いづらくても使ってもらえる」という状況がそれなりに成立したと言える。

しかしウェブサイトはセルフサービスメディアであり、その利用は個人の意思と勘に依存する。このような前提でウェブビジネスの成功に必要な要件は、ユーザの意思・特徴・動機の理解にほかならない。ユーザ任せになるのであれば、そのユーザを事前に知っておくことが何より重要になるのである。

ユーザ理解の重要性

ユーザを知るといっても、ウェブの世界ではユーザの姿が見えない。そのため、アンケートやアクセスログなどのデータによる定量分析だけでユーザを把握する

- ユーザ像
- ユーザニーズ・各ニーズの重要度
- サイト訪問前後の状況
- 前提知識・過去の経験
- サイト使用中に同時に見るサイト
- ユーザの心理状態
- サイトが扱う製品サービス・運営企業との接点など

ウェブサイトを成功させるためには
ターゲットユーザに関して
あらゆる情報を知る必要がある

図1.1 ● "ユーザを知ること" の範囲

ことには限界がある。「実際のユーザがどのようにサイトを使うか」というユーザビリティテストなどの再現試験による定性分析が必要となる。

　また、ここで知っておかなければならない範囲は想像以上に広い。ユーザがサイトに訪れる前後の状況、サイト使用中に同時並行で見るサイト・行う作業など、一連の行動とその時々のニーズや心理状態をすべて把握して初めてユーザを知ることになる。

　このようにウェブサイトという「点」だけを見るのではなく、その前後左右の状況である「**線＝文脈**」を把握することで、**実際にサイトがどう使われるのかがわかる**ようになる。このような文脈に相当する概念を「**シナリオ**」という言葉で表すことにする。先のGarrett氏も述べているが、ウェブサイトの企画を立てる際、サイトが「何を提供するか」については活発に議論されるが、「実際にサイトがどう使われるのか」については配慮が欠けてしまうことが多い。ユーザはこちら側の意図を軽く超えて、突拍子もない使い方をすることが往々にしてある。そのような状況を配慮していないがために、多くのユーザを逃しているサイトが非常に多い。

　ユーザはサイトを「常に独力で理解しようとする」という前提は、ウェブサイト運営すべての段階で影響を及ぼすため、常に心にとめておくようにしておきたい。

　次節では、ユーザ中心の考え方が必要になった背景を別の角度から簡単に説明する。

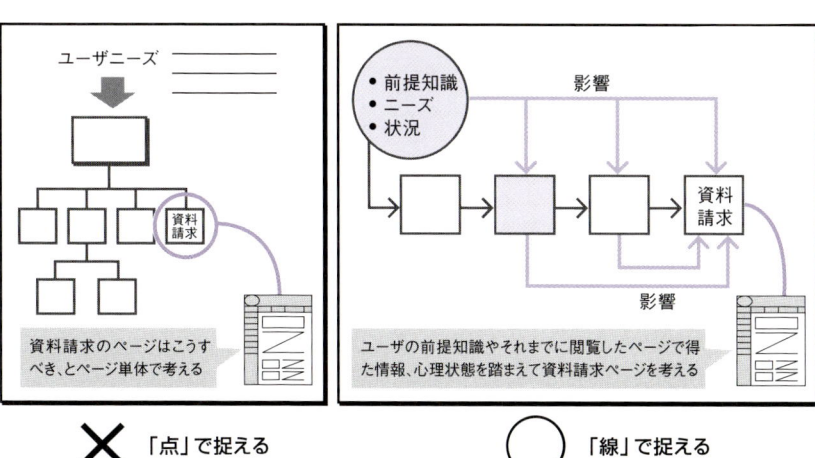

図1.2 ● 文脈を理解してサイトを作る

1.3 時代背景から見るユーザ中心の必要性

1.3.1 企業理念に掲げた顧客中心の実態

「ユーザ中心設計」という言葉はここ数年、専門書籍や雑誌などで多く取り上げられるようになってきている。もともと「顧客中心」や「ユーザ中心」といった言葉は企業理念になっているところも多く、企業であれば当然視されているこの考え方がここに来て改めて取り上げられることを不思議に思われるかもしれない。しかしながら、企業理念で「顧客中心」を掲げながらも、実際には顧客の意向を無視した営業活動を行っている企業は少なくない。

たとえば、需要低迷に嘆く企業ほど、需要を取り返そうとユーザニーズを無視して「顧客の囲い込み」や「積極的すぎるセールス」を行い、その結果、顧客をより遠ざけている結果に陥っている。この場合、企業が見ているのは顧客ではなく、商品やサービス、売上げ、競合だろう。経営会議の席で売上げや収益性は逐次報告されるが、顧客動向が細かく報告されることは多くはない。それでも挽回できる時代はあった。その経験がある企業ほど、「キャンペーンでも何でもやってとにかく売れ」「会員登録やDM、メールを活用して顧客を囲い込め」と顧客ニーズを無視した挽回戦略を打ち出してくる。

しかしながら、さまざまな環境の変化によって、現在では、顧客中心、ユーザ中心という考え方なしに企業が生き残ることはできなくなってきている。つまり「ユーザ中心設計」という考え方は、時代の要請として必然的に議論されるようになったのである。

1.3.2 時代背景

ユーザ中心の考え方が生まれた背景を3つの観点から解説する。

■ 生産と消費のシステム

まずは生産と消費システムの変遷から、ユーザ中心の必要性が見て取れる。

戦後から1970年代にかけては、「大量生産・大量消費」の時代と呼ばれ、モノ不足を解消し生活水準を豊かにすることに力点が置かれていた。企業は従業員の安定雇用によって消費需要の創出を行うとともに、家電や自動車など、より便利で生活を豊かにするものを安く大量に市場に投下する「少品種大量生産」によって事業を拡大していった。「プロダクトアウトの時代」「フォーディズム」とも呼ばれる経済システムの時代である。

 また、廉価な少品種大量生産を支えるためには生産性や技術力の向上が不可欠であり、新技術の開発が活発に行われ生産の合理化が進んだ。

 やがて規格化された製品が市場を一巡することにより、所有するだけでは消費者が満足しない時代の到来を招いた。大量生産時代の終焉である。

 その結果、**消費者は固有の趣味・嗜好に合った製品を取捨選択するようになり、ニーズの多様化・高度化が進行した**。企業側から見れば、消費者ニーズも消費者自体も曖昧になり、捉えにくくなったのである。そのため、マーケティングやターゲティングがビジネス上極めて重要な課題として注目を浴びるようになった。いわゆるマーケットインの時代である。

 ここでは消費者の立場に立った製品開発が求められ、顧客を知るというユーザ中心の思想が重要になるのである。

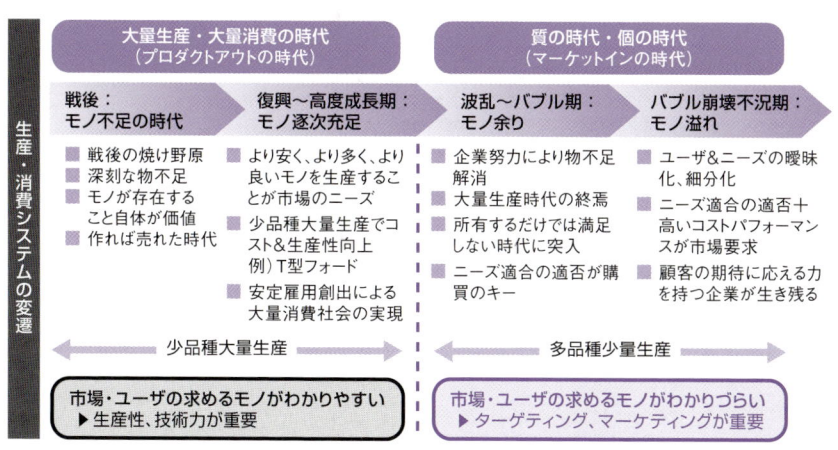

図1.3 ● 生産消費システムにおける変化
　　　量の時代から質の時代へ変遷するとともに、顧客中心の考え方が重要になっている

コミュニケーションシステム

次に、コミュニケーションシステムの変遷を見てみる。

大量生産が加速した高度経済成長期、消費者が触れることのできるメディアはまだ少なく、情報はほぼ企業の独占状態にあった。情報の独占が権力の象徴とすら言われた時代である。

そのため、市場に情報を出すタイミング、出し方などによっては企業に大きなビジネスチャンスをもたらし、実際、市場と企業の情報格差をビジネスの源泉として活用していた。

しかし、ユーザの嗜好が細分化するとともに、雑誌、新聞、フリーペーパー、テレビの多チャンネル化、携帯電話などメディアの増加・多様化が進み、次第に既存のコミュニケーションシステムが変容していった。変化を決定付けたのはインターネットの登場であり、これにより消費者が入手できる情報量が爆発的に増加した。

結果として既存媒体の弱体化が進むとともに、企業よりも消費者のほうが多くの情報を持つという逆転現象が起こっている。たとえば、企業が新製品を発表しても、消費者は比較サイトや個人サイトなどにある口コミ、プロのレビューなど企業が提供する情報以外の大量の情報を参照できるようになっている。さらに公平性の観点から、それらの情報のほうが質が高いとみなして意思決定の参考にする。

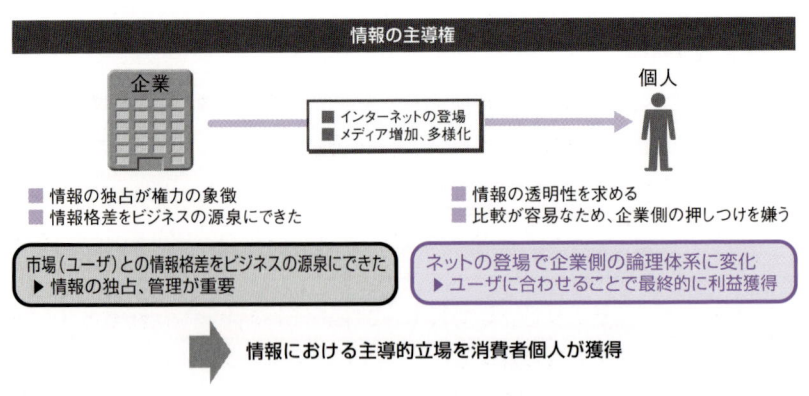

図1.4 ● コミュニケーションシステムにおける変化
　　　　インターネットの登場により情報の主導権が個人（消費者）に移行

企業から配信される情報の信頼性が低下し、企業有利の時代から個人有利の時代へと移行したのである。

当然ながら、ここでは消費者の立場に立ったコミュニケーションが求められる。企業はまず徹底した情報開示と情報の透明性を担保し、消費者からの信頼獲得を目指す必要があるだろう。

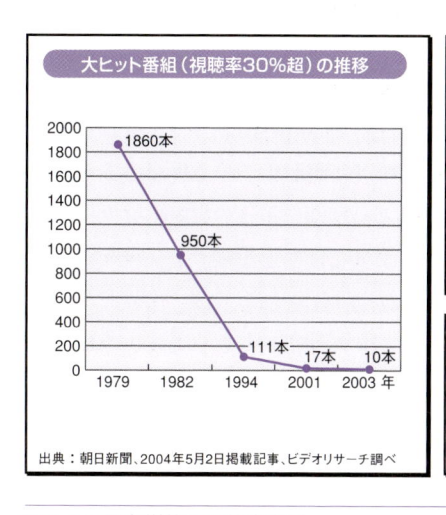

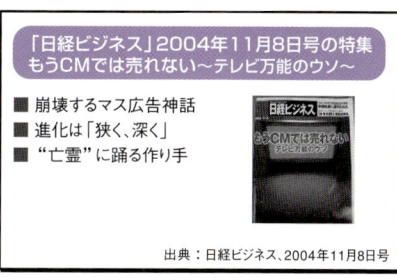

大ヒット番組（視聴率30％超）の推移

- 1979年：1860本
- 1982年：950本
- 1994年：111本
- 2001年：17本
- 2003年：10本

出典：朝日新聞、2004年5月2日掲載記事、ビデオリサーチ調べ

「日経ビジネス」2004年11月8日号の特集　もうCMでは売れない～テレビ万能のウソ～

- 崩壊するマス広告神話
- 進化は「狭く、深く」
- "亡霊"に踊る作り手

出典：日経ビジネス、2004年11月8日号

「テレビ広告は死んだ」（フィリップ・コトラー）

広告はもはや機能しない。テレビ広告は極めて汎用で、投資するだけお金の無駄である。消費者の認知を獲得するには別の方法を求めなければいけない。

出典：Media Week, September 25, 2003

図1.5 ● 既存媒体の弱体化事例
　　　ヒット番組の数の減少からは多メディア化やニーズの多様化がわかる。「日経ビジネス」やマーケティングの大家フィリップ・コトラー氏も既存メディアの弱体化を指摘した

◆ 情報システム

情報システムを見てみると、技術の適用先が企業向けシステムから消費者向けサービスに広がっていった過程にユーザ中心の背景が見て取れる。

少品種大量生産の時代において、企業は莫大な資金を投下して積極的に情報技術を取り入れ、生産管理や物流システムなどを構築して生産性向上、コスト削減を実現した。

やがて、オープンネットワークが登場し、これまで企業向け一辺倒であった情報技術が個人にも応用される基盤ができた。その後、パソコンや携帯端末の普及、高速ネットワーク網の拡充が進むに従って、企業はインターネットを介した消費者向けサービスを立ち上げるようになった。

たとえば、紀伊國屋書店はオンラインでも書籍を販売するようになった。オープンネットワークによって消費者との間にあった物理的制約を飛び越えることが可能になり、企業は市場や収益の拡大を狙うようになったのである。あらゆるサービスがオンライン化される時代の到来である。

これまで培ってきた情報システムが企業から消費者向けにまで拡大したわけだが、「**業務システム**」と「**消費者サービスのウェブサイト**」は**本質的にはまったく異質なものである**。

そのためこれまでの業務システム開発方法論を適用してウェブサイトを開発しようとしても失敗に終わるケースが多い。その最大の理由は業務システムとウェブサイトはシステムの目的とエンドユーザの利用動機がまったく異なることにある。業務システムは業務の効率化や生産性向上の役割を担うのに対し、ウェブサイトの多くはユーザとのコミュニケーションが主な役割となる。ウェブサイトはあくまでセルフサービス、すべてはユーザの意思に任される上に、代替となる選択肢も多い。そのため、ユーザの側に立っていないと使ってもらえず、ほかに逃げられるといった状況に陥ってしまうのである。

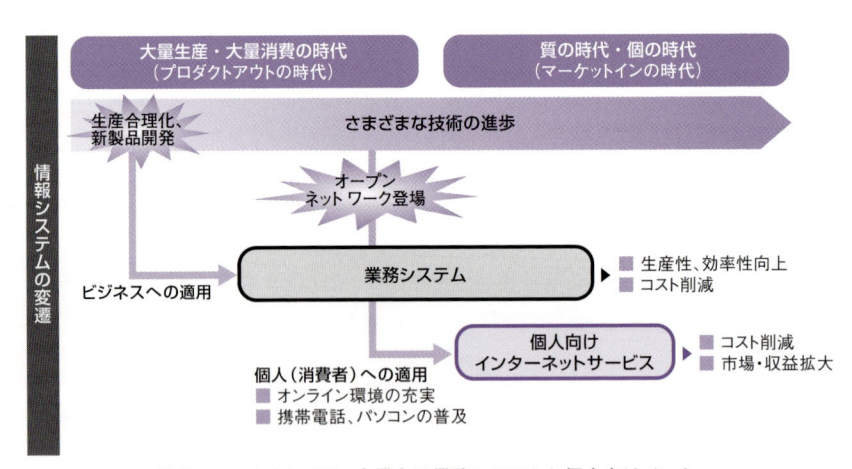

図1.6 ● 情報システムにおける変化
インターネットの登場により、個人向けサービスのシステムが進展した

1.3.3 インターネット革命による消費者の情報武装

　インターネット革命の本質は、これまで情報弱者であった消費者が情報の主導権を握り、企業や社会を動かしていく流れを生み出したことにあると言われている。トフラーはこの変化を「パワーシフト」[1]と呼んでいるが、まさに企業から消費者に情報流通の力が移行している。この変化はウェブ戦略上重要なため、ここで解説する。

　特にここ数年は加速度的にパワーシフトの傾向が高まってきている。その理由として以下の2つがある。

- メディアの増加
- 個人の情報発信の容易化

　1つ目の「メディアの増加」とは、ウェブサイトの増加のみならず、たとえばテレビであればCS放送やケーブルテレビ、携帯端末向けウェブサイトやフリーペーパーなどの情報メディアの増加を指している。これらメディアの増加により、これまで以上に個人が容易に情報を入手できるようになっている。

　2つ目の「個人の情報発信の容易化」とは、廉価なレンタルサーバや各種ブログサービス、ユーザ参加型のYouTubeやmixiなどに代表されるWeb 2.0的なサービスの登場により、個人の情報発信の垣根が劇的に低下したことを表している。誰でも手軽に自分用のメディアを所有でき、自らの考えや経験を発信するようになった。これにより、レストランの感想、商品レビューなど、客観的な（あるいは客観的に見える）情報がいつでも入手できるようになったことで、企業が発信する情報の信頼性が失われつつあり、消費者行動に大きな変化をもたらしている。

　また、情報発信のみならず情報獲得における検索エンジン、RSS、ソーシャルブックマークといった各種サービスの登場・進化もこの動きに拍車をかけている。

【1】『パワーシフト　21世紀へと変容する知識と富と暴力』アルビン・トフラー著、中央公論社、1993

このような状況下では、既存の「広告」の有効性が低下する。筆者らの調査でも、ユーザから「企業はいいことしか言わないので信用できない」といった発言を多く聞くようになり、情報収集に際しては個人のレビュー、口コミ情報を重視する動きが年々高まっている。

たとえば、広告で何かしらのニーズを喚起された場合、ウェブユーザは検索エンジンを使って自ら情報獲得をし始める。これは最近よく言われる「AISAS（アイサス）の法則」[2]の「Search（検索）」に当てはまる行動だろう。

検索の結果、広告を出した広告主のサイトを見る前に競合のサイトにアクセスするユーザも多い。広告を出せば出すほど競合の宣伝もしていることになるような皮肉な状況が起こるのである。

実際に、競合他社がテレビCMや新聞広告を積極的に行っている間は、自社のサイトのアクセス数も伸びるという結果がある。宣伝費を払っている方としては面白くない事実だが、インターネット時代のユーザ行動を象徴的に表していると言えるだろう。

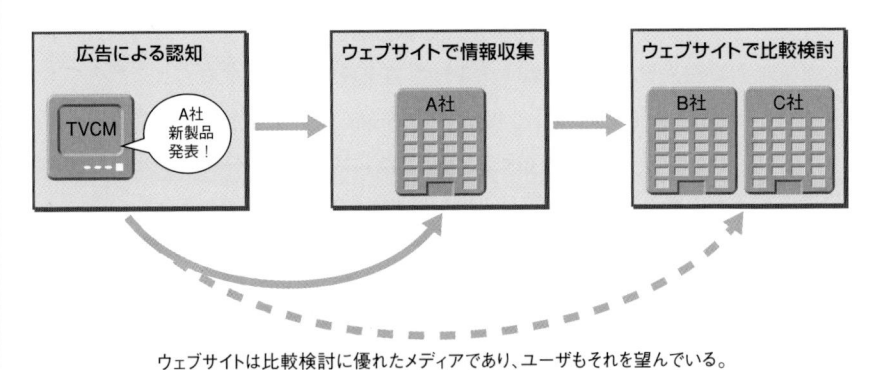

図1.7 ● インターネットの検討性により、自社広告≒競合広告とされる

【2】 ネット時代の購買プロセスモデル。Attention 注目→ Interest 興味→ Search 検索→ Action 行動→ Share 共有。

情報武装した消費者への対応

このようにインターネットによって消費者が「情報」という武器を持ったことで、企業は自らのマーケットへの対応の仕方を変更せざるを得なくなってきている。

企業は情報量では優位に立つことができなくなりつつあるため「口コミ情報を自サイトで展開する」「商品ブログを立ち上げる」といった施策を行うことが多い。この戦略はうまくいかないことが多いが、中には成功しているケースもある。

この違いは何か分析すると、答えは案外簡単である。それは、「ユーザの期待に応えているかどうか」である。

ウェブサイトは物理的制約を越えたシームレスな世界であり、そこでは「囲い込み」という概念は通用しない。もし、結果的に囲い込まれた状態となっているのであれば、それはあくまでユーザの意思でそこに留まってくれているだけである。ユーザニーズを見極め、それに応えるツールとしてコミュニティやブログを運用している企業は成功しているが、単純に「コミュニティを立ち上げればいい」という発想の場合には失敗に終わる。

商品開発ブログを立ち上げ、お手盛り記事をアップした家電メーカーは、「客観的で本当の情報が知りたい」というユーザニーズとは正反対のことを行ってしまったがためにユーザからのクレームが殺到するのみならず、ユーザが自分のブログに非難を書き散らし、あっという間にブログ閉鎖に追い込まれた。これは、ユーザニーズを無視して手段から入った典型的な失敗例と言えるだろう。

インターネットの世界では、ユーザの情報獲得が容易なため、虚偽の情報や誇張はすぐに消費者にばれてしまう。ニーズを無視して、自らの領域にユーザを誘導しようとする戦略も有効ではない。さらに、ウェブユーザは自分に関係のない余計な情報には目もくれない。読者の方も、おぼえのないメールマガジンが届いても、中身を見もせずすぐに削除した経験があるだろう。それと同じように、ニーズのないものは見ないのである。

ウェブユーザはヒマをもてあましているわけではない。時間があるのなら今日のニュースや株価、野球の結果や友人のブログなど、ほかに見るべきものにいち早く移動してしまう。用もないのにひとつのサイトに留まることはないのである。

ユーザ自らの意思でその企業のサイトに留まってもらうためには、ユーザニーズに真摯に応える以外に道はない。「企業はユーザ（顧客）の期待に誠実に応えるこ

とで収益を上げる」と至極当たり前の概念が、情報武装した消費者に対応する方針なのである。

　これまで見てきたように市場環境と消費者の行動原理が大きく変容している現代においては、消費者理解が何より重要となる。その中でも核となるインターネットメディアで成功を収めるためには、自サイトのユーザを中心に戦略を組み立てていく必要がある。ユーザ中心の概念や方法論が最も力を持つ時代が到来しているのである。

　特に、これまで規制で保護されてきた産業、たとえば金融業、情報通信業などは、本気で消費者と対峙することを余儀なくされている。これまで「マーケティング」という概念が希薄であったこれらの企業群は、いち早くユーザ中心の思想を企業文化に浸透させていく必要があるだろう。ウェブサイト運営者のみならず、経営者も「ユーザ中心、顧客中心」の考え方と重要性を理解しておかないと、ネット資本主義時代と呼ばれる時代の勝ち組企業にはなれないのである。

1.4 インターネットと既存システムの違い

これまでの節で時代背景と市場環境の変化からユーザ中心の重要性を見てきたが、インターネットというメディアは従来のシステムとはまた違った特徴をそれぞれ持っている。

1.4.1 生産と消費のシステムの違い

■ 店舗との違い

旧来の生産と消費のシステムにおいては、店舗に代表される対面メディアが消費や購買活動の大部分を担っていた。店舗などの対面メディアの特徴として、当然ながらその利用には移動コストがかかるため、競合への乗り換え負荷が高い点が挙げられる。つまり、一度店舗に引き込むことさえできれば、次の展開に持っていきやすいのである。さらに、そこには人と人とのコミュニケーションが発生するため、「遠慮」や「返報性の原理（他人から何か恩恵を施されたら、何かお返しをしなければならない気持ちになること）」が働きやすい。たとえば「こんなに良い対応をしてもらったのだからここで買おう」「担当者が親身で良い人で、結局は人で決めてしまった」「断ると嫌な顔をされそうだし、断るほうが面倒なのでここで買おう」といった心理が対面の場合には働くのである。

表面的には人と機械とのコミュニケーションであるウェブサイト上では、このような心理変化は期待しづらい。少なくともパンフレットをそのままウェブに掲載したようなサイトでは機械的な印象を与えてしまい、実店舗のような成果を上げることはできない。しかし、機械をできる限り人に近づける努力はできる。たとえば、有能な営業マンが「潜在顧客を徹底的に理解し、その顧客が欲しているものを応接の中から見極めて、それを提示して商品を売る」のと同じことを機械であるウェブサイトが行えばよいのである。ただし、機械は人間のような臨機応変さに乏しいため、ある程度ターゲットを絞ることが重要となる。営業マンのように、ウェブサイトも徹底的に潜在ユーザを理解することがスタートとなるのである。

従来の対面プロモーション	よくあるウェブサイト	成果の上がるウェブサイト
営業マン / パンフレット	パンフレット	自動営業マン / パンフレット
■ 営業マンはお客さまのニーズを都度把握し営業 ■ パンフレットはツールにすぎない	■ パンフレットをそのまま掲載 ■ ターゲットユーザは「全員」	■ ターゲットユーザをきちんと設定 ■ ターゲットのニーズ、心理、状況を理解し説得

図1.8 ● ウェブサイトに人間と同等の機能を持たせることが成功への近道

　店舗のような対面メディアの場合、顧客からのフィードバックが得やすいのも大きな特徴である。たとえ言葉になっていなくとも顧客のフィードバックを得ることができるのである。たとえば、レストランであれば料理を残したかどうか、小売店であれば商品を何分間手に取っていたかなど、あらゆる場面に顧客のニーズや心理状態が見え隠れし、それを観察するだけでも課題を明らかにすることができるだろう。
　しかしながらウェブサイトでは顧客が実際にどのように行動しているかを観察できないため、フィードバックは意識して獲得しなければならないという違いがある。

購買プロセスにおける違い

　次に、店舗とインターネットにおける購買プロセスの違いを見てみる。
　これまでの店舗における買い物の場合、ユーザはその製品の本当の良し悪しや使い勝手を、実質的には製品購入後に知ることになる。もちろん、事前に製品の特徴やスペック、デザイン、価格などを調べるが、リアルな状況で使用できない限り、「実際に使ってみたところ事前の想定と違っていた」「高機能な点が良いと思ったが、実際にはそれほど使わなかった」といった感想を持つことになる。つまり、製品の場合はお金をすでに支払ったあとで、その製品の本当の価値や有用性を知ることになる傾向が高いのである。
　では、インターネットの場合はどうだろうか。最初に指摘しなければならないのは、そのウェブサイトの出来不出来が製品購入に大きく影響を与えるという点だ。購入プロセスの中でサイトの有用性や使い勝手を問われることになるのであ

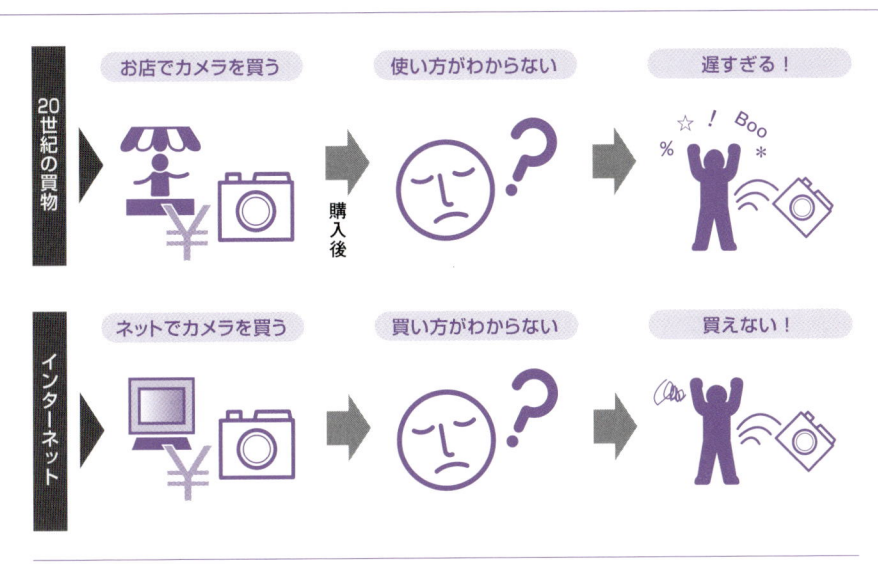

図1.9 ● 製品購入プロセスにおける価値判断のタイミング

る。いくらサイトの見た目が良くても、使い勝手が悪ければユーザが購買活動を行うことはない。

　これまでユーザは製品を購入してからその価値を体験していたが、ウェブではサイト自体の有用性を体験してからでないと購入しないという特徴を持つ。**購買プロセスにサイトの価値が大きく影響を与え、それによって売上げが上下する**という現象が起こっているのである。その意味で、インターネットは社会に非常に強いインパクトを与えており、ネット社会の根幹はユーザにとっての価値というユーザ中心設計の思想にほかならないと言えるだろう。

1.4.2 コミュニケーションシステムの違い

■ テレビとの違い

　コミュニケーションシステムには新聞、雑誌、ラジオなども存在するが、ここではインターネットとの対比でよく用いられるテレビを取り上げる。

　テレビとインターネットはその利用に対する能動性が異なると言われている。姿勢の話としてよく語られるが、インターネット（パソコン）を使う際は15度前傾姿勢になり、テレビを見るときは15度後傾姿勢になる。前に傾くのはアクティ

ブに使うメディア、後ろに傾くのはパッシブなメディアと分類され、テレビのほうがより受動的に使われていることがわかる。

一方、パソコンでは、テレビのような瞬間的なコンテンツの切り替えが実現されておらず、相対的にはかなりの時間がかかる。このためユーザはより能動的かつ強いニーズを持ってインターネットを使わなければいけない。

テレビは一方向性であるため、我々は放送される内容を黙って見ている癖がついている。ウェブサイトの場合には、操作や行動を自分でコントロールできるという特徴があり、サイトで提供される動画であっても早送りや一時停止ができないと不快感を持つ。

ただし、テレビはここのところ大きくそのあり方が変わろうとしており、双方向性や多チャンネル化などで今後はウェブサイトと似たような位置付けになると予想される。だが、テレビ登場以来何十年という歳月をかけて習慣化した行動様式がごく短期間に急激に変わることはないだろう。

■ パンフレットとの違い

ウェブサイトの中身を検討する際には、パンフレットを引き合いに出すケースが多いが、パンフレットとウェブサイトでは使われる文脈が異なる。このため、両者は「似て非なるもの」と捉えるべきである（ここでの「パンフレット」からはカタログ通販のように紙の媒体だけで取引を完結するタイプを除く）。

車、保険、パソコンなどのパンフレットは最終的に営業マンや販売員といった人間がその商材について説明する際のツールとして使われることが多い。パンフレットは営業マンという人間がいることで、その価値を最大化することができる。

一方、ウェブサイトは基本的にはセルフサービスである。パンフレットをウェブページに焼き直しただけのサイトが多くあるが、営業マンがいて初めて効果が最大化できるパンフレットをそのままセルフサービスメディアのウェブサイトに適用して本当に成果が上がるだろうか？　**ウェブサイトにおいては、パンフレットではなく営業マンがやっていることを実現して初めて価値あるものになる**。営業マンの主たる役割は、顧客を理解し、ニーズをくみ取り、ニーズに合わせて商品説明をして購入につなげることであり、ウェブサイトでも同様のことが求められる。

カタログ通販など紙媒体で取引が完結するタイプの場合は、カタログどおりにウェブページを作ればよいように感じられるかもしれない。しかし、ユーザは極

めて巧妙に媒体を使い分けており、各媒体に期待するものは微妙に異なる。一覧性に乏しく、可読性が低いが、スペースが無限大にあるウェブサイトでは自ずとユーザが期待する情報は変わってくる。商品写真はいろいろなパターンを見たがるであろうし、欲しい商品を簡単に比較できることも求められるだろう。

1.4.3 情報システムの違い

　インターネットを使った各種個人向けサービスに企業が本格的に乗り出した90年代初頭、システム開発を含めたウェブサイト制作をそれまで業務システムを請け負っていたシステム会社に発注する企業が多数存在していた。ITを駆使したシステムという意味では、業務システムもウェブサイトも似たように見えるが、その本質は大きく異なる。

業務系システムとの違い

　ウェブサイトと業務システムとの決定的な違いは、ユーザに強制的にサイト（システム）を使わせるかどうかにある。たとえば、生産管理システムや精算システムは、それらを使用しなければ業務が遂行できないため強制力が極めて高く、ほかへの乗り換え可能性も低い。セルフサービスメディアであるウェブサイトとは本質的に異なると言える。

　また、業務システムの場合にはユーザが明確に特定でき、ユーザと直接コンタクトを取ることができるため、研修やヘルプなどサポートがしやすいという特徴もある。ウェブサイトでも電話サポートなどがあるが、他社サイトへの乗り換えが容易なため、よほどのことがない限りユーザはサポートを受けずに、そのまま黙ってサイトから立ち去ってしまう。

　業務システム開発方法論でウェブサイトを設計・構築するとうまくいかないことが多いのは、このような特徴の違いによる。ウェブサイトは、誰が使うか本当のところはわからず（もちろんターゲットユーザは定義する）、サポートも提供しづらいメディアであるため、事前にサイトを使いそうなユーザを把握するとともに、ユーザが直面するであろう問題について細心の注意を払っておくことが重要となる。

第 I 部 ウェブビジネスを成功に導く方法論

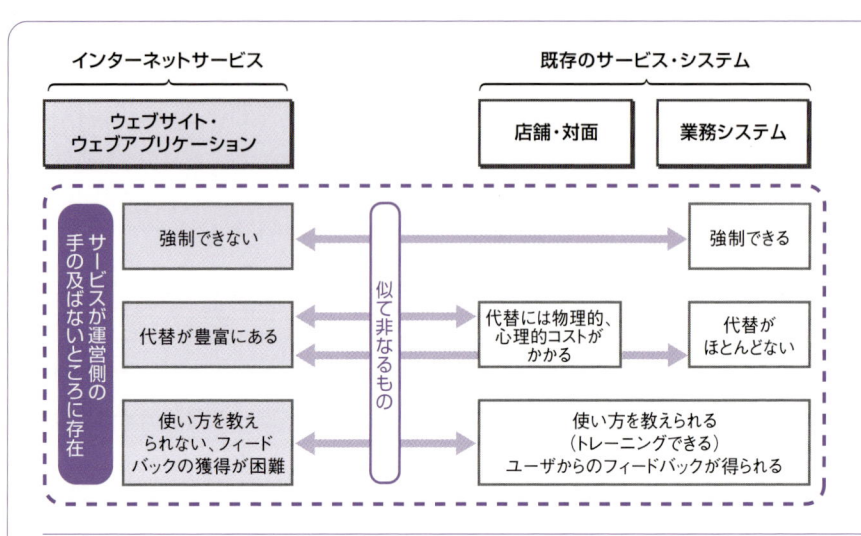

```
                インターネットサービス              既存のサービス・システム
                ┌─────────────────┐          ┌──────────┬──────────┐
                │ ウェブサイト・      │          │ 店舗・対面 │ 業務システム │
                │ ウェブアプリケーション │          └──────────┴──────────┘
                └─────────────────┘

  サ  ┌──────────┐  ←───→  似  ←───→                    ┌──────────┐
  ー  │強制できない │                                      │強制できる │
  ビ  └──────────┘                                      └──────────┘
  ス                      て
  が  ┌──────────┐  ←───→     ←───→  ┌──────────┐ ←───→ ┌──────────┐
  運  │代替が豊富にある│            非  │代替には物理的、│      │代替が    │
  営                               │心理的コストが │      │ほとんどない│
  側                        な     │かかる      │      └──────────┘
  の                               └──────────┘
  手  ┌──────────┐  ←───→  る  ←───→  ┌──────────────────┐
  の  │使い方を教え│                    │使い方を教えられる    │
  及  │られない、フィー│            も   │（トレーニングできる）  │
  ば  │ドバックの獲得が│                │ユーザからのフィードバック│
  な  │困難       │                │が得られる          │
  い  └──────────┘                    └──────────────────┘
  と
  こ
  ろ
  に
  存
  在
```

図1.10 ● インターネットと既存システム・メディアとの違い
ウェブサイトに代表されるネット系サービスは、従来のシステムや店舗とは異なる特徴を持っているため、既存の方法論は通用しづらい

　以上見てきたように、既存システムやメディアとインターネットは特性や使用される文脈など、あらゆる観点において異なるものにある。これまでのやり方を踏襲していただけではウェブビジネスの成功は厳しいことを理解しておく必要がある。

1.5 ネットユーザの行動特性

　ここではインターネットユーザの一般的な行動特性について説明する。ユーザ行動特性はウェブサイトの役割や位置付けを明確にする際に特に必要となる概念であり、この特性を上手に生かすことでほかのメディアとの相乗効果を生み出すことができるようになる。

　ユーザ行動特性について見ていく前にまず、インターネットメディアの基本特性を再確認しておこう。

インターネットメディアの基本特性
- 低コスト（Inexpensive）：ごく少ないコストでメディアが持てる
- 遍在性（Ubiquity）：全国および世界中に発信できる
- 同時性（Simultaneous）：時間差なしに同時に情報を発信できる
- 平等（Equal）：誰でもメディアが持てる
- 連結性（Linkage）：情報と情報がつながる
- 異なる行為の連結（Connection）：オフラインではつながっていなかった行為が容易に連結できる
- デジタル化（Digitalization）：さまざまな情報がデジタルになり再現や配布が可能になる
- 爆発性（Explosiveness）：幾何級数的な増加（閲覧数・リンクなど）が起こりやすい

　インターネットがこれだけ普及した現在、これらの基本特性はすでに使い古された概念かもしれないが、改めて再考してみることで新たなウェブビジネスの事業戦略が見出せる可能性がある。

　さらにウェブサイト戦略を立案するためには、ユーザがサイトを利用するという文脈における特性の理解が必須となる。特に重要と思われる特性として、以下の5つのポイントがある。

> ユーザ利用時のインターネットの特性
> 1. 前のめり型メディア
> 2. 斜め読みメディア
> 3. 新鮮・網羅メディア
> 4. 遠慮不要メディア
> 5. 比較メディア

1.5.1 前のめり型メディア

　ウェブサイトや携帯端末サイトに代表されるインターネットメディアでは、**ユーザは目的を持って行動している**という特徴がある。これは新聞・雑誌などの紙メディアやテレビと比べて大きく異なる点である。インターネット閲覧行動を"ブラウズ&サーチ"と言うが、まさに「サーチ」にあたるユーザ特性である。

　インターネットを使う際、ユーザは自分の中のニーズを自発的に認識し、そのニーズを「キーワード」という形で明文化する必要がある。もしくは、Yahoo! JAPANのようなポータルサイトで多数表示されているキーワードから1つを選択する。いずれの場合でもユーザ自身が選択を行い、そのあとの行動もすべてユーザに任せられているため、ユーザは自己のニーズに従いながらサイトを使う。このようにユーザの自発性、能動性があるため、サイトを使う際には前傾姿勢になると言われ、前のめり型のメディアだと言えるだろう（ちなみにテレビでは後傾姿勢になる）。

　いったん自分で選択したニーズは、ほかの情報によって簡単に崩れるものではない。そのためか、ユーザは広大なインターネットの世界から自分が望んでいるものだけを見ようとする傾向が非常に強く、テレビのように「なんとなく見てみる」といった漠然とした行動や、「雑誌を読む中でたまたま目に入ったから見てみた」といった行動をウェブサイト上で取ることはあまり多くない。このことは、実際にユーザがサイトを使う様子を一人一人個別に観察する「ユーザビリティテスト」を実施するとよく目にする光景である。

　また、ユーザは目的達成まで極めて直線的な動きを取る。どんなに余計なコンテンツがあろうとも、自分に関係のないものは全部無視して、関係のある部分だけを注視するのがユーザ行動の大きな特色である。これは時速100キロで車を運

転しているときとほぼ同等の視界とも言われている。運営サイドからすれば、「これだけ目立たせておけば気がつくだろう」と思っているコンテンツやリンクをユーザはいとも軽く見飛ばしてしまう。

　これだけ自分のニーズを満たそうと一直線に行動するということは、裏を返せば、**ユーザは目的を達成できない場合には強い悪印象を持つ**ことを意味する。サイト目的を達成するためには、ユーザが自発的に認識するニーズを徹底的に尊重しつつ、そのニーズをサイト目的に近づけることが求められる。

　ちなみに、ユーザはあくまで自分の欲する目的を探しに来ているのであり、デザインを見に来ているわけではない（デザイン会社のウェブサイトなど、デザインを調べることが目的の場合はデザインを見にくる）。このような特徴を考えると、「サイトの目的はブランディングにある。そのために凝ったデザインを行う」というのは必ずしも適切とは言えない。デザインは重要だが、それと同じように重要な目的がユーザにないかどうかきちんと検討する必要がある。

1.5.2 斜め読みメディア

　インターネットというメディアは、紙に比べて可読性が極めて低い。アメリカで行われた調査によれば、ディスプレイ上で文章を読む速度は、印刷した文章に比べて25%遅くなるという結果がある。これは、ディスプレイの解像度が紙媒体より低いことが原因である。電子ペーパー（たとえば富士ゼロックスのE-Paper）など、高解像度のディスプレイが世に出つつあるが、それでもディスプレイは紙のように柔軟に位置を変えられたりしないことから、依然として読みづらさは残るだろう。

　このためインターネットでは、「斜め読み」がユーザ行動の基本となる。「ブラウズ＆サーチ」の「ブラウズ」に相当する部分であるが、「リード＝じっくり読む」のではなく、「ブラウズ＝拾い読み」である点が特徴である。ウェブユーザは無意識のうちにコンテンツをざっと見て、興味のあるものだけを読む。すべての文章を読むユーザはほとんどいない。このため、サイトで「読んで理解してもらう」という狙いは通用しづらい。これはユーザビリティテストをしていると嫌というほど目にする光景である。

　ユーザは驚くほど文章を読まない。タイトルやリンク、画像をちらっと見てペ

ージ内容を判断してしまうのだ。もちろん、その判断は誤解であることも多いのだが、運営者がその誤解を訂正することはできない。

そのため、ウェブサイトはユーザに長文で語りかけながら、何かを啓蒙することにはあまり向いていない。可読性が低いことに加え、先の「前のめり型メディア」にもあるとおり、ユーザはより具体的目的に沿って動くため、じっくり文章を読む可能性は極めて少ないのである。

1.5.3　新鮮・網羅メディア

テレビや新聞、雑誌などに比較すると、ページの制作時間、エンドユーザへのコンテンツ配送時間が少ないのはインターネットメディアの特徴と言える。いち早くユーザの手元に情報を届けられる可能性が高いのである。

それゆえか、**インターネットユーザはウェブサイトに対して常に新しい情報が掲載されていることを当然視している**。企業に何か大きなニュースがあると知ったとき、テレビ、新聞、雑誌、インターネット、電話、店舗など、さまざまな顧客接点がある中で多くの人はインターネットを情報入手元として選択する。もちろん、実際にはウェブページを制作する手間が多少なりともかかる。にもかかわらず、ネットワークゆえの速報性はユーザに当然のものと認識されているため、その期待を裏切らないことが重要である。

また、更新性のみならず、**サイトには一覧化された豊富で網羅的な情報が存在していることを期待しているユーザが多い**。たとえば、紙のパンフレットなどを見てウェブサイトにアクセスした場合には、手元にあるパンフレット以上の豊富な情報があると暗黙のうちに期待している。そのため、パンフレットの情報をそのままウェブサイトに掲載しているようでは、ユーザの期待を裏切ってしまうことになる。

1.5.4　遠慮不要メディア

インターネットはバーチャルな世界と言われるが、実店舗に比べて人と対面しない精神的な開放感が極めて大きい。それは**気軽にサイトに訪れてくれる代わりに、気兼ねなく立ち去ることもできる**ことを意味している。実際の店舗で「あんな

に説明してもらったから……」といった遠慮が働き、むげにその場を立ち去ることもできずについ何か商品を買ってしまったといった経験はよくあることだろう。インターネットではその手はきかない。気軽なメディアゆえに、ユーザニーズに沿った情報・サービスを提供していないと、ユーザはあっという間にどこかに去ってしまうのだ。

さらに、ウェブサイトが少しでもニーズに合っていないと、ユーザは電話など既存の代替手段を活用する。そのため、ウェブサイトとほかの既存接点との連携も重要である。ウェブサイトと相性が良いのはコールセンターなどの電話チャネルだが、それ以外にもメールや店舗などへの誘導、紙の資料請求、携帯サイトなどの接点とも連携可能である。

1.5.5 比較メディア

地理的、時間的制約を飛び越えられるのがインターネットの特徴であり、それゆえにサイト間の移動にはほとんどコストがかからない。このことがユーザの「**比較する**」という行動を促進している。運営側の一方的な押し付けは通用せず、セカンドチョイス、セカンドオピニオンを入手して意思決定を行うことがネットユーザの間では当然となる。価格.com に代表される商品比較サイトのみならず、個人のブログ、口コミ、掲示板、アフィリエイトサイトなどにアクセスが集まるのはそのせいである。

これがインターネット以外のメディアであれば、さまざまな制約により網羅的な商品の比較は困難になることもあるだろう。比較されることを意識したサイト作り、商品・サービス作りを行う必要がある。

既存のメディアと比べると、インターネットはその利用をユーザに強制できず、臨機応変な対応もできず、ユーザの能動的な意思と勘にすべて依存することになる。このため、ユーザを知り、ターゲットを絞り、ユーザのニーズ、使われる文脈を事前に徹底的に把握することが重要となる。これらすべてはユーザ中心設計の思想であると言い換えることができる。ユーザ中心設計という考え方はこのような必要の中から生まれた方法論なのである。

第 2 章
ユーザ中心設計手法とは

2.1 ユーザ中心設計

これまで見てきたとおりウェブビジネスの成功には、徹底したユーザ中心の考え方が重要になる。

しかし、ユーザ中心主義の理念は、ただ持っているだけでは意味がない。概念は方法論に適用されて初めて価値を持つものである。ユーザ中心主義を方法論として体系化したものが「ユーザ中心設計手法」であり、ウェブビジネスの立ち上げやサイトリニューアルの際に役立つ方法論である。

2.1.1 ユーザ中心設計の概念

ユーザ中心設計とは、ウェブサイトの戦略立案から設計、構築の作業手順と各作業の概要およびコツを示す方法論である。その特徴は、各作業に必ずユーザ視点からの検証作業が含まれている点である。ユーザビリティテストやアクセスログ解析、社内ヒアリングなどの検証ツールを用いて、それまでに作業した内容がユーザに受け入れられるものかどうかを入念に何度も検証することで、サイトの質と成功の確度を上げていくのである。

ウェブビジネスの成否を分けるのは、いかにユーザの視点で戦略が細部にまで

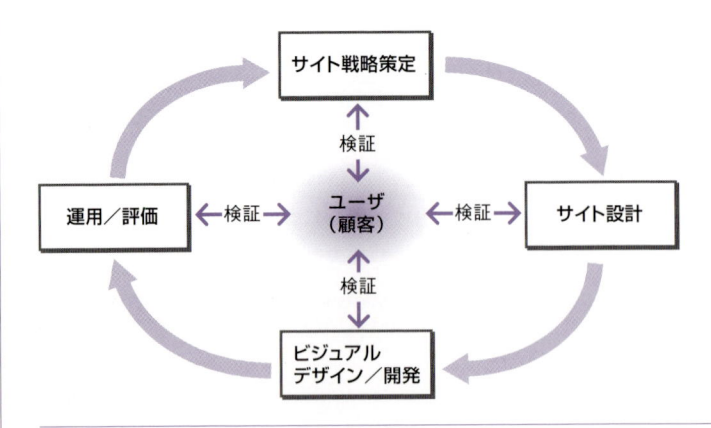

図 2.1 ● ユーザ中心設計手法の概念図

組み立てられているかである。旧来の戦略手法を用いた完璧と思えるビジネスモデルであっても、ディテール部分、たとえばサイトのコンテンツやメニュー名、バックエンド業務といった具体的要素において競合から劣る部分があれば、それはそのまま競争力、収益力の差となって現れる。戦略が「絵に描いた餅」になってしまうのである。このような詰めの甘さから競合との戦いに敗れたビジネスは少なくない。しかし、ユーザ中心設計を用いることで、戦略から実際のサイトの作りまでユーザ中心の思想を一気通貫で持ち続けられるため、戦略を忠実に画面細部に反映できるようになる。

2.1.2 ユーザ中心設計のゴール

「ユーザ中心設計手法」と言っても、これはユーザの意見に迎合することを意味するわけではない。ユーザが多くの選択肢と情報を手にすることができるようになった現在、**ユーザに選ばれなければ企業として生き残ることができなくなってきている**。「ユーザ中心設計手法」もこのような考え方に則って、常にユーザを機軸に戦略や施策の意思決定を行うことで、最終的にはビジネス上の成果を実現することをそのゴールとしている。

具体的な作業としては、ビジネス側として実現したい世界を「サイトの目的と目標」として明確にすることが初めの一歩である。そして、どんな人が利用するのか、ユーザのニーズは何かという「ユーザ像とユーザニーズ」の調査・分析に入っていく。実際には、「サイト目的（ビジネス視点）」と「ユーザニーズ（ユーザ視点）」を刷り合わせながら、ウェブサイト戦略およびサイトに対する要件を決定していく。このような作業を行うのは、お互いに譲れる部分、譲れない部分があるからだ。

ウェブサイトで成果を上げるためには、何よりもこのサイト戦略策定作業が重要である。具体的な方法論について第2部で詳述する。

- ビジネス視点 ＝ サイトの目的・目標 ……「サイトで実現したいことは何か？」
- ユーザ視点 ＝ ユーザ像・ニーズ ……「サイトに求めるものは何か？」

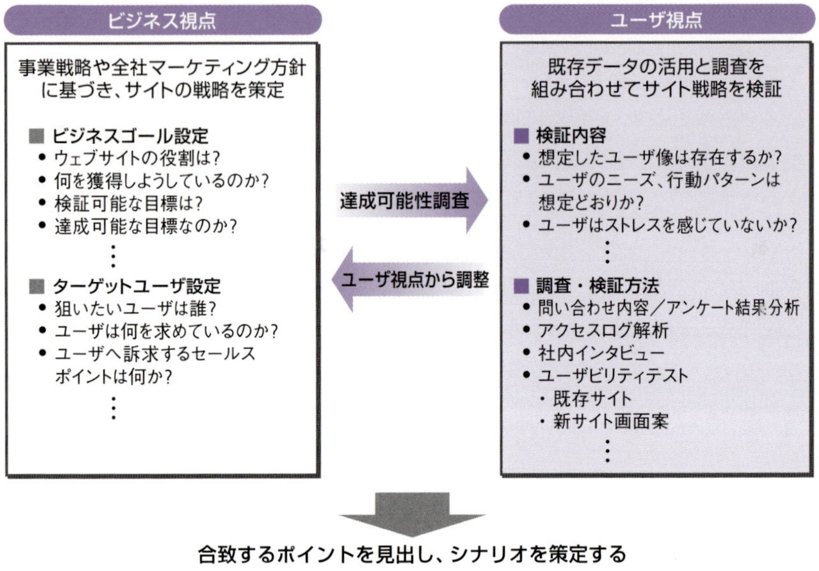

ビジネス視点

事業戦略や全社マーケティング方針に基づき、サイトの戦略を策定

■ **ビジネスゴール設定**
- ウェブサイトの役割は?
- 何を獲得しようしているのか?
- 検証可能な目標は?
- 達成可能な目標なのか?
  ⋮

■ **ターゲットユーザ設定**
- 狙いたいユーザは誰?
- ユーザは何を求めているのか?
- ユーザへ訴求するセールスポイントは何か?
  ⋮

→ 達成可能性調査
← ユーザ視点から調整

ユーザ視点

既存データの活用と調査を組み合わせてサイト戦略を検証

■ **検証内容**
- 想定したユーザ像は存在するか?
- ユーザのニーズ、行動パターンは想定どおりか?
- ユーザはストレスを感じていないか?
  ⋮

■ **調査・検証方法**
- 問い合わせ内容/アンケート結果分析
- アクセスログ解析
- 社内インタビュー
- ユーザビリティテスト
  ・既存サイト
  ・新サイト画面案
  ⋮

↓ 合致するポイントを見出し、シナリオを策定する

図 2.2 ● ビジネス視点とユーザ視点

2.2 ユーザ中心設計のプロセス

　本書で定義するユーザ中心設計のステップは大きく4つに分かれる。さらに、それぞれに検証ステップを設けるため、合計で8ステップに分かれている。ユーザ中心設計を実際に行う際には、対象となるウェブサイトのタイプや目的、規模、時間や予算、その目的などによって力点を置くステップが異なるが、いずれにしてもビジネス上の成果をもたらすウェブサイトを構築する場合には、これらのステップは共通した流れとなる。

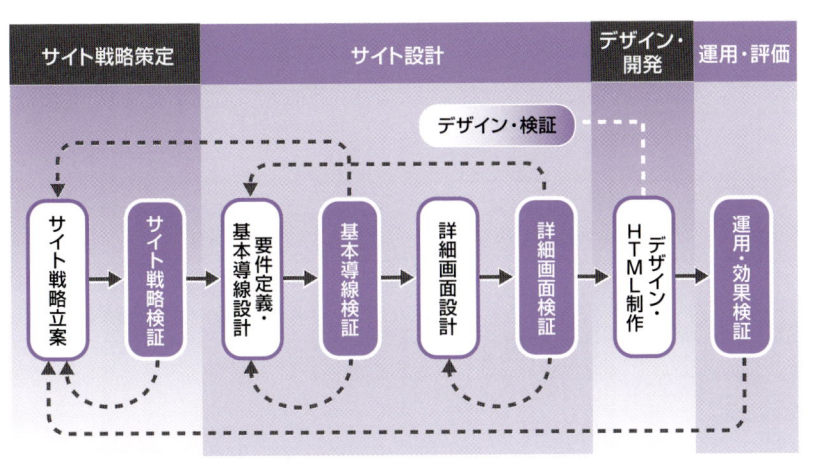

※デザインは詳細画面設計と同時に行い、「詳細画面検証」時に検証する

図2.3 ● ユーザ中心設計の作業ステップ図

　作業ステップを実際の詳細作業計画に落とし込むと図2.4のようになる。

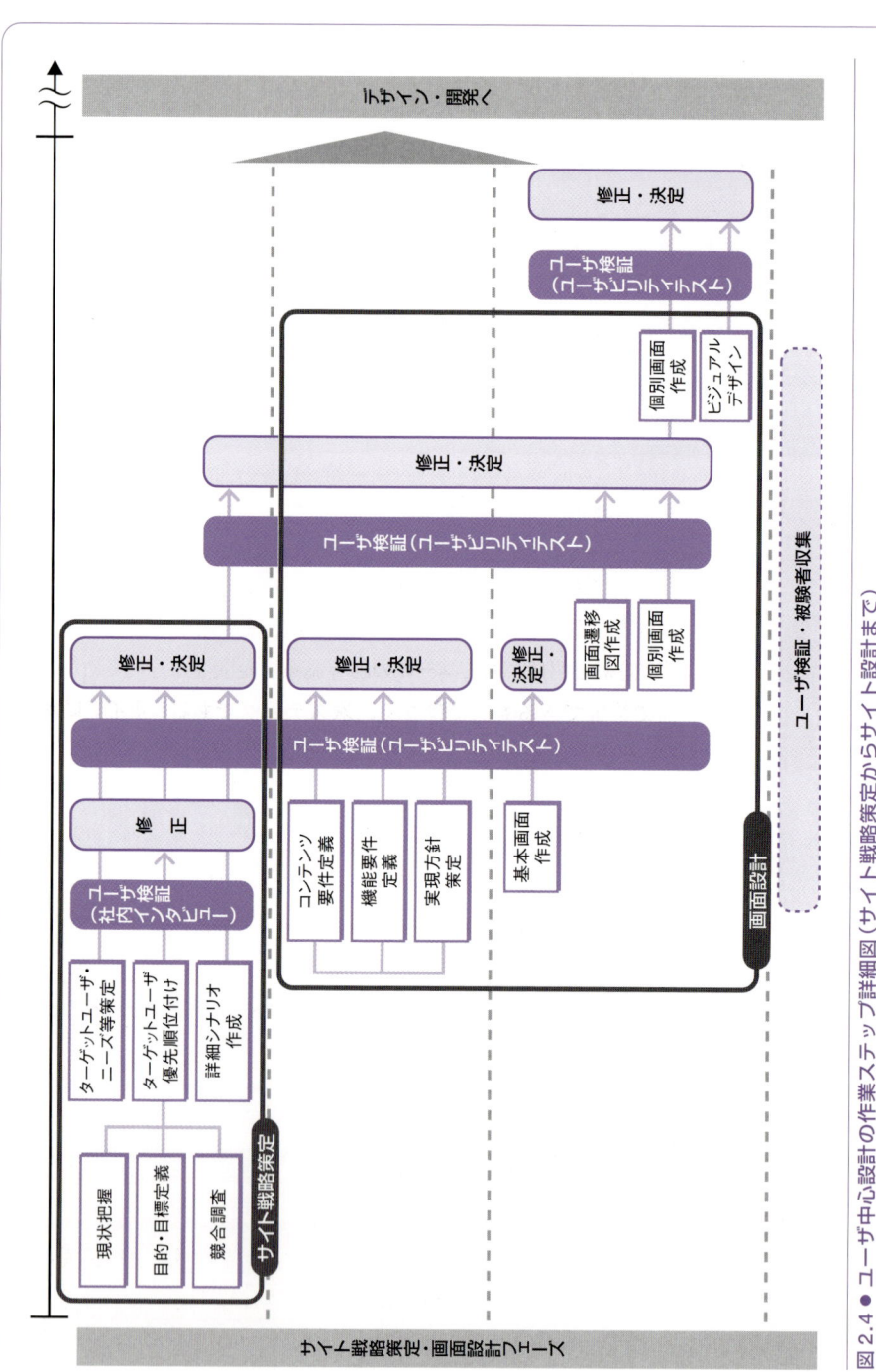

図 2.4 ● ユーザ中心設計の作業ステップ詳細図（サイト戦略策定からサイト設計まで）

各ステップにおける作業概要は以下のとおりである。

ステップ1　サイト戦略立案

　上位に位置する企業戦略や事業戦略、また各種現状調査を行い、ウェブサイトを運営する目的、目標値を設定してビジネスとして実現したい世界を明確にする。

　その後、ターゲットユーザを設定し、ユーザの特徴とニーズ、ウェブサイトに訪れる状況、その際の行動パターンなどを分析する。さらに、ユーザが自社商品、サービス、情報に触れるあらゆる接点を明確にするとともに、ユーザのニーズとサイトの強みの合致点を見極め、**最終的には「ユーザシナリオ（ユーザ誘導シナリオ）」という形でサイト戦略を定義する**。「ユーザシナリオ」とは、ユーザをどうやってサイトに誘導し、サイト内でどう説得して、最後にサイト目的につなげるのかという、ユーザとサイトを結び付ける一連のユーザの行動を定義したものである。これは、単にユーザに選択させたい行動を理想論として一方的に規定するものでも、ユーザの1日の行動を細かく洗い出すものでもない。ユーザのニーズや状況、心理的変化など論拠を明確にしてユーザの誘導施策を定義するものである。ただし、これは1回で策定できるものではなく、次ステップである「サイト戦略検証」を実施しながら根拠のある戦略的なシナリオを策定していくことを指す。

ステップ2　サイト戦略検証

　先に立案したサイト戦略はあくまで「仮説」であるため、その仮説を検証する。具体的な検証作業は、ユーザになりうる人を協力者として呼び、インタビューや現状サイト・競合サイトを実際に使用してもらう「ユーザビリティテスト」を1人ずつ複数回行う。そのほかに、ユーザとなりうる人と接点のある社内担当者に話を聞く「社内インタビュー」を行うことも有効な手段となる。

ステップ3　要件定義・基本導線設計

　定義したサイト戦略（ユーザシナリオ）に基づいて、ウェブサイトに盛り込むべきコンテンツ要件、実装が必要な機能要件を定義する。同時にユーザシナリオに従いサイトの基本的な画面遷移を基本導線として設計する。基本導線上の画面に整理したコンテンツ要件を当てはめ、画面プロトタイプを作成する。この画面プロトタイプ作成時に、基本的なサイト構造やナビゲーションスキームも検討する。

ステップ4　基本導線検証

作成した画面プロトタイプを使用して、策定したユーザシナリオや基本導線がユーザニーズに合致しているのかどうかを検証する。また、サイト構造やナビゲーションが機能するかも検証する。この段階でサイト戦略に手直しが入ることもあるため、インタフェースだけではなくユーザのニーズなどにも十分に注意を払う必要がある。

ステップ5　詳細画面設計

基本導線検証の結果を踏まえてユーザシナリオやサイトの基本構造、シナリオ上重要となる画面を確定させ、順次プロトタイプを作成・精緻化していく。具体的には、レイアウト、コンテンツ、ワーディング、ナビゲーションなど、グラフィックデザイン以外の要素を細かく作成し、最終的なウェブページとほぼ同じ情報レベルになるまで作り込んでいく。さらに、残りの画面の設計も行い、サイト全体に渡るプロトタイプを詳細に作成していく。

トップページなどすでに2回の検証を経ている画面プロトタイプについては、デザイナーによるビジュアルデザインを行い、次の検証時に一部画面はデザイン案を用いた検証ができるよう準備する。

ステップ6　詳細画面検証

作成した詳細な画面プロトタイプ（一部はデザイン案）を使用して、想定しているユーザシナリオが機能するかどうかを検証する。このタイミングでの検証では、メニュー、リンク、コンテンツに使われている言葉のわかりやすさや、ほかの画面との整合性、ボタンやリンクの位置といった画面の中の詳細部分をチェックすることが目的となる。

検証終了後、結果を踏まえてプロトタイプを細かく修正し、画面プロトタイプ案を「画面設計書」として最終確定させる。

ステップ7　デザイン・開発

プロトタイプとして作成した画面案がほぼ確定した段階から、順次ビジュアルデザイン、HTMLおよびCSSなどのコーディングを行い、ページ制作を進めていく。ページはすでに数回にわたるユーザ検証を経ているため、この段階で修正さ

れる余地はほとんどなく制作作業に専念できることで制作の効率化が実現可能である。制作終了後には、見た目や動作などのチェックを入念に行い、本番サーバにアップし、リリースする。

ステップ8　運用・効果検証

サイトリリース後に、実数値把握、アクセスログ解析、ユーザビリティテスト、アンケートなどの手法を駆使して、事前に立てたサイト目的・目標の達成度合いや、サイト戦略やユーザシナリオの妥当性、現状、および問題点を把握し、次なる改善策へとつなげる。

2.2.1　従来の方法論との違い

これまでのシステム開発やウェブサイト開発では、「ウォーターフォール型」と呼ばれる線形の作業ステップが主流だった。この方法論は業務システム開発の現場で今でも使われている。これは、早い段階で要件を「仕様書」という形でほぼすべて定義する必要があり、さらに、定義された要件に対して現実的なフィードバックを得る仕組みが少ない。また、もし下流工程で要件に問題が発見されてもコスト面で余裕がないことが多く、上流工程への手戻りがしづらいという現実的な限界を持っていると言われている。

そのため、「作ってみてから問題に気がついたがどうにもできない」「せっかく作ったのに誰にも使われないシステムとなった」といった状況が起こりやすい。特に、ユーザの姿が見えないウェブサイト制作時にこの方法論を使用すると、ユーザニーズが反映されず失敗の確度を上げる原因となりやすい。

一方、ユーザ視点による検証を取り入れた方法論の場合は、スパイラル型と呼ばれる反復プロセスを取る。この根底に流れる思想は、トライ＆エラーを通じた継続的な品質向上であり、最初から完璧なコンセプトや要件を設計するわけではない。ラフにプロトタイプ（試作画面）を作っては、ユーザに使ってもらうという仮説検証を繰り返していく。

ユーザ中心設計手法もこのような概念を継承している。あらゆるステップでユーザの視点から実現可能性を検証し、その結果を受けて、順次計画を修正して、再度検証するというプロセスを経ることで、短時間で高品質なものを作り上げて

いくことが可能になる。

皮肉なことに、いつまでも反復を繰り返していると、永遠に終わらない。しかも、あれもこれも検証したくなり、一向に先に進まなくなるという状況によく陥る。これを避けるためには、最初にきちんと検証スケジュールを立てるとともに、「ここまでできたら次に進む」という基準を設けることとが重要である。

検証した結果、基準から著しく乖離するようであれば、再度スケジュールの見直しを行う。その場合に備え、検証スケジュールには多少のバッファがあるとさらによい。

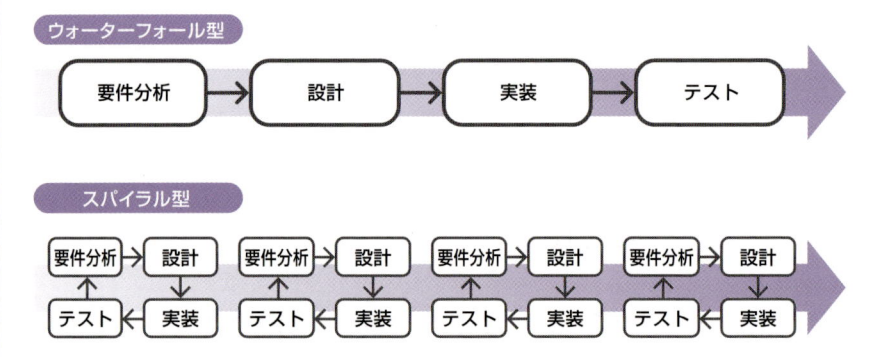

図2.5 ● ウォーターフォール型とスパイラル型

2.3 ユーザ中心設計の特徴

　ユーザ中心設計手法には、ユーザを効果的に把握するためのさまざまな工夫が随所に織り込まれている。さらにユーザ視点を有する重要性のみならず、その視点をどう活用すれば最終的なウェブビジネスの成功につながるのか、そのためのアプローチ方法が定義されている。

　ユーザ中心設計の特徴は以下の5点に集約できる。

1. ユーザターゲティング
2. ユーザシナリオのデザイン
3. 実ユーザによる検証
4. 費用対効果を高めるスパイラル手法
5. 早期可視化による品質向上

　これら5つの特徴を理解することで、ユーザ中心設計がなぜ大きな成果をもたらす考え方であるのかがわかるようになる。以下に各特徴を解説する。

2.3.1 ユーザターゲティング

　ユーザ中心設計手法では、ウェブサイトの戦略立案から設計、構築の全ステップで本当のユーザを用いた検証作業を取り入れるよう定義されている。この作業があることで、誰のためのウェブサイトであるのか常にターゲットユーザを意識することができるようになる。

　ここで重要なのは、ユーザをターゲティングするという考え方である。ウェブサイトはともすると「全員」を狙いたくなるメディアである。実際にサイトの運営者にターゲットユーザを尋ねると、「アクセスしてきた人全員」と回答するケースが多い。もちろん、全員を狙えればベストではあるが、1つのサイトで全ユーザのニーズを満たすことは現実的には難しい。ターゲットが増えれば増えるほど、ニーズはばらつき、それらすべてに対応しようとすると、結局は誰にとっても無用

の総花的なウェブサイトができあがってしまう。それではサイトの成果も上がりづらい。裏を返せば、**明確なターゲティングをすればするほど効果が上がりやすいのである。**

これは、たとえば、ISOで定めるユーザビリティの定義からも説明できる。ISO 9241-11[1]では以下のように定義している。

ある製品（ウェブサイト）が特定の利用状況において、特定のユーザによって、特定の目的を達成するために、用いられる際の有効性、効率性、満足度の度合い

この定義にあるように、そのサイトの成否である有効性や効率性、満足度は、ユーザ、目的、状況という変数によって毎回変わってくるのである。これは、普遍的な解決方法など存在せず、ユーザの特定や利用状況、ニーズの明確化が成功への第一歩であることを意味している。

野球チームのコーチと、大工さんと、映画スターを満足させる車を作ろうとすると、『コンバーチブルのバンでオフロード仕様の車』ができあがる

すべての人を満足させる商品は開発困難

図2.6 ● 多くのユーザを狙ったときの製品例
　　　（出典：『コンピュータは、むずかしすぎて使えない！』アラン・クーパー著、山形浩生訳、翔泳社、2000）

---

[1] ISO 9241-11:1998 (Ergonomic requirements for office work with visual display terminals (VDTs) -- Part 11: Guidance on usability)

ターゲットを明確にしておけば、万が一画面上で複数のユーザニーズを満たす必要が出た場合でも、何を優先すべきか明確に区別できるようになる。複数ターゲットを狙う場合には、各ターゲットユーザ群の優先度を付けておくことが重要である。

　たとえば、官公庁や金融機関など公共性が高いウェブサイトであっても、各ユーザ群を定義し、それぞれに「ビジネスとしての重要性」「ユーザボリューム」「サイトに対するニーズの強弱」といった観点を踏まえて優先度を付けておくようにする。

　このように常にターゲットとなるユーザを中心に据えて作業を進めるところが、ユーザ中心設計と呼ぶ理由となっている。

ユーザターゲティングのポイント
誰のためのウェブサイトか、ターゲットユーザを定義し、常に意識する。

2.3.2 ユーザシナリオのデザイン

　ユーザシナリオとは、サイト運営側が意図するゴールへとユーザを導くための誘導戦略である。「誘導」というと言葉に誤解があるかもしれないが、要はこちらの狙いどおりにユーザにサイトを使ってもらうためのサイト戦略であると言い換えられる。これは、事前にサイトの内外を通じたユーザの動きを明確に意図しておくことを示している。ここで「サイトの内外」とあるのは、たとえばオンライン証券であれば、サイト内はもちろんのこと、比較サイトでのサービス比較や雑誌での情報収集、口座開設申し込み書類の送付、コールセンターへの電話問い合わせ、ID・パスワードの書面での発行など、ほかのサイトやオフラインの顧客接点を含むことを意味している。

　また単純な顧客接点のみならず、各状況におけるユーザの心理面での変化にまで踏み込んでシナリオを作り上げるという特徴がある。たとえば、ユーザは自分の目的が一通り達成できると、ほっとして気が少しゆるみ、目的以外のコンテンツにも目を向ける傾向が高まる。つまり、目的達成のあとに提示する画面は、見せ方によっては関連商品のクロスセルなどが実現できる可能性があると言える。

このように、どこでどういう気持ちの変化があるのかを事前に把握しておけば、その心理変化を巧みに利用したシナリオを描くことができるのである。

　ユーザシナリオがあることによって、ユーザの過去の経験やサイト内外での体験が、相互にどのように影響し合うのかが明確になる。これにより、ユーザが持っている文脈を捉えたサイト戦略が策定できるようになり、より確実な成果をもたらす礎となるのである。

　このユーザシナリオは、ユーザ中心設計手法の中で「ウェブサイト戦略＝ユーザシナリオの策定」と位置付けるほど重要な部分である。**画面をデザインするのではなく、ユーザの行動をデザインする**と理解しておくとよいだろう。

　ユーザシナリオは、ビジネス側のゴールや収益性と、ユーザの前提知識、ユーザニーズ、心理状況を踏まえた上で策定するため、事前にビジネス要件の明確化とユーザ像の明確化が必要となる。

　ユーザがサイトや製品を使ってくれないといった多くの不幸は、提供するサービスを作り手側が「点」として捉えて設計していることに起因する。しかし、「点」ではなくシナリオという「線」で捉えることで多くの不幸は成果へと転化できるのである。

　ユーザシナリオに関する理解は、具体例とともに見ていくことでよりクリアに理解できるため、第2部第1章で詳述する。

> **ユーザシナリオのデザインのポイント**
> サイト内外を問わず、時系列でのユーザ行動パターンやニーズの流れ、ユーザの心理的変化、動機など多角的に把握した上で、ユーザ誘導戦略である「ユーザシナリオ」を立案する。これは、サイトの画面ではなく、ユーザ行動や心理をデザインするとも言い換えられる。

2.3.3　実ユーザによる検証

　ユーザ中心設計手法の要諦は、ウェブサイト戦略・画面設計という領域に科学的な手法を用いるところにある。科学的と言っても何も大袈裟なことをするわけではなく、これまで企画側の一方的な感覚や曖昧な顧客アンケートなどに依存し

た意思決定に代わり、「仮説」と「検証」という科学の基本原理を踏まえた作業ステップを取ることを意味している。

　実際には、サイト戦略策定、サイトの基本導線設計、詳細画面設計、ビジュアルデザインなどあらゆる作業ステップにおいて、**これまで作業した内容を「仮説」と捉え、実際のユーザになり得る人に協力してもらいながら、画面案などを使ってもらって「検証」を行う**。検証後には結果を分析し、適宜仮説に修正を加えながらさらに作業を進めてまた検証といった手順を繰り返すことになる。

　ここで重要なのは、実ユーザにサイトを使う様子を再現してもらう再現検証を数十人規模で行う点である。「実ユーザ」に検証協力依頼ができない場合には、実ユーザに極めて近い属性を持つユーザに依頼することもある。直接ユーザがサイト案を使っている姿を目の当たりにし、さらにその都度状況に応じたインタビューが行えることでユーザ理解は深まり、ウェブビジネスへの洞察が鋭くなる効果がもたらされる。さらに、作業が一定して進むごとにユーザ視点からの検証を行うことで、主観的議論を避け、常にユーザ視点に立脚した作業が行えることも貴重なメリットとなるだろう。これは、複数部署・複数担当者が関わるウェブサイト設計の場では特に重要になる。

　このようにユーザを知り、ユーザのニーズや気持ちを理解するために、ユーザの意見よりも行動や過去の経験などの事実を重視するという独自のアプローチを採用する。

　早期に画面案＝プロトタイプを作成するのもこのためである（「2.3.5　早期可視化による品質の向上」で詳述する）。ユーザがプロトタイプを使うことで、「ユーザ行動」という事実情報を入手することができるようになる。この情報を分析することで、ユーザに関するあらゆる情報がかなり正確に把握できるのである。

　ユーザは自分のニーズを言語化していることは稀であり、ユーザに直接ニーズを尋ねるというアプローチには限界がある。

実ユーザによる検証のポイント

いずれのステップにおいてもユーザの視点からこれまで作業した内容の検証を行う。その結果を受け、適宜修正を施すことで品質を向上させ、成果の実現可能性を高める。

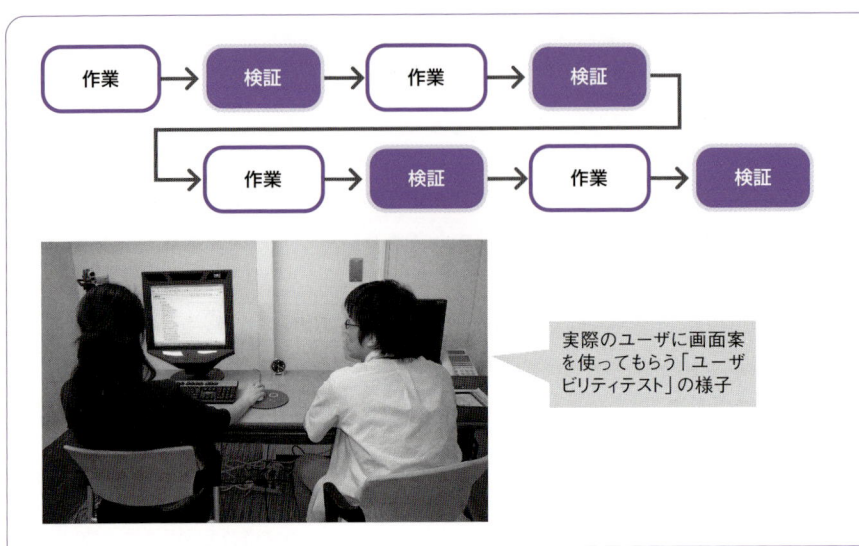

図2.7 ● 実ユーザによる検証ステップ図と写真

2.3.4 費用対効果を高めるスパイラル手法

　ユーザ中心設計の方法論全体は、戦略策定→設計→制作→運用・評価という仮説検証（PDCA）サイクルによって成り立っており、さらに各ステップの中でも細かな仮説検証サイクルが回るという2重の仮説検証サイクルによって成り立っている。

　このように、各作業単位およびサイト運営の両方において「仮説→検証」を繰り返すことで、問題を事前に察知して対処することができるようになるため、ウェブサイト運営に対する投資対効果を高めることができる。

　これまでのサイト制作プロセスでは、デザイン案ができた段階でユーザの意見を取り入れようとすることが多いが、ユーザ中心設計手法では、ウェブサイト戦略段階から実ユーザによる検証を行い、戦略の現実性を確認する。**早い段階から検証を行い、手直ししながら少しずつ前に進むことで、ターゲットユーザの設定ミス、ユーザニーズの読み違い、画面設計の不整合といった問題をすべて事前につぶせるのである。**

　このように、ユーザ中心設計手法の作業ステップは、「サイト戦略を立案し、それをユーザ視点で検証して、検証結果を受けて戦略を修正……」という立案（作

成）→検証→修正のステップを繰り返しながら、徐々に先に進み、詳細を詰めていくため、「スパイラル手法（反復手法）」であると言える。スパイラル手法では、前ステップが完了する前に次のステップに取り掛かるため、いつでも前ステップの修正が行える。別の見方をすれば、スケジュールにあらかじめ修正の時間を見積もっているのである。

> **費用対効果を高めるスパイラル手法のポイント**
> ステップごとにユーザの視点から「仮説→検証」を繰り返すスパイラル手法で費用対効果を高める。

スパイラル手法

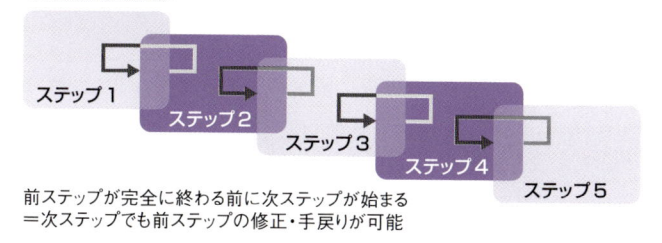

ステップ1 / ステップ2 / ステップ3 / ステップ4 / ステップ5
前ステップが完全に終わる前に次ステップが始まる
＝次ステップでも前ステップの修正・手戻りが可能

スパイラル手法ではない手法

ステップ1 → ステップ2 → ステップ3 → ステップ4 → ステップ5
前ステップが完全に終わってから次ステップが始まる
＝次ステップでは前ステップの修正・手戻りが不可能

図2.8 ● スパイラル手法とスパイラル手法ではない手法

2.3.5 早期可視化による品質向上

仮説検証がこの手法の特徴であるが、仮説は文章レベルで定義するのみならず、必ず目に見える形、つまりは仮説を具現化した画面プロトタイプ（画面案）を作成するよう定義している。また、プロジェクトの早い段階から画面プロトタイプ作成を行い、それらプロトタイプを用いて検証を実施する。このように早い段階

から「目に見える形に落とし込んでは試す」という手法は、「早期プロトタイピング(Rapid Prototyping:ラピッドプロトタイピング)」または「アーリープロトタイピング」などとも呼ばれる。この早期可視化、すなわちプロトタイピング作成のメリットは以下の3つである。

- 関係者間で意識の刷り合わせが可能
- ユーザから早期に高精度のフィードバックが獲得可能
- その他:仕様の明確化、修正の容易化、検証タイミングの柔軟性向上などが実現可能

⬇

品質の向上、制作時間の短縮化に寄与

　画面プロトタイプを作る目的は、誰の目にも同じ現実が見えるようにするためである。関係者間、あるいは提供者とユーザ間で概念や情報の共有を行えるようになるのである。言葉による定義だけで共有している情報は、個人間でそのイメージが異なることが多く、具体的なものが提示されてから「これは想像と違う」と議論が紛糾するケースが数多くある。早期可視化はこのような事態を回避してくれるのである。

　また、提供者とユーザとの間で同じものが見えていることで、ユーザから事前に現実的なフィードバックを得ることができる。

　早期可視化は最初のうちは手間のかかる作業のように思えなくもないが、それがなかった場合に発生する手戻りのリスクを考慮すると、結果的にはプロジェクト全体の品質を向上し、作業時間を短縮させる強大なツールとなるのである。

早期可視化による品質向上のポイント

早い段階から仮説を目に見えるプロトタイプ(画面案)の形にする。そして、そのプロトタイプを用いて検証をかける。

図 2.9 ● 画面プロトタイピングの例

2.4 ユーザ中心設計によるウェブビジネス成功のポイント

　ユーザ中心設計手法はただその手順に沿って方法論を推進していればよいわけではない。各ステップにおいてどれだけ深く創造的にユーザとインターネットというメディアについて思考できるか、また理想の実現と実現のための変革にどれだけ力を注げるかにかかっている。

　成功のために重要な7つのポイントについて解説する。それぞれのポイントは次のとおりである。

1. ユーザの接点と振る舞いを総合的に把握
2. ユーザ視点でサイトの価値を定義
3. 誠実な対応と徹底した情報開示
4. 主導権をユーザに付与
5. 組織、業務プロセス、システムの最適化
6. スピーディな対応の実現
7. ユーザ視点での画面設計

　いずれも単純なポイントに見えるかもしれない。しかし、それぞれのポイントをきちんと実践するには難しい問題が数多く存在し、実はそれほど簡単ではない。逆説的な言い方をすれば、簡単ではないからこそ成否を分ける重要なインパクトを持つのである。

　これから挙げるポイントはウェブサイト、ならびにそれによって牽引されるウェブビジネス全体にわたって常に念頭におくべきものである。

2.4.1 ユーザの接点と振る舞いを総合的に把握

　ユーザ中心設計はユーザに対する「接客設計」という側面を持っている。これはウェブサイト（およびサイトが扱う内容、運営企業など）とユーザが接触する場面において、サイト側がどうユーザに接するのかという接客態度を設計すること

を意味している。つまり、単純に画面を設計するというレベルではなく、ユーザを安心・信頼させて、動機付けしてあげて、サイトのゴールへと導いてあげる道筋を設計するのである。

　この「接客」には、ウェブサイトのみならず、サイト利用に派生するさまざまなユーザとの接触ポイント、たとえばユーザに送付される資料や発注された商品、その商品の梱包、注文書、コールセンターなどが含まれる。これら**ウェブサイトを通じてユーザが利用、体験するすべての接点をユーザの視点から一貫性を持って組み立てることで、ユーザの利便性、満足度は飛躍的に向上し、ウェブサイトの成功に近づけるようになる**。このようなユーザのサイトを通じた一連の体験は「ユーザエクスペリエンス（顧客体験）」と呼ばれることもある。

　ウェブサイトの戦略やあるべき姿について検討する際、ついサイト単体で考えがちになるが、ウェブサイトを成功に導くためにはユーザとサイト運営側との接点をすべて把握し、それらの相関を考慮しなければならない。たとえば「サイトを通じて資料を請求し、後日届いた資料を読んで内容が良ければまたサイトで申し込む」といった一連のユーザの流れがあるにもかかわらず、「ウェブサイト運営は広報部」「送付される資料は営業部にて作成し送付」「申し込みフォームはシステム部が管轄」と部署が異なるために、ユーザニーズに沿わない流れを提供してしまっていることがある。このような例などは、ユーザ接点と各設定におけるユーザの行動を包括的に捉えていないと言えるだろう。

　また、ユーザ接点とそのときのユーザ行動のみならず、ユーザ心理まで把握していくことで、各接点が何をなすべきかがよりクリアになってくるだろう。会員制のサイトの場合、ログインIDとパスワードを書面で手にしたユーザは、「やっとサイトにログインできるので楽しみだ」と思っているのか、それとも「ID、パスワードは届いたものの、使い方はわかるのだろうか？」と不安に思っているのとでは、自ずと書面に書く説明文章の内容やトーンは変わってくるだろう。実際に後者のように不安に思っているケースを取り扱った際には、「とにかく簡単にログインできて簡単に会員向け領域を使うことができる」ことを書面でアピールする作戦を取り、分厚いマニュアルを廃止し、イラストでわかりやすく説明した簡易ガイドに変更してサイトへの誘導を図って成功した。

　サイト内外のすべての顧客接点とそこでの行動、心理状態を包括的に洗い出し、それらの関連性を踏まえながら、各接点におけるユーザへの対応方法を設計する

ことがサイト成功の第一の秘訣である。ユーザ行動、心理を把握する際のヒントを以下に解説する。

時系列でユーザを捕捉

ユーザの一連の行動の流れを捉える際には、そのウェブサイトが扱う商品・サービスのライフタイムサイクルをもとにしたユーザ分析が役立つ。また、サイトの認知から、流入、サイト内での説得・啓蒙、その後の関係維持といった、**ユーザの時系列での行動の変化を追うことで、より深くユーザを理解するヒントが得られる**ことも多い。

たとえば、パソコンを販売しているサイトの場合、パソコンの買い替え周期である4〜5年という間のユーザの変化を追うことで、サイトがユーザに対してなすべきことが見えてくるだろう。自動車であれば10年近いかもしれないし、オンラインバンキングであれば、毎月の給与振り込みといった周期でユーザの動きを捉えることもできる。

また、もう少し小さい範囲での時系列分析も有効である。たとえば、「あるサイトにアクセスし、そのサイトのサービスを利用するかどうかを検討したが、そのときはサービスの申し込みを見送り、その後、雑誌や屋外広告などでそのサイトのロゴマークを何度か見て、有名な会社であることがわかって安心し、再びサイトに訪れて最終的にはサービスを申し込む」といった流れが見えてくることがある。事前にこのようなユーザの動きが想定されているかどうかで、サイトの作りやプロモーション戦略は大きく変わってくるだろう。

ユーザの動機の把握

ユーザ中心設計において、コンテンツやサイト構造、ナビゲーションを設計して実装することがゴールとなるが、このような目に見える成果物以上に重要となるのは「ユーザ心理のデザイン」である。ユーザ中心設計全体を通じて、ユーザの心理面にフォーカスを当てるのもこのためである。

ウェブサイトの各要件は、すべてユーザ心理のデザイン結果から創出される。「価格がすべてだと思い込んでいるユーザに、本当にそれだけでよいのか多少気持ちを揺さぶって別の条件にも目を向けてもらう」といったユーザ心理の変化が定義されれば、この条件に見合うコンテンツ案はいくつか浮かんでくるだろう。

ユーザにどう思ってもらいたいか、サイト訪問当初からどういう気持ちの変化をもたらせばサイトの成果に結び付くのかといったユーザ心理のデザインが機能すれば、自ずとウェブサイトの成功をもたらすのである。

そのためには、ユーザビリティテストなどでユーザのサイト訪問の動機、ユーザが何に不安や疑問を感じ、何に安心を覚えるのかといった心理と情報の相関を見出していく。

たとえばオンライン証券会社であれば、初心者はとかく「自分のような初心者が株取引をインターネットでできるのだろうか？ 損はしないだろうか？」といった不安を抱いている。不安な気持ちになるのは「損をしてしまうのではないか」とユーザが思っているからである。これはオンライン証券のみならず、あらゆる金融リスク商品につきまとう不安でもある。もちろん、リスク商品では損得は約束できない。しかし、「損をしても許容できる範囲」というものはある。たとえば、「1万円から株取引が始められます」「少額から始めてまずは様子をみましょう」といった情報を与えることで、「1万円程度だったら、たとえ損をしても許容範囲かな」といった安心感をユーザに芽生えさせることができるのである。

このように、ユーザの心理変化のポイントをできる限り精緻にそして多く掴み、それらをつなぎ合わせて「ユーザの気持ちのデザイン」をしていくことがウェブサイトを力強く支える基盤となるのである。

比較されることを意識したウェブサイト、商品、サービス設計

近年のインターネットユーザの特徴的な行動のひとつに「比較」がある。前出のポイントとは多少レベルが違う内容だが、ユーザの振る舞いを包括的に把握するために必要な視点であるためここで解説する。

各種比較系サイトが、ユーザの意思決定をサポートしていることでもわかるとおり、比較行動が当たり前となっている現在では、**比較されることを所与としたウェブサイト、ならびに商品・サービス設計が必須**となってくる。商品・サービスに関しては、比較に耐えうる商品・サービスか、比較ができない独自商品・サービスがウェブ上でのプロモーションと相性が良いのである。

比較される項目については徹底的な情報開示を心がけるのみならず、自社や自サイトの強みを明確にしておかないとユーザの比較選別の網に残ることが難しくなるだろう。

たとえば、競合サイトで明記してある情報について、自サイトでは明記していないと、ユーザは勝手に「あちらのサイト（＝競合サイト）には書いてあったのに、このサイト（＝自サイト）にないということは、取り扱っていないということだ」と判断してしまう。実際にはきちんと取り扱いがあったとしても、ユーザは明記してあるサイトのほうを信用するため、情報開示が少ないのは不利に働くケースが非常に多い。

　サイト運営者は「ユーザは自分のサイトだけを見ている」と無意識のうちに錯覚してサイトを設計しがちであるが、ユーザは常にほかのサイト、それも競合サイトのような、最も見比べてほしくないサイトと比較しながら見られていると思っておいたほうがよい。

2.4.2　ユーザ視点でサイトの価値を定義

　ウェブサイトを通じてユーザに情報やサービスを提供する際、多くは自分たちが強みだと思っていることの伝達に終始しがちである。たとえば、ある商品に関して「当サイトの商品は独自の販売ルートにより、極めて質の高い商品を皆様に提供しています」とアピールしていたとしても、ユーザが少しでも安い価格を求めてウェブサイトを使っているのであれば、せっかくのアピールもほとんど無視されてしまう。ユーザの視点に立った場合、クオリティよりもまずは価格の優先度が高いのである。であれば、価格の価値をアピールする。たとえば、「価格は多少高いかもしれない」ということをきちんと謳った上で「高いなりの価値」を説明することで、最終的な強みを伝えるといった作戦を取ることが検討できるのである。

　また、運営側としては当たり前の事実であっても、ユーザにとっては価値に感じられることも多々ある。たとえば、店舗も持つ家電販売サイトの場合、オンラインであるがゆえに店舗で使用できるポイントカードはオプションでの発行となっていた。この事実をサイト上では「カードの発行には別途お申し込みが必要です」とだけ表記していたが、この場合にユーザビリティテストを行うと「別に申し込むなんて面倒くさい。最初から発行するようにしてほしい」と評判が悪かった。人によってはカードの発行は必要ないのだが、それでも「別途お申し込み」という表記では、「別の申し込み手続きが必要＝面倒・手間」という印象だけがユーザの脳裏に焼きつくため、最終的にネガティブな反応を見せてしまうのである。しか

し、同じ事実であっても、オンラインであることの強みをユーザの価値に結び付けた場合、違う表記の仕方が可能である。たとえば、次のようにすればよい。

> インターネットだけで買い物される方はカード不要コース、インターネットでも店舗でも買い物される方はカード発行コース、皆さんの希望に合わせてご選択頂けます。

同じ事実でも表現の仕方で印象は変わる

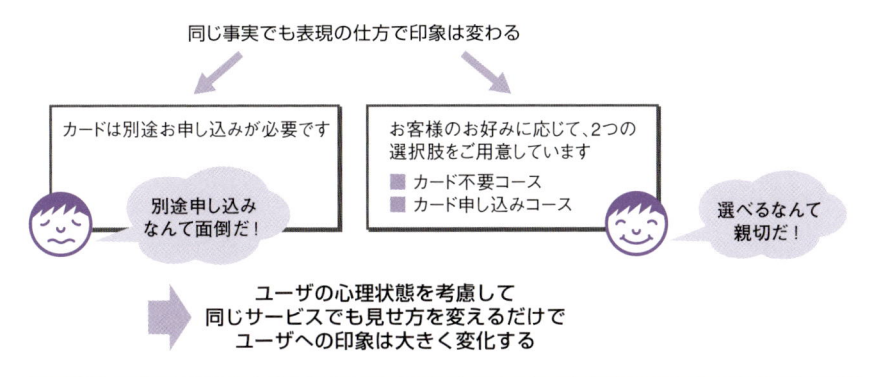

カードは別途お申し込みが必要です	お客様のお好みに応じて、2つの選択肢をご用意しています ■ カード不要コース ■ カード申し込みコース
別途申し込みなんて面倒だ！	選べるなんて親切だ！

➡ ユーザの心理状態を考慮して
同じサービスでも見せ方を変えるだけで
ユーザへの印象は大きく変化する

図 2.10 ● ユーザ視点でサイトやサービスの価値をアピールする例

　実際に先の例をこのように書き換えて検証してみたところ、ユーザの評判は極めて良くなった。まったく同じ事実であっても、ユーザが何を価値としてそのサイトに集まってきているのかを考慮すれば、細かな事象すらユーザにとってのメリットになり得るのである。
　運営側が一方的に思い込んでいる「強み」はセルフサービスチャネルのインターネットでは通用しない。ユーザの目から見たときの価値を機軸に自社や自サイトの強みを明確化することが重要である。

2.4.3 誠実な対応と徹底した情報開示

　インターネットによる情報流通革命によりユーザが圧倒的にパワーを持つ現在、企業やウェブサイトはユーザに対して誠実であることがユーザからの信頼を勝ち取る唯一の方針になる。情報の主導権を企業が持っていた時代であれば、市場への情報提供によって市場そのものをコントロールできたが、現在ではこのよ

うな情報操作はまったく効力を持たないどころか、自社・自サイトを壊滅的な状況に追い込むリスクとなってしまう。

　特にユーザが自らの力で情報を集めることができるため、企業側が情報を出し惜しみしていると、ユーザはサイトから離れてしまう傾向が高まる。一昔前であれば、知りたいことがパンフレットやチラシに掲載されていない場合、ユーザは自ら調べる術もなく、企業側に対して尋ねるしか方法がなかったが、現在では別のサイトや別の企業へと、いとも簡単に乗り換えていってしまう。

　この場合、**最も多く情報を提供しているサイトにユーザが集まっていく結果**となることは容易に想像がつくだろう。持ちうる限りの情報を体系立てて誠実に提供する、このような当たり前のことをするだけでユーザが集まってくるのである。

　実際、オンラインバンキングサービスでは、システムの障害情報をタイムリーに顧客に提示できた場合と、そうでない場合とを比べると、前者ではユーザからのクレームがほとんどゼロで、後者だと時間が経つごとにクレームが増えていく状況が起こる。障害という企業としてはマイナス要因であっても、状況を誠実に伝えていくことでユーザの信頼を維持することができるのである。

　もちろん、情報を開示することは、ユーザのみならず競合への情報開示につながるのも事実である。しかし、情報の伝達スピードが飛躍的に増している現在の状況では、自らが情報開示せずとも、遅かれ早かれユーザや関係者から情報が漏れてしまうと考えておくべきである。誤った情報が流れて自社に不利益をもたらす危険性なども考慮すれば、自らが情報開示をする意義のほうが大きいと考えたほうが結果として成功をもたらす近道となるだろう。

2.4.4 主導権をユーザに付与

　ウェブサイトはセルフサービスメディアであり、URLひとつで自由に動ける空間であること、またユーザのほうが圧倒的に大量の情報を持つことができることを考慮すると、**主導権はユーザに与えるべきである**と言える。

　もともと、ウェブサイトはユーザが能動的に訪れ、自らがコントロールできるメディアである。アクセスするサイトもユーザ任せであり、文字のサイズやブラウザのウィンドウの大きさまですべてユーザのコントロール下にある。そのため、たとえば文字のサイズやウィンドウの大きさがユーザの自由にならないサイトの

場合、ユーザは強いストレスを感じる。

　ユーザの主導権は、このような些細なインタフェースだけに限ったものではない。ユーザがどのサイトを使うのかも、すべてユーザの意思に委ざるを得ない。このため、たとえば「囲い込み」といった概念はインターネットでは意味がない。URLひとつで自由に飛びまわれるインターネットの世界において、ユーザを「囲い込む」ことはできないし、ユーザもそれを求めてはいない。むしろ何からも自由であること、自らの主導権が確保できることがインターネット利用の大きなインセンティブであり、それをユーザから取り上げることは必ずユーザを失う結果をもたらしてしまう。

　結果的にユーザが囲い込まれているように見えるのは、ユーザが自らの意思でそこに留まっていると解釈したほうが自然である。どうやったら自らの意思で留まってくれるのかを考える以外にユーザをつなぎとめる手立てはない。たとえば、「ユーザを囲い込むために会員登録を必須にする」といった考え方を聞くことがあるが、このとき、本当にその会員登録はユーザにとって必然性を感じるものであるかどうかを検討したほうがよいだろう。

　また、このようなケースでは会員登録時に「そのサービスを利用するのにこの情報入力は必要ないはず」とユーザが思うような項目まで入力を求めるケースがある。しかし、これによりユーザを遠ざける結果になっていることも多い。であれば、ユーザにとって納得できる2、3個の入力項目だけに入力数を減らして、その分獲得できた多くの会員に後日アンケート協力を依頼し、ほかの聞きたい項目にも回答してもらうという手順を選択することもできるだろう。

　いずれにしても、ただ「囲い込みたい」というビジネス要件から、ユーザのニーズや自主性を損なうことをしてしまっては、サイトにとってマイナスの結果しか残らないことが多い。

2.4.5　組織、業務プロセス、システムの最適化

　ユーザ中心設計を進めると、既存の組織や業務プロセス、システムがユーザ行動を阻害する障壁となっていることに気づくことがある。

　「システムの制約によりその画面変更はできない」といった言葉はサイトを設計したり、あるいはリニューアルする際に最も多く聞かれる言葉かもしれない。基

幹システムや業務システムの合理化、効率化が盛んに行われた80年代から90年代初頭、そのシステム開発のコアはあくまで業務効率改善やコスト削減にあり、その企業の顧客の利便性からシステムが検討されることはほとんどなかった。インターネットを介して企業と顧客がダイレクトにつながった現在、業務システム開発時に最も弱かった顧客視点という部分が露呈されている形となっているのである。

さらに、組織体制がウェブユーザの行動を阻害している例もある。たとえば、「ある商品を探しているユーザは、サイトを閲覧してその商品が気に入り、すぐに電話で問い合わせたいと思って問い合わせ先電話番号を探したが電話番号が掲載されておらず、急いでいたそのユーザは結局別のサイトに行き、そちらで問い合わせをした」という状況があった。ここで問題なのは、「サイト上に電話番号が掲載されていない」という事実だが、これが引き起こされた原因を分析すると実は組織の問題に起因していたことがわかった。このときは、コールセンターとウェブサイト運営チームがそれぞれ別組織であり、さらにそれぞれの組織ごとの顧客獲得件数が経営指標となっていたため、互いに協力体制を取ることが難しかったのである。これでは、当然ながらサイトにコールセンターの電話番号を掲載することなどできるはずもない。

このように、**企業と顧客（ユーザ）が直接つながる**ことで、**既存のシステム、業務プロセス、組織をエンドユーザの視点から見直す**ことが求められる。インターネット時代の競争に生き残るためには、既存の仕組みをユーザ、つまりは最終顧客の視点から再設計できるかどうかにかかっていると言えるだろう。

2.4.6　スピーディな対応の実現

「2.4.3　誠実な対応と徹底した情報開示」の内容とも関連するが、情報伝達スピードの加速度的な変化によって、競合他社の追随スピードも同様に速度を増している。特にインターネットの世界ではこの傾向が顕著であり、他社が真似することを意識し変化に対応する体制を整えることが必須となる。

変化への対応スピードもこれまで以上に上げていかなければならないだろう。常に考え、即座に実行に移せるPDCAサイクルをいかに持つかがウェブビジネス成功の鍵となってくるはずである。

たとえば、アクセスログなどほぼリアルタイムで顧客の動きを監視できる仕組みを導入し、**万が一のときに機敏に動ける体制の整備**など変化に柔軟に対応できる**組織構築**を検討していく必要がある。

2.4.7 ユーザ視点での画面設計

ユーザ中心設計ではサイト戦略部分に多くの時間を割くため、そこに力点が置かれそうに思われるが、実際には、「**ウェブサイト戦略**」と「**画面設計**」の2つが車輪の両輪となって進んでいく。どちらが欠けてもウェブビジネスは成功しない。

「神は細部に宿る」という言葉があるとおり、サイト戦略に代表される大きな流れやコンセプトがいかに優れたものであっても、それがディテールに生かされていなければ何の意味も持たない。実際、サイト戦略は優れているにもかかわらず、思うような成果が上がっていないサイトがある。それらのサイトでは画面の設計やサイトのレスポンスタイムといった細部をおろそかにしているものが多い。

せっかく時間をかけて描いた戦略が絵に描いた餅に終わらないよう、実践には十分に気を配る必要がある。特に出来映えに差が出るのは画面設計である。コンテンツからリンクの配置、ひとつひとつの言葉遣い、色、写真、デザインなどのディテールで戦略の勝負が分かれてしまうのである。

コンテンツライティングのプロでなくとも、設計した画面案を随時ユーザビリティテストにかけながら画面設計作業を進めることで、戦略を反映した画面を作ることができる。

第 3 章

ユーザ中心設計を進めるツール

3.1 仮説検証ツール

3.1.1 仮説検証ツールの必要性

　ユーザ中心設計手法は、「仮説を立案して検証する」という科学的なアプローチを取り入れることで、ウェブビジネスを成功に導く方法論である。従来のウェブサイトの制作プロセスでは、担当者やデザイナーの主観に頼った判断が多く、ユーザによるテストや、ユーザへのヒアリングといった検証作業を経ないで公開に至ったウェブサイトも非常に多い。しかし、サイトの担当者やデザイナーはユーザの気持ちになりきれるわけではない。これらユーザ以外の判断をベースにサイトを作り上げてしまうと、サイトから期待した成果が上げられずに終わってしまうだろう。

　もちろん、サイト制作担当者の判断が誤っているというわけではない。問題なのは、それがサイトの企画や制作プロセス全体の判断のベースとなってしまうことである。

　ユーザ中心設計では、「ユーザ視点による仮説検証」という論理的なステップを何度も繰り返すことでユーザ側のニーズを捉えて、各種判断のベースとし、その上でデザイナーやコンテンツライターといった才能を最大限に生かしたサイト戦略・制作を実現していく。

　ここでは、ユーザ中心設計手法の「仮説検証」プロセスにおいて必要となるいくつかのツールについて紹介する。ツールの多くは、**ユーザの具体像やニーズ、把握するための調査・検証手法**である。これらはユーザ中心設計手法の中で繰り返し使われるため、一度その特徴や使い方を身につけてしまえば、作業プロセスをより効果的に推進できるようになるだろう。まずは本章にて、ユーザ中心設計手法の中で共通に使われるツールについて解説する。その具体的な実践方法については第2部で解説する。

3.1.2 仮説検証ツールの種類

ユーザ視点での仮説検証方法には、「社内ヒアリング」「アクセスログ解析」「ユーザビリティテスト」「アンケート・顧客データ分析」などさまざまな手法がある。また、検証を行う際に必要なツールとして「画面プロトタイプ（画面案）」もある。

これらユーザ中心設計を推進するツールは大きく次の3つに分類できる。

- ユーザ行動パターン検証ツール
- ユーザ行動理由検証ツール
- ユーザ検証刺激ツール

	ユーザ行動パターン検証ツール（既存データ活用）	ユーザ行動理由検証ツール（新規調査）	ユーザ検証刺激ツール（主にユーザビリティテスト用）
主な手法	■ アクセスログ解析 ■ 既存顧客データ分析 ■ すでに実施されたアンケート結果 ■ 問い合わせ内容 ■ 広告会社提供のキーワード調査ツール ■ ネット視聴データ	■ 社内インタビュー ■ ユーザビリティテスト対象）● 既存サイト　● 新サイト画面案	■ 画面プロトタイプ（紙や各種ツールで作成したウェブサイト画面案） ■ 各種参照資料（該当サイトを認知、使用する際に参照する雑誌、DM、テレビCMなど）
得られること	■ ユーザがどう行動したか（行動パターン） ■ ユーザ像、ユーザニーズの類推	■ どこが問題なのか（問題箇所特定） ■ ユーザがなぜそう行動したか（行動理由） ■ ユーザ像、ユーザニーズ	■ できる限りリアルな状況下でのユーザビリティテストが可能となり、より信憑性のあるユーザ検証データの獲得が可能となる
特徴	■ 安価かつ容易に実行できる ■ 問題が存在することを把握可能 ■ 現状をベースにした発見しか得られない ■ 行動理由が不明なため効果は限定的	■ 行動理由・原理が把握可能 ■ 現状にとらわれない分析が可能 ■ 大きな成果が期待できる ■ 分析に経験が必要であり難易度が高い	

図 3.1 ● 検証ツールの全体像

ユーザ行動パターン検証ツール

仮説を検証するときに必要なのは、「実際に現在の仮説がサイトになった際にユーザに受け入れられるだろうか、サイトの目的は達成されるだろうか」という

問いに回答することに集約される。

その際には、想定しているユーザの存在の有無、ユーザニーズ、行動パターンなどのユーザにまつわるさまざまなデータを把握し、それらの結果を分析して仮説の確からしさを証明することになる。

このとき、すばやく安価に検証を行う方法として、今手元にあるデータを活用することがよくある。たとえば、サイトのリニューアルを検討しているのであれば、今ある現行サイトのアクセスログ（サイトにユーザがアクセスした行動履歴）を解析することで、ユーザの行動履歴という事実を把握し、そこからユーザニーズやユーザ像を類推する。

このように今手元にあるデータを分析することでユーザの行動実績や行動パターンを把握して仮説の検証を行うことができる。時間に限りのあることが多いウェブサイト制作の現場において、このように手っ取り早く行える検証ツールを活用しない手はない。

既存のデータを用いて、ユーザの行動パターンを検証する主なデータ（ツール）は以下のとおりである。

- アクセスログ解析
- 既存顧客データ分析
- すでに実施されたアンケート結果
- これまでに寄せられた問い合わせ内容
- キーワード広告会社提供のキーワード調査ツール（キーワードアドバイスツールなど）
- ネット視聴データのデータ分析（Alexa、ネットレイティングスなど）

企業によってはこれらのデータが存在しないことも多いため、活用できそうなデータがない場合には、次の「ユーザ行動理由の検証ツール（新規調査）」を活用する。

特にサイトのリニューアルの場合には、アクセスログに代表されるようにこれまでサイトを運営してきた中で各種データが獲得できているはずであり、それらデータを今一度仮説を持って眺めることで新たな発見が見出せることが多い。

たとえば、証券会社のページをリニューアルする場合、アクセスログ解析では

第 3 章
ユーザ中心設計を進めるツール

流入時のキーワードとして「証券会社」というキーワードが多くあり、これをキーワードアドバイスツールで調べてみると、「証券会社 手数料」「株 手数料」といった関連キーワードが多く検索されていたことがわかったとする。このとき、改めてアクセスログ解析結果を見ると同じような検索キーワードは少なかったが、サイトの「手数料ページ」がすべて画像でできており、検索エンジンにかかりづらい構成だったことがわかった。この場合、ユーザの手数料に対するニーズが高いことと、現行サイトではそれらのユーザを取り逃がしている可能性があるという仮説がキーワードアドバイスツールの調査からわかったのである。

このように、キーワードアドバイスツールは検索エンジンを使ったユーザニーズ把握への手がかりを提供してくれる半面、あくまで特定の会社の提供の上に成

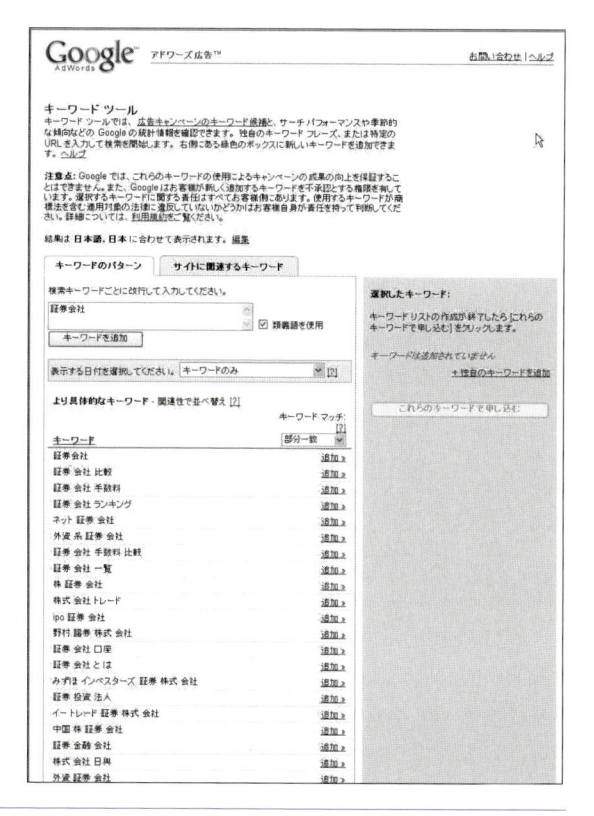

図 3.2 ● キーワードアドバイスツール
　　　　オーバチュアキーワードアドバイスツールと Google AdWards キーワードツール

り立っていることに留意が必要である。極力アクセスログ解析をメインとし、このようなツールは補助的な使い方として活用したほうがよいだろう。

また、ユーザが検索エンジンで入力するキーワードというのは、あくまでもウェブサイトにたどり着くまでの行動にすぎず、そのほかの認知経路やサイトにたどり着いてからの行動などについては、ほかの検証手法を駆使する必要がある。

ユーザ行動パターン検証ツールから得られること

既存データを活用して得られる示唆はあくまで現状をベースにした限定的なものとなる場合が多い。たとえばアクセスログ解析では、現状のウェブサイトに対してユーザがどのような行動を取ったのかという行動パターンを知ることができるが、行動の理由までは特定できない。たとえば不動産サイトの場合、アクセスログ解析で「間取図」ページがよく見られているということはわかっているが、なぜ「間取図」ページが見られているのかまではわからないのである。それでも行動パターンという事実をもとに行動理由やニーズに対する仮説を立てることができることは大きな収穫となる。

また、ユーザが使用したキーワードをアクセスログ解析やキーワードアドバイスツールで調査することにより、ユーザニーズを類推することも可能である。また、サイトを通じた問い合わせデータも、ユーザニーズを把握するヒントになる。

ただし、**いずれのデータであってもすぐに鵜呑みにせずに、その背景と文脈を精査して活用するという基本姿勢を保つ**ことが大切である。

これらのツールでは、現状の課題・問題は把握できるかもしれないが、さらに大きく飛躍するための機会を見つけることは難しい。

さらに前述のとおり、「どう行動したのか」という事実は把握できるが、「なぜそう行動したのか」という行動理由は不明である。そのために、効果は限定的と言わざるを得ない。ユーザが選択した行動の理由まで把握しない限り、ウェブサイト上で効果的に情報を提供することはできない。

もちろん、事実だけを積み重ねて理由を推察することもできるが、それではあくまで推察の域を出ない上に、必ずと言ってよいほど推察する人の背景・状況を反映してしまう。つまり、ユーザの行動理由が、ユーザの実態とかけ離れたものになるのだ。

そのため、既存データを活用しつつも、必ずユーザの行動理由を探る調査を行

うべきである。

ユーザ行動パターン検証ツールの特徴

　既存データをもとにユーザ視点からの検証を行う特徴のひとつとして、すでに現存するデータを利用するため、安価かつ容易に調査が実行できる点が挙げられる。アクセスログ解析や顧客属性分析、アンケート結果など、過去に取得したデータを効果的に組み合わせるだけでも、ユーザ像の輪郭を捉えたり、問題の所在を明らかにすることができ、ビジネスサイドで考えてきた案をあっという間に現実の観点から否定してくれる効果を持つ。

　たとえば、家電メーカーのサイトの場合、自社商品を検討してくれる顧客の多くは、商品名、またはメーカー名から検索したあとに自社サイトに訪れ、そこで商品のデザインや機能、スペックなどを確認してくれるものと期待していた。

　この場合、商品一覧のページ、商品トップページなどがアクセス上位のページではないかと考えられるが、実際にアクセスログ解析をした結果はそうではなかった。このとき、最もアクセスを集めていたページは、各商品のスペックのページであり、商品トップページよりもアクセスがあった。また、その際の流入元を調べてみると、量販店のサイトや価格比較サイトからが多かった。

表3.1 ● アクセスログ解析の検証

	当初の想定	アクセスログ解析結果による検証
ユーザ行動の流れ	検索サイト（商品名・メーカー名で検索）→ 自社サイトトップ → 商品ページトップ → デザイン／機能スペックなど	量販店サイト・価格比較サイト → 商品スペックページ → 離脱　→ほとんどページが見られていないことが判明！
アクセスの多いページ	・商品トップページ ・商品デザインページ、スペックページなど	・商品スペックページ ・商品トップページ ・サイトから離脱
仮説	サイトにアクセスしてくれたユーザをスムーズに商品ページに導くことが重要。また、商品ページでは特徴やデザインなどをわかりやすく提供し、商品の良さをアピールして購入につなげる	商品トップページよりもスペックページが見られているが、すぐに離脱している。もっとサイトを見てもらい、商品の良さを理解してもらう必要がありそうだ

こうなると、当初の想定と実際のユーザの動きが大きく乖離していることが、この時点でわかり、一歩踏み込んだ仮説を立てることができる。

ユーザ行動理由検証ツール

次に、新たに調査準備が必要な検証手法を紹介する。これらの手法は、ウェブサイトを検討する過程で発想した新たなアイディアや仮説を、より直接的に現状に捉われずに検証することができる。

主なツールとして、次の2つがある。

- 社内ヒアリング
- ユーザビリティテスト

この2つ以外にも、「顧客アンケート」などのこれまでに紹介した手法も新たに実施すれば現状にとらわれない検証が行える。

ユーザ中心設計では「新規に調査が必要なユーザ行動理由検証ツール」の中でも、ユーザビリティテストがその中心的な役割を果たす。ユーザビリティテストは、ユーザ中心設計の中の要であり、最も重要かつ強大な力を持つ手法である。全体の中で優先度を付けるとすれば、このユーザビリティテストを最優先させるべきである。これについてはまた後ほど詳しく説明する。

ユーザ行動理由検証ツールから得られること

これらの調査ツールを用いることで、サイトのターゲットユーザやユーザニーズ、あるいはサイトに対する問題点が特定できるのみならず、どうしてそこが問題となるのかといった、ユーザ行動の理由までを検証することができる。これらの検証手法を「ユーザ行動理由検証ツール」と位置付けている理由はここにある。

アクセスログ解析では、ユーザがこう行動したという行動実績が把握できるが、なぜそう行動したのかという原因分析はあくまで推測の域を出ない。

しかしユーザビリティテストを実施した場合には、ユーザとなる人に実際に目の前でサイトを使用してもらえるため、問題点の特定のみならず、どうしてその問題が起こるのか、また問題が起こらないまでもなぜそのような行動をユーザは取るのかといった行動理由も同時に把握でき、検証結果からより深い洞察を得る

ことができるようになる。

　ウェブビジネスを成功させるためには、ユーザの行動のみならず、その理由、心理状態まで押さえておくことで、何をどう提供すべきかが明らかになる。そのため、まずはユーザの行動、心の動きの全容を理解する必要がある。

　ちなみに、ウェブサイト設計時のみならず、通常の運用時であっても定期的にユーザの視点からサイトが妥当かどうかを検証する必要がある。ユーザを取り巻く環境は毎日刻々と変化しており、古いデータを使っていると世の中の動きから取り残されてしまう。特にインターネットの世界では環境変化が活発であり、常に新しい目を持って、ユーザの動きと次に取るべきサイト戦略を策定することで、長期的な成功がもたらされるのである。

ユーザ行動理由検証ツールの特徴

　これらの検証ツールは、現状にとらわれない分析ができることが大きな特徴である。この手法では、構想段階にあるサイトやコンテンツ案でも、その妥当性、有用性をユーザの視点から検証できる。また、ユーザの心理状態や行動理由が分析できるため、ビジネス側の目的を達成するための説得施策を決定しやすくなり、大きな成果が期待できる。通常の営業活動でも、ただ商品の特徴、メリットを羅列するより、相手の立場に立った提案、説明を行えば良い商品・サービスだと思ってもらえる可能性が高まり、より高い成果を生み出すきっかけになる。ユーザの心理や行動理由を把握するということは、すなわち「何をどうアピールすればよいのか」を見出す基礎データとなるのである。

　ここまで見ると、これら新規調査は良いことばかりに見えるが、ひとつ困難な点としては、調査の実施・分析には多少の準備作業とある程度の経験が必要であることが挙げられる。もちろん初心者であっても、実施しないよりは実施したほうがはるかによい。が、得られる示唆をより多く確実なものとするためには、多少の経験・訓練が必要である。これに関しては、誰でも最低限の調査ができるようその手順と手法の詳細を本章の後半で説明する。

✚ ユーザ検証刺激ツール

　ユーザ中心設計手法では、実際のユーザに現行サイトやサイトの画面案を使ってもらいながらユーザビリティテストを実施するが、その際に使用するサイトの

画面案のことを「画面プロトタイプ（画面案）」または「ペーパープロトタイプ（紙による画面案）」と呼ぶ。画面プロトタイプによってサイトの画面案をすばやく目に見える形にし、それをユーザに使ってもらうことで、ユーザからフィードバックをもらう。この手法よって、より現実的なユーザの視点を引き出すことが可能となる。

　たとえば、サイトに掲載するコンテンツ案を事前に関係者に説明して賛同を得ていたとしても、実際の画面案を提示すると「イメージと違う」「修正してほしい」といった意見が出てきて、結局は作り直す事態に陥ったという経験はウェブマスターなら誰しもあることだろう。**サイト関係者やユーザと言葉の上での情報共有を行ったとしても、具体的に目に見えない限りは本当のニーズを引き出すことは難しい。**

　そのため画面プロトタイプを使わずに、言葉だけでサイトに関するヒアリングやグループインタビューを行った場合、「言葉は同じでも各人が頭の中に描くイメージがまったく異なる」といった問題にあとから直面することになり、結果として成果の出ないサイトを作ってしまう危険性がある。

　ほかのツールがユーザ視点での検証手法そのものであったことに対して、「画面プロトタイプ」は多少意味合いが異なるものだが、ユーザ視点での検証、特にユーザビリティテストを効果的に行うためには欠かせないツールである。ペーパープロトタイプの方法やポイントについても、後ほど詳しく説明する。

3.2 ツール活用の基本姿勢 ——意見より行動を重視

　実際の各ツールを紹介する前に、ツールを使う上で重要となる基本姿勢について説明する。ユーザ視点を検証する際に重要なのは、**「ユーザの意見ではなく、行動という事実を重視する」**ことである。ここで言うユーザの意見とは、ユーザの将来に関するニーズのことを指す。たとえば、「このボタンはもっと大きく目立っていれば押すのに」といったユーザの発言である。ユーザの行動とは、「ある特定のボタンを押したかどうか」、「押さないまでもその存在に気がついていたかどうか」という事実情報である。前者のような「意見」を引き出すためには質問が必要で、「行動」を引き出すためには依頼や刺激が必要である。たとえば食品パッケージに関する行動であれば、単にスーパーマーケットで買い物客を観察するだけでも「行動」という事実データを得ることができる。

　従来のアンケートやグループインタビューでは、とかくユーザの意見やニーズを聞き出すことに注力し、さらに企業はそこで得られたユーザの意見を頼りに製品・サービスの企画や開発を行ってきた。先の例で言えば、「ボタンを大きくしてほしい」と何人かのユーザに言われれば、そのとおりに「ボタンを大きくする」のである。ユーザの声に従うことは、一見すると良いことのように見える。しかし、ユーザに「答え」そのものを求めるのは、責任の所在をユーザに押しつけていることにほかならない。

　そして、そのような方法で作られた製品・サービスの多くが、ユーザに受け入れられることなく姿を消しているのが現実である。アメリカでの調査結果によれば、新製品・サービスの約8割が販売後6ヶ月以内に姿を消したり、収益計画を大きく下回る結果となっている。

　この状況を打開するためには、ユーザの意見ではなく、ユーザ行動という事実データを集めて分析することで、答えは自分たちで導き出していくしかない。

　ユーザの意見ではなく行動を重視したほうが良いとする理由としては以下の2つがある。

- ニーズ言語化の限界

- 言語化されたニーズと実際の行動のギャップ

では、それぞれ詳しく見ていくことにしよう。

3.2.1 ニーズ言語化の限界

そもそも**人間は、自分の考えをほとんど言語化して認識していない**と言われている。特に将来自分が欲するであろう「ニーズ」について、正確に意識できている人間は極めて少ない。『心脳マーケティング』(ダイヤモンド社、2005) の著者であるハーバード大学のジェラルド・ザルツマン教授は、人間が自らの行動を決定する要素のうち、意識できている部分は5％、無意識の部分が95％としている。つまり、人間は多くのことを言語化どころか意識すらしていないと言える。

自らのニーズを認識するためには、自分の頭の中で自分が欲しいものを想像し、さらにそれを言葉で定義するという一連のプロセスが必要だが、これは極めて高度かつ面倒な作業であり、よほどのことがない限りはそのような作業を日常の中で行わないし、行う必要もない。日常生活の中で現状を認識・判断・評価するだけでも時間は過ぎ去り、さらにほかにやるべきことがたくさんあるため、自分に関係のない物事すべての未来を描いている余裕はどこにもないのである。

たとえば、「あなたは今、どんな傘が欲しいですか？」という質問を受けたとして、すらすらと自分が欲しい傘を答えられるだろうか？ 答えられたとしてもそれは本当に欲しいのだろうか？ 多くの人間はこの質問に対し、答えに窮しながらも質問者が喜びそうな無難な回答をする。もちろん、傘に対して何か強烈な経験があって、傘がどうあるべきか一度深く考えたことがあるという人は別であるが、そのような人を見つけるのは難しいだろう。

このように、そもそも言葉として自分の考えを認識していないため、単刀直入に「書籍のオンライン販売のウェブサイト上に欲しい機能は何ですか？」とユーザに意見を求めても、実際に成果につながるような有益な情報は得られにくい。これが、意見があてにならない理由のひとつである。ユーザニーズを探るにはもっと別の方法を使わなければいけない。

3.2.2　言語化されたニーズと実際の行動のギャップ

　先ほど、人間は自らのニーズを言語化して認識していないと説明したが、中には自らのニーズを言葉によって明確に定義できている人もいるだろう。また、ニーズについて質問をすれば一応の回答をしてくれることも多い。しかし、たとえ自らのニーズや考えを明確に言葉にできている場合でも、それをそのまま鵜呑みにすることは危険である。

　実際、ユーザビリティテストを実施していても、「（とあるオンライン販売サイトで）このサイトは送料とか支払い手数料がなかなか見つけられず、わざと隠しているように見える。こんな店では買いたくない」「こういう情報は動画で紹介してくれたらわかりやすくて、もっと見るのに」などの発言はよく聞かれる。

　しかし、**言葉にできたとしても、それが本当のニーズを反映しているわけではない**。先の例で言えば、実際に送料や手数料をわかりやすく提示したとしても、「送料はわかったけど、商品が探しにくいし価格も高いからここでは買わない」といった結果を何度も目にしている。

　この場合、取引をしなかった本当の理由は、「予算にはまらない、価格が思ったより高かった」ということなのかもしれないが、予算が限られていることを正当化するために「送料が……」と発言したまでで、その発言に重い意味はなかったとも考えられる。「動画で見せてくれれば……」という発言も、その情報を理解できなかったことへの言い訳で思いついたのかもしれず、本当にそれが原因かどうかは実は本人にもわからない。ここで重要なのは、このような意見ではなく、「取引しなかった」「情報を正しく理解しなかった」という事実のほうだろう。

　このように、いくらユーザが自分のニーズを教えてくれたとしても、それを頼りにするのは非常に危険なのである。これは何もユーザビリティテストの現場にだけ起こるのではない。

　ある食器メーカーが行ったグループインタビューでの話を紹介しよう。主婦5人を集めて、「次に買うとしたらどんな食器が欲しいか」というテーマでディスカッションを行った。参加者はデザイン案を見たり、自分の経験を語りながら討議を進め、最終的には、「これまでとは違う、お洒落でかっこいい黒い四角いお皿」という意見でまとまった。

　グループインタビューの帰り際、インタビュー協力のお礼として、食器のサン

プルの中からどれでも好きなものを1つ持ち帰ってよいとなったとき、全員が持ち帰ったのは白くて丸いお皿だった。この姿を見て、果たして「黒い四角いお皿」と「白い丸いお皿」、どちらのほうが開発すべき食器に近いと言えるのだろうか？

① グループインタビュー

ある食器メーカーが「次に買うとしたらどんな食器が欲しいか」というテーマで、主婦5人を集めてグループインタビューを実施した

② インタビューで出た結論

参加者は、デザイン案・経験談をもとに討議を進め、最終的には「これまでとは違う、おしゃれでかっこいい黒い四角いお皿」という意見でまとまった

③ インタビュー協力のお礼

インタビュー協力のお礼に、食器サンプルの中からどれでも好きなものを1つ持ち帰ってよいことに・・・

④ 本当の結論は・・・

参加者全員が持ち帰ったのは、結局「白い丸いお皿」だった

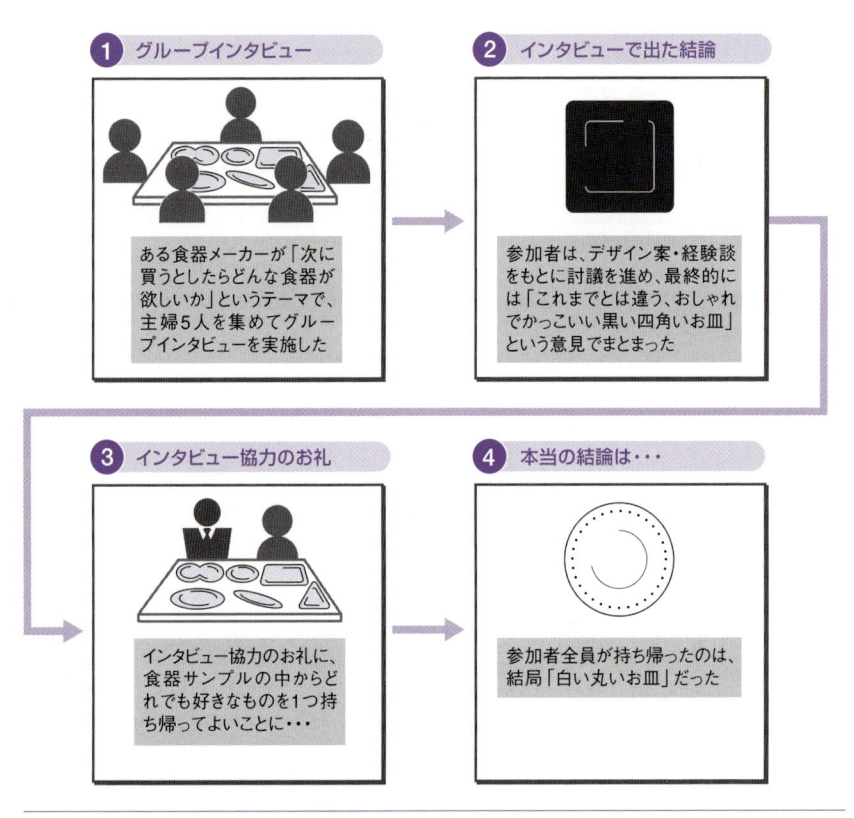

図 3.3 ● 言語化されたニーズと実際の行動のギャップが見られた例
　　　　ある食器メーカーで実施された新開発食器に関するグループインタビュー

さらに、別の有名な調査事例もある。米デュポン社が行った調査[1]で、スーパーマーケットの入口で、買い物にきた顧客に「これから何を買うのですか？」とヒアリングし、さらに出口で、「実際に何を買いましたか？」と聞いたところ、入口で宣言したものを実際に購入した顧客は30％に満たなかった。つまり、買い物を

【1】『無敵のマーケティング　最強の戦略』ジャック・トラウト著、阪急コミュニケーションズ、2004）

しているうちに、入口で答えたことなど無視して、別の買い物をした人が大半だったのである。

これらの例からも、ユーザの意見があてにならないのは明白である。

では、なぜこれほどまでにユーザの意見、特に自己申告内容は信頼性が低いのだろうか？　その理由としては、次の4つがあると考えられる。

- 想像に対する評価の限界
- 社会性による意見の限界
- 自らを正当化する防衛本能
- 記憶の曖昧さによる限界

以下では、それぞれ詳しく説明する。

想像に対する評価の限界

自分が欲しいものを想像してみたとしても、人間は具体的になっていないものに対して良し悪しの判別がつけられないという特性を持っている。自分が欲しいと想像したものが、いざ具体的な実体となって目の前に現れたとしても、それを自分が気に入るかどうかはまた別の話なのである。

「ウェブサイトでは動画があるとよい」と言っていたユーザが、動画を見たとたんにウィンドウを閉じてしまうといった行動はよくあることで、「あるといいと思っていたけど、実際に見るとこれは必要ないですね」と発言する人もいる。人間は常に合理的に物事を判断しているのではなく、実体を見たときに、過去の経験や記憶、そのときの状況、情動といったものとその実体を組み合わせて価値判断をしているのである。

そのため、想像に対して正当でリアルな評価は下せない。つまり具体的なものがない状態で、「○○は使ってみたいですか」と聞くことには意味がないのである。この人間の認知的限界に立脚すると、ウェブサイトに関しては、プロトタイプ（画面案）という具体的な目に見えるものが必要となることがわかる。

社会性による意見の限界

人間はインタビュー担当者が喜ぶような回答、もしくは社会的に許容されるよ

うな発言をしようと無意識のうちに努める傾向がある。特に、調査協力の名の下においてはこの傾向が顕著である上、1対1のインタビューよりもグループインタビューなど複数人の中で自らの意見を表明する場合にこの傾向が強まる。人間は誰しも相手の期待に応えよう、もしくは社会的に受け入れられようとするのは当然のことであり、これが現実と意見の間にギャップを作ってしまうのである。

　グループインタビューでインタビュー協力者が発言した内容は、本音と違うことを言っている可能性が高い。そのため、発言がなされた文脈、質問の仕方、それまでの周囲の反応などを総合的に勘案して分析を行う必要があるが、それでも有益な情報が得られる保証はない。

自らを正当化する防衛本能

　直前に説明した、社会にうまく溶け込もうとする欲求に関連するが、人間には自分を少しでも良く見せようとする心理が働き、時として事実とかけ離れた発言をしてしまうことがある。

　特に記憶に基づいて自分の行動を説明する際、自分の行動を合理化する傾向が強まる。たとえば、ユーザがウェブサイトを使用中に重要なリンクに気がつかなかった場合、明らかにそのリンクの存在に気がついていなかったとしても、「リンクは目に入っていましたがクリックしませんでした」と事実と異なる説明をすることが多い。

　これは仕方のないことである。「このリンクに気がついていましたか？」と聞かれて、「気がついていませんでした」となかば自分の能力を否定するような回答をするのは、かなり勇気がいる。さらに後述するように、記憶自体も曖昧なため、自分を肯定するような回答をするのは極めて自然な流れなのである。

　しかし、行動を観察していれば、リンクに気がつかなかったのは明らかである。ここでも重視すべきは、ユーザの発言ではなく、「リンクに気がつかなかった」という行動・事実であることがわかるだろう。

　ちなみに、人間は自分の行動を合理化する際、本当にそうだったと思い込んでしまうため、たとえばユーザに「あなたはリンクに気がついていませんでしたよ」と教えてもほとんど意味はない。

記憶の曖昧さによる限界

　人間は自分が取った行動について説明する際、その記憶は曖昧であてにならないことが多い。そのため、その曖昧な記憶に立脚した発言も事実と異なることが多い。

　ユーザがウェブサイトを使用したあとでさまざまな意見を話したとしても、細かな行動軌跡までは覚えているはずもなく、非常に曖昧な記憶の中で覚えていることだけを説明する。時間が経っていればなおさらそうである。そのため、「ウェブサイトを自宅で使用し、そのときの感想をグループインタビューの席でヒアリングする」といった類の調査をしてしまうと、発言のほとんどが事実と異なる可能性すらあるのだ。

　また、直感的に操作できるインタフェースであれば、ほぼ無意識のうちに行動できるため、さらに記憶が曖昧になる。

　ユーザに過去の行動について説明してもらいたいときは、あまり多くを求めずに大まかな事実だけを聞くよう注意することと、できる限り新しい記憶、つまりは近い過去について聞くなどの配慮を行うとよい。

　以上4つの理由からユーザの意見が参考になりづらいことを説明してきたが、ユーザの意見に信頼性が低いのはユーザ自身に問題があるわけではなく、人間の認知的限界に拠るものが多い。たとえば、アンケートは取ったがあまり役には立たなかったというのも、このような理由に立脚していると考えることができる。

3.2.3 過去と現在の行動を分析

　ユーザの視点からサイトの戦略や具体的画面を検証する際には、ユーザの意見よりも行動を重視したほうが、より成功確率の高い検討が行える。実際の行動からはもちろんのこと、その行動に付随する発話データ、表情、ジェスチャー、言葉遣いなどから、行動の裏に潜む心理やニーズを分析・把握したほうが信頼性が高いのである。「サイトをどうすればよいか」を直接ユーザに聞くのではなく、サイトの運営者自身がユーザが教えてくれるさまざまな事実データを分析して、答えを見つけていかなければならない。

　実際の行動を把握するためには、ユーザになんらかの具体的刺激を与えて、そ

の反応を観察するのがベストである。前述のとおり、白いお皿と黒いお皿、どちらが顧客に好まれるのか知りたいのであれば、口頭で質問するのではなく、具体的に白いお皿と黒いお皿という「刺激物」を用意し、「好きなほうを持って帰ってください」と言えば、ユーザは行動（反応）してくれるのである。このように、**刺激⇔反応をベースに行動を観察してユーザニーズを見極めることができる。**

　ウェブサイトにおいて、ユーザの実際の行動データを多く集める方法としては、「アクセスログ解析」と「ユーザビリティテスト」が適している。この2つはユーザの過去の行動と実際の行動を観察するアプローチである。両方のアプローチを用いてユーザ行動を把握・分析することで、信頼性が高く、効果的な調査が行うことができるようになる。

表3.2 ● ユーザ行動を把握する2つのアプローチ

観察対象	把握手法	調査方法	収集可能事項
過去の行動	アクセスログ解析	アクセスログ解析	行動履歴からニーズ、心理状態を推測できる
現在の行動	行動観察	ユーザビリティテスト	行動理由やニーズ、心理状態が把握できる

3.2.4　仮説検証の回数

　各ツールを活用しながらユーザ視点をサイトに反映するには、サイト設計・構築プロセスの中にユーザ視点による検証活動を複数回にわたって組み込んでいく。

　特に、実際のユーザによる検証である「ユーザビリティテスト」は一定の作業が終わるごとに実施し、最低でも1つのサイトを制作する際に計3回（1回につき5～10人のユーザで個別にテストを実施。平均20～30人程度）は行うように推奨されている。繰り返し行うことで、作業に没頭すると忘れがちになるユーザ視点を取り戻し、成果の実現可能性を高めていく。そのほかの検証ツールについては、一連のプロセスの中で最低1回は実施するよう定義されているが、ツールの特徴、限界、活用方法などを理解した上で、状況に応じて使い分けられるようになるとよいだろう。

　次節からは、ユーザ中心設計を推進するツールをそれぞれ説明していく。

3.3 ユーザビリティテスト

　ユーザビリティテストとは、ウェブサイトのターゲットユーザとなりうる人に個別に実際にサイトを使用してもらい、そのときの状況、行動、発話を観察することでサイトに関するさまざまな仮説を検証する手法である。別名、「ユーザテスト」「ユーザ検証」とも呼ばれる。

　この調査手法は、サイトのユーザニーズから画面の使い勝手まで、ウェブサイトのあらゆる側面を検証するのに極めて効果的な手法である。またウェブサイトのみならず、製品・サービスの検証にも使うことができる。現に、自動車や家電などの製品開発過程においては、実際にこの手法を使って、製品の有用性、安全性、ニーズ充足度やユーザ満足度などの検証が行われている。

　しかしウェブサイトの企画や制作時に、ユーザビリティテストを取り入れることは、まだ一般的ではない。実際のユーザの使用行動を観察できる数少ない機会であり、得られる示唆が非常に大きいにもかかわらず、予算やスケジュールといった問題を前にして実施を断念している、あるいは最初から計画していないことが多いのである。

　評価と修正を繰り返す反復プロセスであるユーザ中心設計においては、ユーザビリティテストが「評価」にあたる。そのためウェブサイトを成功に導くためには、**予算やスケジュールがどんなに厳しくとも、この作業だけは必ず行うべきである。**

図3.4 ● ユーザビリティテストの様子
　　　　写真のように、テストに協力してくれるユーザ1名（左）と、テスト進行役となるモデレータ（右）の2名、もしくは記録係の3名でテストは実施する

3.3.1 実例紹介

ユーザビリティテストを理解するためには、何より実際のテストの様子を知ることが一番の近道となる。ここに、実際のテストの様子を紹介する。

対話形式による実例

実際のテストの様子をテスト進行役とテスト協力者の対話形式で紹介する。ちなみにテスト協力者は、リクルーティング会社を通じて収集したり、知人・友人の紹介で参加してもらったりと、さまざまな経緯で募集する。その上で、指定の日時に実際にユーザビリティテストの会場に来てもらい、テスト進行役と1対1でテスト（調査）を行う。

ユーザビリティテスト対話例（一部抜粋。テスト進行役：進、テスト協力者：協）

①最初のあいさつと調査目的の説明を行う

進：今日は調査にご協力頂きありがとうございます。これから始める調査について簡単に説明します。今日の調査の目的は、ホームページが実際、皆さんにどのように使われているのかを調べることです。ですので、○○さんには、普段インターネットをどのように使っているかお聞きしたり、また、実際にここにあるパソコンを使って頂きたいと考えております。といっても難しいことをお願いするわけではなく、いつもどおり、普段どおりにホームページを使って頂ければ結構です。

②依頼事項の伝達

進：お願いが2点あります。1つ目は、少し緊張されるかもしれませんが、いつもどおりに使ってくださいというお願いです。2つ目は、インターネットを使っているときに「思ったこと」「探しているもの」などがあれば、できる限り声に出して私に教えてくださいというお願いです。

協：はい、わかりました。

（このあと、調査参加手続きといった事務的な作業を行う）

③インターネットとの関わりを把握する質問から、徐々に検証すべきサイトのテーマへと近づいていく

進：それではさっそく調査に入りたいと思います。まずはいくつか質問させてください。○○さんはインターネットを使い始めてどのくらいになりますか？またいつもはどこから、どのくらいの時間、インターネットを使いますか？

協：もう5年近くになります。インターネットは会社でも自宅でも使いますが、会社は仕事の調べ物が主で、仕事以外のことは自宅で調べたりします。ネットを使う時間は仕事では、3〜4時間は使っていると思います。自宅は、平日と週末で時間が異なりますが、平日だと1〜2時間程度、休日だと2〜3時間程度ぐらいですかね。

進：ありがとうございます。ご自宅でネットを見るときには、どういうサイトをよく見るのですか？

協：そうですね、最初はYahoo!をチェックして…

④タスク設定の準備

進：先ほどインターネットでショッピングされたことがあるとおっしゃっていましたが、チケットの予約などはしたことがありますか？

協：飛行機の予約をネットでやろうかと思って、ちらっと見たことはあるのですが、面倒そうなのでやめちゃいました。それ以外は、ホテルの予約とコンサートの予約をしたことがあります。

進：飛行機の予約をしようと思ったのはどうしてですか？

協：そのときは連休に主人の実家に帰る予定で、いつもチケットは主人がとるのですが、主人の仕事が忙しいので「予約しておいてほしい」と言われたので、夜ネットでやってみたんです。でも、なんだか難しそうだったので、次の日会社の帰りに駅で予約しちゃいました。

⑤ タスク設定

進：そうですか。それでは、今日もちょうど飛行機のチケット予約をして頂きたいと思っていましたので、今まさに、そのときの状況にいらっしゃると仮定して、ここでチケット予約をして頂いてもよろしいでしょうか？ 実際には予約の寸前で操作を終了しますので安心してください。

協：わかりました。

⑥ タスクの開始

協：では、いつも家だと、ここをクリックしてYahoo!を立ち上げて、検索窓に「○△○（航空会社名）」と入れます。主人の実家に行くにはこの航空会社しか飛行機が飛んでないので …。

（検索結果をじっと見つめて、スクロール）

　　あ、これですね。

（「○△○ ─ 航空券予約・空席紹介・運賃案内」のリンクをクリック）

　　あれ、これなんか違う。携帯サイトっぽいですね…。あれ？ 間違えたのかしら（旅行代理店の携帯サイトを閲覧していた）。

（「戻る」ボタンを押す）

⑦ タスク実行中

（目当ての航空会社ウェブサイトのトップページにたどり着いて）

協：ここに会員番号とかログインって書いてあって、会員登録をしないとチケットが買えないっぽいですよね。ちょっと面倒ですね。前に見たときもそう思ったような気がします。よっぽどヒマならいいですけど、これなら駅でチケットを買ったほうが楽だし、早いかなーって思います。でも、まあ、やってみますね。

> **⑧ タスク終了：操作に関するインタビュー**
> （「国内線予約」の画面から予約の操作を行う。以降、操作に熱中し無言でサイトを利用。ところどころ操作がうまくいかず、やり直すことに。最もつまづいた場所は帰りの便の予約）
>
> 協：行きの便と一緒に帰りの便を取りたいけど、どうすればいいのかな…。1回ずつやらないといけないように見えるけど…（このあと、ページを行き来する）。帰りの便の取り方がよくわからないので、やっぱり旅行代理店に行ってそこで予約します。
>
> 進：ありがとうございます。それでは、今操作して頂いた内容に関して、振り返りながらお話をうかがわせてください。まずトップページをご覧になられた際、「会員登録しないとだめかな？」とおっしゃっていましたが、そのときはどんなふうに考えていたのですか？（以降、インタビューは続く）

（吹き出し：やっぱり、旅行代理店に行って予約します。）

　このように、ユーザビリティテストはテスト進行役が適宜リードしながら進められる。また、操作に関してその理由や感想を協力者に質問をしたり、特定のサイトを使ってもらうよう誘導したりなど、検証すべき内容に応じてテストを進行していく。最後には、テスト全体を通じたインタビューを行い、謝礼などの手続きを行ってテストは終了となる。

　ユーザビリティテストは機材のセッティングの仕方によっては、同室や隣室にてその様子を見学することができる。筆者らのユーザビリティテストルームでも見学を可能としており、毎年延べ数百人のウェブサイト運営関係者が自サイトのテストの様子を観察している。

　自サイトに対するユーザビリティテストを初めて見学したあとのウェブサイト運営者の感想は以下のようなものである。

>> トップページにあるログインボックスだけで新規ユーザを取り逃しているとは驚いた。こういうことがサイトのあちこちで起きていると思うと恐ろしい。

>> 目から鱗が落ちました。私が何年間も想定していたユーザの動きとは全然違う動きをしていて、ショックだった。

>> うちのサイトはターゲットユーザ設定を間違えていたようです。うちの製品のエンドユーザはうちのサイトなんて見ないんですね。おそらくうちの製品を売

> る小売店の店員さんがターゲットユーザになりそうです。今度はその方々でテストして検証してみたい。
>
> >> ウェブサイトって営業マンなのだと思った。競合サイトはそれを踏まえて作られていることがわかった。
>
> >> 意外なことばかりでとにかくびっくりした。自分はスイッチ1つでユーザの気持ちになれると思っていたが、運営者はすべてを知っているためどんなに頑張ってもユーザの気持ちにはなれないことがわかった。
>
> >> どこを直せばよいかわかった。また、見学しながら会社に電話して、とりあえず部分修正させました。
>
> >> 冷や汗をかいた。どんどんお客が、そしてお金が逃げていっているように見えた。

　テストでは、しばしば「意外な問題点」を見せつけられることになる。このように、良くも悪くも新しい気づきや、時にはショックを受けることもあるのだが、裏を返せば大きな威力のあるツールであるとも言えるのである。

3.3.2　ユーザビリティテストの概要

　ユーザビリティテストは、ユーザ（＝調査協力者）1名に対し、テスト進行役1名の合計2名、もしくは記録係1人も交えて、最大合計3名で行うサイト使用の再現試験である。所要時間は、テストの内容にもよるが平均して1時間から1時間半程度だ。

　テスト協力者にはウェブサイトを使ってあるテーマやタスク（作業）を実施してもらい、テスト実施者はその様子を観察することで、ユーザニーズや利用の実態、またサイトの問題点や良い点などを発見し、事前に想定した仮説を検証していく。その意味で、**ユーザビリティテストはユーザ行動観察である**と言い換えられる。また、テスト協力者が操作したパソコン画面と音声、また協力者の表情をビデオに録画し、あとから見直してテスト結果を詳細に分析することもある。あとからテストの内容を振り返ることでさまざまな示唆を得られるが、そこまでしなくとも仮説を検証することは十分に可能である。

　一般的なユーザビリティテストは以下のような流れで実施する。

1. 事前アンケート（必要な場合のみ）
2. 調査の概要説明
3. 事前ヒアリング
4. 特定のテーマ、タスク（作業）に沿ってウェブサイトを使用
5. ウェブサイトに対する感想や行った操作の理由など、行動を振り返りながらヒアリング
6. 謝礼支払い

ユーザビリティテストの効果

ユーザテストまたはユーザビリティテストという言葉を聞いたことがある人の場合、「サイトの使いにくい箇所を把握する手法」あるいは「インタフェース上の問題点を発見する手法」といった理解であることが多い。たとえば、「お申し込みへのリンクが見つけられなかった」「現在地がわからないナビゲーションになっている」など、インタフェース上の問題ばかりが把握できると強調されていることが多いからである。

ここで紹介するテスト手法では、ユーザが実際に家や会社などでウェブサイトを使用する様子を調査会場で再現してもらいながら、その動機やニーズも探っていくためインタフェース上の問題のみならず、サイト戦略に関わる問題まで発見・検証できる。

具体的にユーザビリティテストにて検証できることは、大まかに以下のとおりである。

ユーザビリティテストで検証できること
サイトの戦略に関わるポイントの検証
- ターゲットユーザが存在するか否か
- ターゲットユーザ像
- ターゲットユーザのニーズ、状況、行動パターン、行動の判断基準
- 競合
- 必要となるコンテンツ、機能など

インタフェースの検証
- 情報構造、サイト構造
- 画面構成、レイアウト
- ナビゲーション
- ワーディングなど

　このようにユーザビリティテストでは多くの発見をもたらしてくれるが、テストを行っただけでサイトの戦略、画面案や機能要件といったものが決まるわけではない。テストはあくまで仮説の検証であり、判断材料を得るにすぎないと言える。しかし、テストを実施しなければ知り得なかった有益な判断材料を手にできることで、これからやろうとするウェブビジネスが間違った道に進むことを回避できる。

ユーザビリティテスト全体像

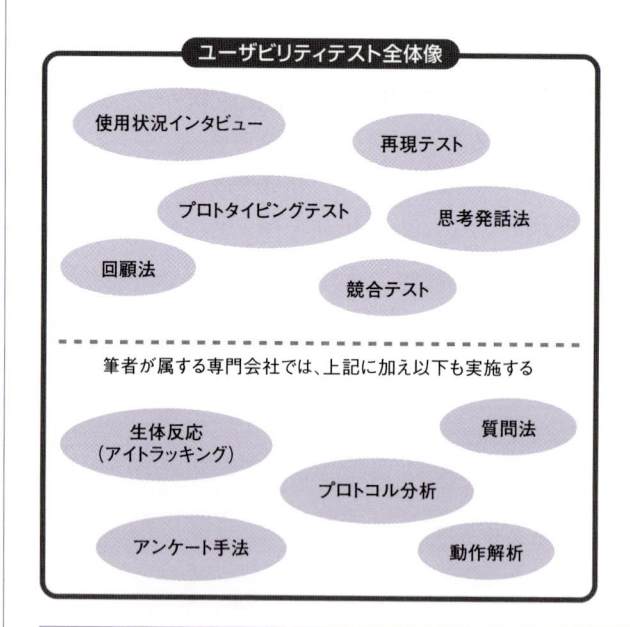

- 使用状況インタビュー
- 再現テスト
- プロトタイピングテスト
- 思考発話法
- 回顧法
- 競合テスト

筆者が属する専門会社では、上記に加え以下も実施する

- 生体反応（アイトラッキング）
- 質問法
- プロトコル分析
- アンケート手法
- 動作解析

図3.5 ● ユーザビリティテスト全体像
　　　専門会社のようなテストができなくとも、上部に上げている手法を使えば十分に検証ツールとして効果を発揮できる

ユーザビリティテストの特徴

　ここで紹介するユーザビリティテストは、単に対象となるウェブサイトを使ってもらうだけではなく、ユーザの経験・事実を聞き出すインタビュー手法（使用状況インタビュー）や思考発話法（思ったことをそのまま発言してもらう手法）、回顧法（行動を振り返って説明）、場合によってはアンケートなどさまざまな調査手法を融合させている。

　よく言われるユーザビリティテストは、ただひたすら検証対象となるサイトを使ってもらうことに主眼を置くが、現実的にユーザは1つのサイトを使い続けるわけではない。必要なのは「現実的な使い方の再現」であり、そのためには現実を再現するに足る情報を引き出したり、実際に現実的な操作を行ってもらうことが重要となる。

　ここで紹介する手法は、このような考えに則って、ユーザ像を知るためのインタビューやアンケートといった各種手法の良い点や、相乗効果が認められる部分を従来のユーザビリティテスト方法論に組み込んだ独特のものである。これによってさまざまな調査手法を別途実施する手間が省けると同時に、ユーザビリティテストの価値自体も高めることができる。

　ただし、この手法だけですべてわかるわけではない。当然ながら、少数のユーザサンプルから特定のマーケット全体を捉えるためには、テストによって収集されたデータに対する分析力が要求される。また、市場規模を算出するなど、検証の目的によってはテストではなくアンケート手法などを別途選択すべきである。いずれにしてもテストの効果や特徴を十分に認識し、テストでカバーできないものに関しては、ほかの手法やツールを取り込んでいく柔軟性も忘れないようにしたい。

Column

テストはコストか？

　ユーザビリティテスト手法を語る際、議論となるのは「テストをサイトリニューアルプロジェクトの中で実施するかどうか？」であることが多い。

　たいていの場合、さまざまな制約（コスト、人、場所、時間など）によりユーザビリティテストは省略されてしまう。実際には、テストがなくともサイトは制作できるため、制作プロセスの"おまけ"として捉えられてしまうからだろう。しかしながら、この調査は"おまけ"ではなく、むしろ要であるというのがユーザ中心設計手法の考え方である。

　アメリカの著名なインターネットコンサルティング会社 Adaptive Path の創業者の一人である Mike Kuniavsky 氏はその著書『Observing the User Experience』（Morgan Kaufmann, 2003）の中で、

> 「ユーザビリティテストに関して問題となるのは、あなたがそれをやりたいかどうかだろう。そして、その疑問に対する答えを知るためには、ひとつの方法しかない。とにかくやってみることだ」

と語っている。

　Kuniavsky 氏が言うとおり、とにかくどんな状況であれユーザビリティテストはやってみるべきである。なぜなら、テストによって発見できることは、ウェブサイトの命運を分けるようなきわめて重要な点であるからだ。ナビゲーションの形やリンクの色、ボタンの配置といった表面上のユーザビリティは取るに足らないと言い切れるほど、サイトにとってもっと致命的な発見点がもたらされるのである。テストを実施してみれば、これまでテストを"おまけ"としてしか扱っていなかったことを深く後悔するだろう。

　これは、ユーザビリティテストをやらずしてサイトを公開することほど危険なことはないことを意味している。テストを実施しないことのほうが長期的にはコストとリスクを背負うことになるのである。

　それほどまでに、この手法は強大で効果が大きい。サイトの成功を確固たるものとし、さらに失敗を回避するあらゆるポイントがわかるからである。サイト制作のできるだけ早い段階から小規模でもよいので（場合よっては1人でもかまわない）、とにかくテストを実施することがインターネットビジネス成功への鍵である。

参考 ユーザテストから得られる現実行動（Jakob Nielsen 博士の Alertbox）
http://www.usability.gr.jp/alertbox/20050214.html

3.3.3 ユーザ中心設計におけるテストの位置付け

ユーザビリティテストは、それまで行ってきた作業の「検証」という役割を担っている。作業を一定行うごとに、それまでの作業のベースとなる考え方や論拠をすべて仮説と見立てて検証作業を行うのである。検証は1回ではなく複数回行う。

ユーザ中心設計手法を用いながらウェブサイト設計やリニューアルを行う際には、**1回あたり5〜10人分のテストを、時期を置いて3回繰り返す**ことを推奨している。

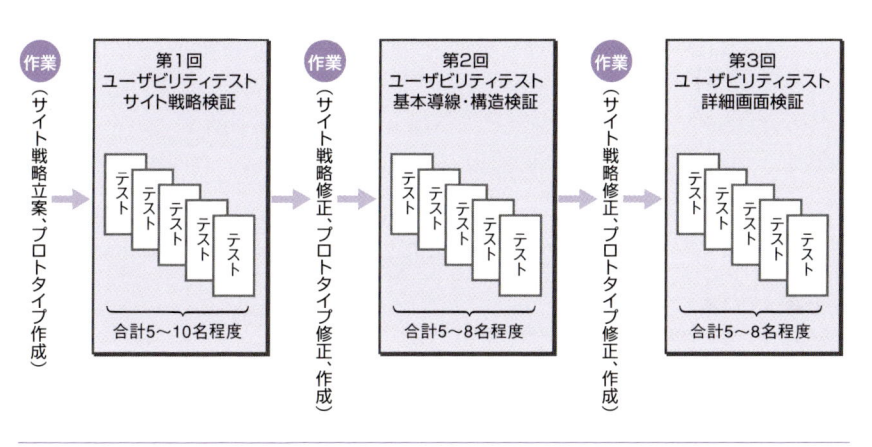

図3.6 ● 各ユーザビリティテストの位置付け
　　　　一定の作業を行うごとに、テストによってその作業内容の妥当性を検証する

1回あたりのテスト人数はウェブサイトの規模やターゲットユーザセグメントの数などによって変化するが、目安としては5〜10名程度である。

また、3回テストを行うことにしているのには2つの理由がある。1つ目は、1回に多くの人数で行うよりも3回に分割したほうが、より多くの発見点をもたらしてくれるためである。2つ目は、サイトを作る上では、サイト戦略部分、基本構造部分、詳細画面部分と大きく分けて3つの領域に作業を区切ることができるため、その単位に合わせて検証作業を行うことでより高品質なサイト設計が行えるからである。

もちろん、テストで検証したい領域や、確認したい検証ポイントが多岐にわたる場合や、サイトのコンテンツごとに明らかにターゲットユーザが異なる場合に

は、テストの回数や人数を増やすよう柔軟に計画する。

表3.3 ● ユーザビリティテスト実施タイミングと検証ポイント

テスト回数	タイミング	目的	検証ポイント	テスト使用画面
第1回	サイト戦略定義後	サイト戦略検証	サイト戦略の妥当性 ● ビジネス側の目的・目標設定は達成可能か ● 想定したターゲットの存在有無 ● ユーザニーズ、状況	● 現行サイト ● 競合サイト ● ユーザが使用するサイトなど
第2回	メインシナリオ該当プロトタイプ作成後（含サイト構造、ナビゲーション設計）	基本導線・構造検証	● 策定したシナリオの妥当性 ● サイト構造、導線の有効度合い ● ナビゲーション ● 詳細なコンテンツニーズ	● 作成画面案 ● 現行サイト ● 競合サイト ● ユーザが使用するサイトなど
第3回	プロトタイプ作成後	詳細画面検証	● レイアウト ● ワーディング ● コンテンツ表現、ライティング ● 詳細な誘導 ● リンク位置、色など	● 作成画面案 ●（現行サイト） ●（競合サイト）
（第4回）	プロトタイプ作成後（たとえば、3回目のテストでは、画面設計がメインの流れのみ30％程度完成した時点で行い、残り詳細画面までできた段階で4回目のテストを行うなど）	詳細画面検証	● ほぼ同上	● 作成画面案 ●（現行サイト） ●（競合サイト）

テストを行う回数と人数

　テストの回数と1回あたりのテスト人数については、迷いやすい部分であるためここで簡単に解説する。たとえば、上場している製造業のウェブサイトにおいて、「製品紹介」「投資家情報（IR情報）」「採用情報」のすべての領域を一気にリニューアルする場合、領域ごとに目的もターゲットユーザも異なるため、それぞれにテストが3回ずつ必要となる。テスト人数はターゲットユーザ群ごとに5〜10名程度テストを行うのがベストであるが、各領域の重要度によって調整することもできる。コストを勘案して人数を決定し、テストを短時間で効率的に行う

工夫するとよいだろう。

　もし、「採用情報部分のリニューアルはほかの領域より優先度が低く、表面的な使い勝手のみ向上させる」とした場合、以下のように優先度を付け、テスト人数を変え、より効率的にユーザ視点からの検証を行うこともできる。

表3.4 ● より効率的なユーザビリティテストの実施例

	優先度	テスト1回目	テスト2回目	テスト3回目	合計
製品紹介	高	8人	5人	5人	18人
投資家情報	中	3人	3人	3人	9人
採用情報	低	3人	3人	3人	9人
合計		14人	11人	11人	

　すでに述べたように、テストは3回以上でもまったくかまわない。それどころか、テストは実施すればするだけサイトの質が上がり、成功への確率が上昇する。作業を少し進めるごとにテストをこまめに実施するのが理想ではあるが、現実的には時間や費用の制約があるため、スケジュールの中にきちんと定義するテストは3～4回とし、プラスアルファとして同僚や友人など5～10分で実施できる簡単なテストを随時行うといった計画が現実的だろう。この「簡易ユーザビリティテスト」は手軽にできる上に効果が大きいため、後ほど詳しく紹介する。

　テスト人数については経験上、1つのユーザグループで10名程度のテストを実施すればユーザニーズを見極めることはできる。ただし、サイトで扱う商材や検証したいニーズの種類、網羅性などによってテスト人数は増えることもある。

　新しいタイプのサイトなど既存の価値観、常識が適用しづらいものはより多くの人数が必要となる。このような場合、ニーズやユーザ像を洗い出すには「密着取材」のようにある程度の時間をかけ中身の濃いフィールド調査を行うことも検討すべきだが、これには莫大なコストがかかる。これを補うには、テストの人数を増やしたり、あるいはフィールド調査と同等の内容が把握できるようテスト時間を延ばして過去の経験をじっくりヒアリングするなどの工夫を行うとよいだろう。

　第3回目の「詳細画面検証」のようにインタフェース上の操作性を検証したい場合には、同等のセグメントのユーザを5名程度テストすれば十分である。実際にテストを実施するとわかるが、3人目くらいからは発見できるポイントが重複

してくる。同じユーザセグメントであれば、操作やインタフェースの認知に関しては個人差があまりないということの表れであると考えられる。

各ユーザビリティテストにおける検証ポイント

1回のウェブサイト設計では最低3回のテストを行うと書いたが、3回ともテストで検証すべきポイントが異なる。

1回目はサイトの方向感を検証するためのテストとして位置付けられる。具体的には、設定したサイト目的が想定しているターゲットユーザによって達成できるのかどうか、達成するためにはどういうユーザに対して何を提供すればよいのかといった**サイト全体の戦略やコンセプトを検証**する。早い段階でテストを行うことにより、「サイトを作ったはいいが、誰にも使われないサイトだった」といったターゲットユーザの不在や、ユーザのニーズに合致した機能・サービスが実装できなかったといった問題を事前に回避することができる。この段階では、既存のサイトや競合サイトなどを使いながらテストを行う。もちろん、ラフな画面案を作成してもよい。

2回目のテストでは、ユーザの誘導シナリオを実際に可視化した画面プロトタイプを用いながらテストを行う。これにより、**策定したシナリオの妥当性や、ユーザの詳細ニーズ、またサイトの構造やナビゲーションなどの基本構造を検証**することができる。もちろん、第1回目に検証したような内容に関しても、新たに発見できることもある。このテストの結果をもとに、サイト戦略やユーザ誘導シナリオを修正後、確定させ、画面案をさらに詳細化する設計作業に突入する。

設計作業でより多くの画面プロトタイプを作成し、一定の分量ができたところで3回目のユーザビリティテストを行う。3回目のテストでは、ユーザのニーズを問うよりも、ニーズはすでに明確であることを前提として、**作成した画面がニーズを満たし、最終的にサイトのゴールまでユーザを導けているのかどうかを検証**する。これまでの検証よりも、より画面表面上の問題に焦点を当てることになる。いわゆる、ユーザビリティという言葉が一般的に抱かれているイメージに近い検証が行われるのがこの段階である。

ここでは、細かなレイアウトやボタン位置、またリンクやタイトル、コンテンツに使われているワーディング（言葉遣い）などが適切かどうかを確認する。

せっかく戦略が綺麗に描かれていても、それがウェブサイトという実現形態に

落とし込まれていなければ絵に描いた餅であり、どんなに良いサービスやコンテンツもユーザに確実に伝わらなければ意味がない。このような観点から、3回目のテストでは画面詳細な部分でユーザを失っていないか検証するのが目的である。そのため、設計スキルに自信がないのであれば、この検証を繰り返し行うことが必要となるだろう。

このように、3回のテストを推奨するのは、それぞれ異なる検証目的を有しているからである。各テストの目的をきちんと理解していれば、回数やタイミングなどは柔軟に設定することが可能となる。

3.3.4 ユーザビリティテストの実践ステップ

ユーザビリティテストを行う際の準備は毎回ほぼ同じである。テスト準備から実施、結果分析までの大まかなステップは以下のとおりである。

① テスト計画 → ② テスト協力者収集 → ③ テスト設計 → ④ テスト実施環境準備 → ⑤ テスト実施 → ⑥ テスト結果分析

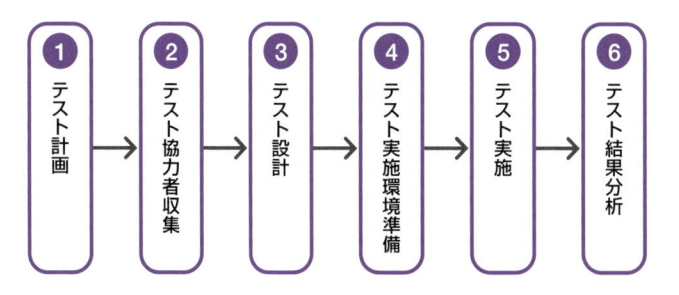

図3.7 ● ユーザビリティテストの実践ステップ

① **テスト計画**
  - サイトの目的、ターゲットユーザ、ユーザニーズ、ユーザの目的を定義する
  - テストの目的、テスト範囲を定義する
  - テスト日時、場所を決める

② **テスト協力者収集**
  - ①で定義したターゲットユーザに類似するユーザにテスト協力を依頼する

③ **テスト設計**
  - ①のテスト目的に沿い、テストで検証したいポイントを洗い出す

- 上記検証ポイントをもとに、①のユーザニーズ、ユーザの目的に沿いながら、テストでユーザに実施してもらう作業、ヒアリング項目を設定する
- （必要であれば）上記をすり合わせし、補正する

④ **テスト実施環境準備**
- パソコン、部屋などを準備する
- テストに必要なデータ（ID、パスワードなど）、画面案などを用意する

⑤ **テスト実施**
- テストの趣旨を説明する
- 過去の経験ヒアリング
- サイト、画面案を実際にある状況に沿って使ってもらい、その様子を観察する
- テスト中に気になった箇所をヒアリングにより深堀りしていく
- お礼を述べてクロージングする

⑥ **テスト結果分析**
- 発見点まとめ（当日中、後日メモやビデオなどを見返しておく）
- 問題点分析
  - 前後関係を分析する
  - 問題となった箇所と同じ特徴、パターンなどを持ってたが問題にはならなかった箇所と比較する
  - 発話、言動を分析する
- 問題点と原因を洗い出し、重要度を付ける
- 上記をもとに改善方針を出す

　上記をすべて実施すると、かなり本格的かつ専門的なテストとなる。専門業者であればさほどコストをかけずにテストが行えるかもしれないが、サイト運営者自身が本格的なテストを行おうとすると、準備コストが高くなり、テスト実施をあきらめるか、外部に委託することになることが多い。サイト制作業者であっても、同様に「コストがかかる」という理由から、サイト制作プロセスの中でユーザビリティテストを省略してしまうことが多いのが現実である。

　外部に委託できるならよいが、テストをあきらめてしまうのは、ユーザ中心設計全体を否定することにつながり本末転倒である。テストは1人だけでも、しないよりははるかに良い結果をもたらす。マジックミラー付きの部屋はあるに越し

たことはないが、なくとも十分にテストを実施することはできる。たとえば、テスト協力者探しが大変な場合、友人・知人に声をかけて協力してもらうなど、より簡単に行う手は残されている。

これに関してはユーザビリティ界の権威、ヤコブ・ニールセン博士が「Usability Engineering at a Discount」[2]と題して、またブルース・トグナツィーニ博士が「User Testing On the Cheap」[3]というコラムで同様の考え方を提唱している。シンプルで手軽なテストを何度も繰り返し行うほうが、完璧を期したテストを1回行うよりもはるかに価値があるのだ。

本書では、十分効果が見込める程度にテストを簡略化して行うことを推奨し、そのために最低限必要な準備と気をつけるべき注意点をこれから説明する。

もし、「ユーザビリティラボ」と呼ばれる専門的な設備の設定方法など、詳細なテスト方法論が必要な場合には専門の書籍を参照してほしい。

① テスト計画

テスト準備を進めるにあたり、まず最初にサイトの目的やターゲットユーザを明確にする必要がある。ただし、ユーザ中心設計でサイト制作を行う場合、すでにサイトの目的・ターゲットユーザは設定済みであるため、新たな準備は必要ないだろう。

次に、そのときの作業段階に応じてテストの目的を定める。ユーザ中心設計手法を使ったサイト制作プロジェクトの前半であれば、サイト目的やユーザ像などサイトの戦略に関わる部分の検証になる。また、プロジェクト後半であれば、より詳細な画面を確認することになる。このようにその段階で何を検証すべきか目的や範囲を明確にする。また設計段階で関係者と意見が分かれた箇所など、ユーザの反応を直接見てみたい箇所があれば検証目的に盛り込むとよい。

② テスト協力者収集

テスト協力者の収集を行う場合、専門のリクルーティング会社などを通すと手間が省けるが、相応の費用・時間がかかるため予算と早めの準備が必要である。

---

[2]『Designing and Using Human-Computer Interface and Knowledge Based System』G. Salvendy and M. J. Smith (Eds.), Elsevier Science Publishers, 1989. PP.397-401
[3]『TOG on Interface』Bruce Tognazzini, Addison-Wesley, 1992. PP.79-90

より手軽に行うには、友人、知人、家族、同僚を頼るのが手っ取り早い。その際、ユーザ像に近い人ほど良いテストが行えるため、「この人は将来このサイトのユーザになり得るだろうか？」と考え、最初に定義したターゲットユーザの条件に照らし合わせながら、知り合いに声をかけていく。

　ただし、**協力者条件**にこだわるあまり「結局誰もいなかった」とならないよう注意する。そのためには、できる限りターゲットに近いユーザに協力してもらうことを目指しながらも、人数を確保するために譲れる条件は譲るようにする。たとえば、年齢、性別などの社会的属性はサイト行動に大きな違いを与えないことが多いため、真っ先に譲ることのできる条件になるだろう。

　リクルーティング会社を通じて協力者を収集したとしても理想的なユーザが集まるものではない。誰でもいいというわけではないが、理想的なユーザと実際の協力者の違いが事前にわかっていれば、テスト進行の中でフォローすることもできるし、結果分析時に考慮することもできる。たとえば、旅行サイトをテストする際、旅行の予算感が合わない協力者であれば「旅行券をプレゼントされたと仮定してください」とフォローすることができる。また、たいていのウェブサイトは誰が使うかわからず、どんなユーザであっても何かしらの示唆をもたらしてくれるものである。「この協力者はターゲットユーザと違う」といって**テストが無駄になることはほとんどない**。この場合、「なぜターゲットユーザとはなり得ないのか」についての論理的な根拠を示してくれるからである。

　また、協力者収集時に重要な条件となるのが「ターゲットユーザとしての前提知識」である。サイトの使い方やニーズは、ユーザが持つ知識・経験によって大きく変わってしまうことがある。

　過去の実例で言えば、計測器製造メーカーのサイトの場合、ターゲットユーザは「計測器を日常的に使用する人」という極めてニッチなユーザであり、計測器に対してある程度の知識があることが前提となっていた。そのためリクルーティング会社を通じた協力者収集は極めて難しく、最終的にそのメーカーの既存顧客に協力要請を行い、顧客企業のオフィスに出向いてユーザビリティテストを行った。

　このほかにも、システム管理者や医師がターゲットとなる場合などでは、彼らが持つ前提知識がサイト行動に大きな影響を及ぼすため、手近で協力者を探すにしても、似たような前提知識を持っている人を探すようにする。たとえば、医師でなくとも医学部生、看護婦、MR（医薬品営業）などであれば十分にテストを行

える場合は多い。「協力者がいない」とあきらめてしまうよりは、多少違うユーザであってもテストを行うのが最善であることを常に忘れないようにしたい。

ほかの面白い例として、弊社サイトの地図を設計した際のテスト例を紹介する。サイト上の地図は、来訪予定者が印刷して、弊社オフィス来訪時に頼りにするだろうと想定できたが、弊社でテストを実施した場合、テスト協力者が「テストのために弊社テストルームまで来訪してくれる」時点で、検証すべきことが終わってしまうという矛盾があった。そこで、印刷した地図ページの画面案を手に、最寄り駅に出向き、道行く人に「この会社まで行きたいのですが、場所を教えて頂けないでしょうか？」と道に迷ったふりをして地図を差し出し、その地図を見てもらうことで、まったく知らない他人相手にテストを行った。そして、このテストで多くの地図上の問題点を発見することができた。

協力を要請する際には、以下の内容を伝え、協力者が安心して協力できるよう最大限の配慮を行う。

- 日時
- 場所
- 拘束時間
- 調査の内容
    - 「ウェブサイトを使いながら簡単なインタビューに答える調査」など
    - この際、「テスト」という言葉は使用しない。協力者は自分がテストされるような気持ちになり、協力を躊躇する可能性があるため
    - 協力者が事前にサイトを見て準備してくる可能性があるため、調査対象のサイト名を明かさないようにする（事前準備が必要な場合にはサイト名を明かす）
- 謝礼
    - 現金や記念品などを用意する
    - 現金の場合は拘束時間とユーザの特殊性などを考慮する。平均して1時間5,000円程度が目安となる
    - 謝礼を多くしすぎないよう注意する。特にリクルーティング会社経由の場合、謝礼目的の協力者が多くなり、「適当にその場をやりすごせば謝礼がもらえる」といった態度になってしまうケースがある。調査自体を楽しみたいと考えている人を優先したほうが良いテストが行える

③ テスト設計

テスト設計では、テストにおける検証項目と具体的な検証方法を検討し、テスト計画を具体化する作業を行う。テストを行うタイミングや状況によって検証すべき細かなポイントは異なる。そのため、「①テスト計画」で策定したテストの目的をさらに細かくしていき、検証ポイントを洗い出す。

たとえば、第1回目のテストの場合、テストの目的は「サイト目的やユーザ像、ニーズの検証」である。検証ポイントの例を以下に示す。

- 想定しているユーザ像は妥当か？
- ユーザはこのサイトを使うのか？
- サイトを使う場合、どのようにサイトにたどり着くのか？
- 検索する場合にはキーワードは何か？

このようにしてテストの目的から検証ポイントを洗い出したら、次にそのポイントを検証するために、協力者に実施してもらう作業（タスク）や、ヒアリング項目を検討する。

協力者が画面上で何かしらの操作を行うことで、検証ポイントを見ることができるため、どんな作業を行ってもらいたいのか定義していくことでタスク設計を行う。同時に、作業ではなくヒアリングのほうがより検証できるようなものは、ヒアリング項目として定義する。

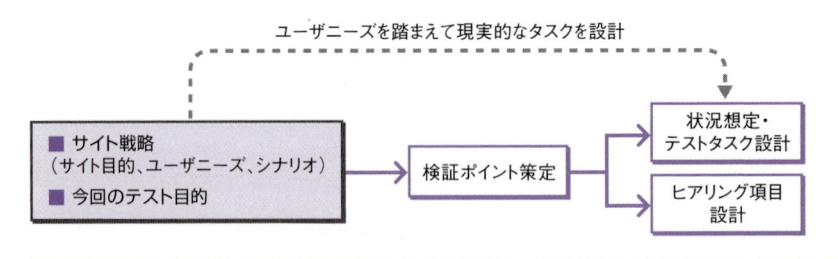

図3.8 ● テスト設計の作業ステップ

ここで重要なのは、設定するタスクの現実性である。あまりにも**現実性に乏しい架空のタスクを作ってしまうと、協力者は真実味のない操作を行ってしまい、**テ

スト全体の信頼性を失うことになる。良いテストとは、ユーザが実際に家や会社などで行っているであろう作業や操作をテストの場で再現してもらうことである。テスト協力者がいかにテストであることを忘れて作業に没頭できるかどうかにかかっている。

　たとえばオンライン書籍販売のサイトをテストする場合、「○○というサイトでAという本を2冊買ってください。決済はクレジットカードにしてください」というタスクを設定するより、「過去にインターネットで本を買ったことがありますか？」と過去の経験・状況を聞き出したり、あるいは「今、興味がある本、何か欲しい本はありますか？」とヒアリングし、過去に同様の経験や欲しい本があるようであれば、「では、今ご自宅のパソコンの前にいて（そのときのように）欲しい本があるなと思っています。この状況で自由にインターネットを使ってみてください」とタスクにつなげていったほうが自然で現実的な流れとなる場合が多い。

　ここでもし、前者のような「○○サイトでAという本を買ってください」といったタスクを協力者に与えると、単なる答え探しのようなテストになってしまう危険性がある。こういう状況が本当にユーザにあるのならよいが、実際にはそうでない場合が多い。このタスクでは、サイトの認知や流入ができるのかというところから、本を比較・検討する動きや、その際に参考にするデータ、好まれる決済手段とその理由など、サービスを利用する上で重要なポイントは何も検証できなくなってしまう。

　ただし、たとえば「会社で上司に頼まれて本を買う場合」などは、前者のタスクのほうが自然であるかもしれない。このように事前に策定したユーザニーズやシナリオを考慮の上、自然で現実的な状況やタスクを組み立てていくことがテストの効果を最大化するために何よりも重要なのである。

　このためには、大きく分けて3つのアプローチ方法がある。

> **1. ヒアリングによって状況設定を行うアプローチ**
> 協力者の過去の経験をヒアリングしその場で個別に状況設定を行い、タスクにつなげる
>
> 例：「以前、インターネットで旅行の予約をされたということですが、今その状況に立ち返ったとして、またそのときのようにインターネットで旅行を探してみてください」

> **2. テスト進行者によって状況設定を行うアプローチ**
> 事前に状況設定を行っておき、テスト協力者にそれを説明の上、その状況にいると仮定して自由にサイトを使ってもらう
>
>> 例：「奥様からインターネットで旅行の予約をすると安く予約できるらしいと聞きましたので、今度の連休の旅行をネットで探してみようと思ったと仮定させてください。それでは、ここからは自由にインターネットを使って旅行を探してみてください」
>
> **3. テスト進行者によって状況設定も詳細なタスク内容も指示するアプローチ**
> 状況設定と具体的な作業内容、どちらも事前に定義しておき、それらに則って協力者にサイトを使ってもらう
>
>> 例：「上司から今度の出張のためのホテル予約を依頼されました。同僚に聞くと◯◯サイトが一番安く予約できるということなので、このサイトを使って来週木曜日から2泊3日で新大阪駅周辺のホテルを予約することにしました。社内規定で、出張費は課長クラスで1泊8,000円と決められていますので、その範囲で探して予約してください」

1. ヒアリングによって状況設定を行うアプローチ

本当にリアルな状況を設定するために、協力者自身にその状況について聞いてしまうというのがこのアプローチである。大胆だが、極めて効果的であるため、まずはこのアプローチを取ることを推奨する。

具体的には、タスクを行う前にそのタスクに対するニーズや状況を確認するヒアリングを組み合わせて行う。ただし、このヒアリングでは、「こういうサイトがあったら使いますか？」と未来のことを聞いても真実は得られない。むしろ、「こういう状況になったことはありますか？ そのときにインターネットは使いましたか？ 使ったならば、どのサイトをどんな風に使ったのですか？…… では今、まさにその状態にあるとして、インターネットを自由に使ってみてください」と、ユーザの経験を聞いていきながら、自然にタスクにつなげていくのである。つまり、ユーザの経験・事実を聞き出すインタビュー手法とユーザビリティテストタスクをセットにして行うのである。

そのため、タスクを考えると同時に、そのタスクを行うであろうユーザの状況、またその状況を引き出すためのヒアリング項目も事前に考えておくようにする。

2. テスト進行者によって状況設定を行うアプローチ

もし、1.のようなヒアリングで協力者から妥当な回答が得られなかった場合に備え、ユーザの動機付けを行う現実的な状況を想定しておくとよい。

たとえば、オンライン書籍販売サイトのテストの際、もし協力者に「そんなサイトは使ったことがないし、興味がある本はない」と答えられた場合に備えて、「遠くに住んでいる友人に本を送ってあげることになった」「会社の先輩からある本を勧められ、書店を探したがなかったので、家に帰ってインターネットで探してみることにした」など、別の状況も設定しておくとよいだろう。この場合、「サイトを友人に勧められた」「家族に頼まれた」といった第三者からの口コミという状況を設定しておくと、協力者への強い動機付けとなることが多い。

多くのサイトでは、この状況設定だけあればテストはできてしまう。**協力者には状況だけを設定し、その状況に今置かれているとして、あとはサイトを自由に使ってもらうことで、十分に現実的な行動の再現につながる。**

これまでの例では、状況だけを設定して、そのあとの操作、閲覧コンテンツ、ゴールなどは協力者に一任することになる。ウェブサイトがセルフサービスメディアであることを踏まえれば、細かく作業を指示するよりも、こちらのほうが現実的である場合が多い。

ゴールを明確にしないことも重要である。たとえば、最終的に本を買うか買わないかはユーザが決めることであって、テストで最初から「本を探して買ってください」と指示してしまうと、ユーザは買う気がなくても買う操作を行ってしまうため、「買わない理由」が把握できなくなる。状況だけ与えて、ゴールを任せると、「ここまで見たら、違うサイトに行きます。これ以上見る必要はないと思うので。なぜなら……」や「そもそもネットで本は買いません。なぜなら……」と、運営側が想定しているゴールに到達しない理由を協力者が教えてくれるのである。さらに、「では友人に『このサイトはほかより安いよ』と聞いたらどうですか？」など、どんな動機付けがあればサイトやインターネットを使うのか、さらにヒアリングで聞くことも可能となる。

```
┌─────────────────┐    ┌─────────────────────┐
│  状況ヒアリング   │    │ 状況設定、タスク指示 │
├─────────────────┤    ├─────────────────────┤
│「以前、インターネッ │    │「では、今、まさにその │
│トで本を買ったこと │ →  │状態にあるとしてこち │  →  ┌──────────┐
│はありますか?」   │    │らのサイトを使ってみ │     │実際にサイトを│
│                 │    │てください」         │     │使用してもらう│
│「どうしてインター │    │        or          │     └──────────┘
│ネットで買ったの   │    │「それでは、今何か欲し│
│ですか?」         │    │い本、興味のある本な │
│                 │    │どありますか? もしあ│
│「そのとき、どんな │    │ればインターネットで │
│ふうに使いました   │    │買おうと思ったとして │
│か?」             │    │使ってみてください」 │
│                 │    │        or          │
│                 │    │「遠くに住んでいる友人│
│                 │    │に感銘を受けた本をプ │
│                 │    │レゼントしようと思いま│
│                 │    │した。書店で買って自分│
│                 │    │で郵送するのは面倒な │
│                 │    │のでインターネットで │
│                 │    │購入してプレゼントし │
│                 │    │たいと思っています。今│
│                 │    │ご自宅でそのような状 │
│                 │    │況にあるとして自由に │
│                 │    │サイトを使ってみてく │
│                 │    │ださい」             │
└─────────────────┘    └─────────────────────┘
```

図 3.9 ● 状況ヒアリングから状況設定につなげる例
協力者の回答を受け、臨機応変に状況設定できると良いテストが行える

3. テスト進行者によって状況設定も詳細なタスク内容も指示するアプローチ

テスト進行者が詳細に状況やタスクを指示するケースもある。特に、BtoBサイトなどに多い。仕事でインターネットを使用する場合には、個人の主観よりもコストや各種条件などの制約のもとに行動を取ることが多いことに起因している。

たとえば、会社に新しいパソコンを購入する場合、購買担当者が予算やスペック、サイズなどの条件と照らし合わせながら商品を選ぶ可能性が高く、これらの条件はテスト時に所与のものとして提示しておく必要があるだろう。

このように、ユーザのリアルな状況設定、タスク設計を行う一方で、限られたテスト時間を有効に使うためにタスクの優先度を付け、メインとなる作業に焦点を絞ることが重要である。

これまでのポイントをまとめると以下のとおりである。

タスク設計、ヒアリング項目策定のポイント

- 検証ポイントがカバーできるように設計する
- ユーザニーズ、シナリオなどから現実的な状況を設定する
- 状況設定のために、協力者の過去の経験をヒアリングするとよい
- タスクの優先度を付けておく

検証ポイントとユーザへのヒアリング事項とタスクが設定できたら、ユーザにとって自然な順番に入れ替えるなどしてテストの開始から終了までの進行の流れを定義すると、一通りのテスト計画が完成する。

　こうしてテストの全体像が見えたら、まずは自分をテスト協力者に見立てて、テスト計画の上から順に実践してみるとよい。このような「パイロットテスト」を行うことによって、テスト計画における不自然な点、順番が妥当でない部分などを見つけ、随時修正して最終化する。

④ テスト実施環境準備

　テスト計画が整ったら、テストを実施するための設備、機器を準備する。テストにおいて既存のサイトだけを使用するのであれば、パソコンとインターネット回線があれば十分である。また画面案を使用する場合には、紙に印刷した画面案、もしくは、画像化した画面案を用意し、画像をブラウザで表示する。

　「③ テスト設計」で定義したテスト計画に従い、必要なデータや参考資料などがあればそれも用意しておく。たとえば、手元にある資料や機器などを参照してサイトを使うことが想定される場合（デジタルカメラのサポートサイト使用時におけるデジタルカメラや、オンラインバンキングの暗証番号カードなど）、その際に使われる資料、機器などを用意しておくとよりリアルな状況設定に役立てることができる。

　テストを別室でモニターできるような環境を構築するのであれば、隣り合った会議室を用意し、一方をテストルームに、もう一方を見学ルームにする。見学ルームにはマジックミラーを取り付けた部屋を用意したくなるかもしれないが、グループインタビューと異なり、パソコン画面上の動きをマジックミラー越しに見るのは限界がある。そのためマジックミラーは必要ない。

　見学ルームには、協力者が操作しているパソコン画面（紙の画面案）とテストルーム内の音声、協力者の表情が映し出せればそれだけでテスト内容を見学者に十分に伝えることができる。機材は1台のビデオカメラと、その様子を投影するTVモニター、プロジェクタがあれば十分である。

　パソコン画面はモニターケーブルを使ってプロジェクタで投影し、見学者の声と表情はビデオカメラを設置し、その出力を隣の部屋のテレビにつなげれば、簡易テストルームの完成である。

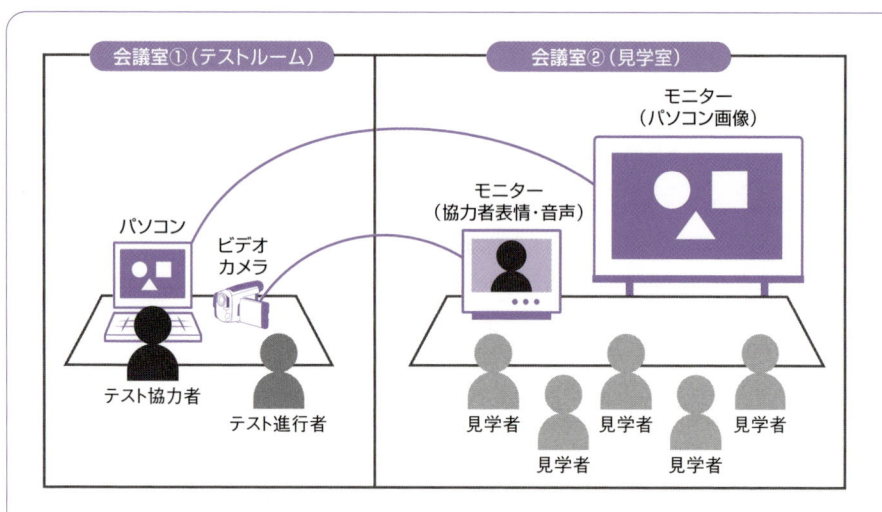

図 3.10 ● 簡易テストルームの図（上）とテストルーム／見学ルームの写真（下）

さらにテストの様子をビデオやDVDに録画するとなると、少し複雑な設定が必要となる。このセッティングに多大な時間と労力を費やすようであれば、見学者全員にメモを取ってもらうことで、録画を省略することもできる。

⑤ テスト実施

ここからは、実際に協力者を招いてのテスト実施に移る。テストを実施する際には、まず協力者の緊張をほぐしてあげることが何より重要である。テストに入る前に雑談したり、ほかの調査の様子を話したりすることで、リラックスしてもらうよう心がける。

また「③テスト設計」にあるように、できる限りテスト協力者を普段どおりの状態に近づけるように留意する。ヒアリングの中から徐々にサイトを使用する状況を作り上げ、実際にサイトを使用してもらうよう自然に仕向けていくとよい。筆者らの場合、テストタスクを小さな紙に書いてテスト協力者に提示するという方法を取ることは少ない。そうすると、テスト協力者はタスクが書かれた紙を何度も覗き込んで、その紙の指示に従おうとしてしまうからである。これはたいていの場合、ユーザにとって不自然な状況となってしまう（逆に「上司から指示を受けた」など、紙の指示に従うことが自然な状況である場合にはそうする）。タスク指示書と呼ばれる小さな紙の代わりに、ヒアリングなど会話の中からサイトを使ってほしい旨を依頼する。

テスト協力者がサイトを使用する際には、「可能な限り思っていること、探している情報などを声に出して教えてほしい」旨を協力者に依頼しておく。こうすることで、ユーザの心理状態や満足度がある程度把握できるのだが、実際に「思ったことを口に出しながらサイトを使うこと」が上手にできる人はそう多くはないため、無理強いする必要はない。

基本的には黙って横で観察するだけでも十分に発見を得ることができるため、作業に集中しているときには質問を我慢することも必要である。どうしても理由が知りたいものだけ、集中していない瞬間を狙って途中で質問するか、最後にまとめてヒアリングすればよい。

テスト進行役が話すよりも、テスト協力者に多く話してもらえるようにする工夫も必要である。「どう思いましたか？」「それはなぜですか？」などと尋ね、協力者が「はい」「いいえ」では答えられない質問をするのもよいだろう。

また、協力者が思うように操作できず苦しんでいる場合、本人のせいではないことを伝えて励ますことも重要である。苦しんでいないときであっても、手つきが慣れている人には「パソコンの操作が上手ですね」と声をかけてあげると、協力者も緊張がとけ、より積極的に調査に協力してもらえるようになる。

テストという特殊な環境の中でテスト協力者を実際の状態に近づけるのは簡単なことではない。以下の点は、特に注意が必要な部分である。

- サイトの説明を必要以上にしない
  - 通常ユーザはサイトの内容をまったく知らない、もしくは簡単な概要だけ知

っている状態で使うことが多いため
- サイトを使う手助けをしない、サイトに関する質問には原則答えない
  - 通常ユーザは1人でウェブサイトを使用することが多く、わからないことも独力で解決することが多いため（ただし、調査を続行する上で必要となる手助けや励ましなどは行う）
- ヒアリング時、タスク依頼時にサイトを使用する上でのヒントやキーワードを言わない
  - ユーザは、自分が理解できるキーワードを頼りにサイトを使うため

　テスト協力者が緊張で萎縮してしまっては意味がないので、そのために必要なサポートは行う。たとえば、サイトに関する質問には基本的には回答できないが、「地図はどこにあるんですかね？」と質問された場合、「答えられません」というよりは、「さあ、どこですかねぇ？　どこにあると思いますか？」とか、「お答えしたいのですが、今はここをご自宅と思って頂きたいので、しばらくご自分で探して頂けますか？」と回答するとよい。そうすれば、相手の気分を害さずに調査を続

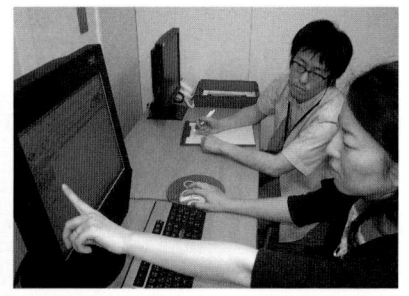

図3.11 ● ユーザビリティテストの様子

行することができる。

　テスト実施中は、協力者の意見ではなく過去の事実や実際の行動、行動した際の感想に着目する。協力者に目の前で「このボタンがもう少し大きければいいのに」といった意見や改善提案を言われてしまうと、どうしてもその発言に引きずられ答えを急いでしまう。しかし協力者はインタフェースの専門家ではないため、協力者の改善提案を鵜呑みにするのは危険である。あくまで、テスト協力者の「こう操作して、このときこう思った」という事実を重要視し、その先の「だから、もっとこうしたほうがいいと思う」という改善提案はひとまず横に置いておく。

　テスト協力者の行動や発話を観察し、必要があれば事実をヒアリングで深堀りしていきながら、検証すべきポイントを発見するよう努める。

　テストを画面プロトタイプで行う場合、プロトタイプを画像化してブラウザで表示するか、紙にプリントアウトしたものを画面と見立ててテストを行う。紙で行う場合、テスト協力者の指をマウス代わりにして、クリックする箇所は「ここでクリックします」と協力者に発話してもらうことでテストを進めることができる。すべての画面案がない場合には、「この画面は作成中です」と伝えて前のページに戻ってもらうか、もしくは「このページは作成中で今はないのですが、このような内容のことが書いてあります」と言ってページの内容を口頭で伝え、協力者の反応をうかがうことでもテストを行うことができる。

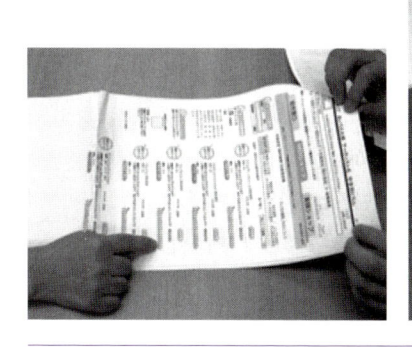

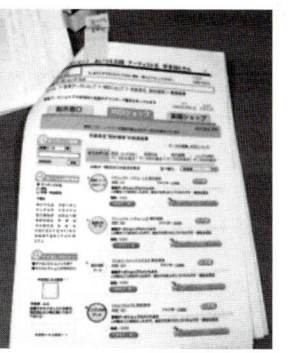

図3.12 ● 紙のプロトタイプでのテスト例

⑥ テスト結果分析

ユーザビリティテストが終了したら、記憶が新鮮な状態のうちに、そのテストで発見された点や明らかになったポイントを整理する。これだけでも検証したいポイントの大半を明らかにすることができる。しかし、より複雑な問題や小さい問題などを把握するためには、全テストが終了した段階で改めてテスト結果全体を振り返る必要があるだろう。手元のメモや、録画したデータなどを頼りに観察結果を集め、それらを分類することで、問題箇所やその原因、サイトに対するユーザのニーズなどを発見できる。

いずれの場合でも、**表面的な問題やテスト協力者の意見・改善提案にとらわれることなく、冷静な目で協力者の心理状態にまで考えを及ばせながらテスト結果を振り返る**ことが重要である。

特にユーザビリティテストを実施すると、思いもよらなかった問題に気づくため、そればかりが強調されてしまう傾向がある。たとえば、「重要な『サービスの詳細』というリンクはユーザが見たがっていたにもかかわらず発見されなかった。リンクが画像で背景のように見えていたことが原因だ」といったサイト画面上の結果ばかりが強調される。しかし、テストでわかるのはこのような表面的な問題だけではない。ユーザがサイトを使う理由／使わない理由、求めている情報など、ユーザの行動を規定する奥深い動機についても考察できるのである。

たとえば、証券会社のサイトをテストした場合、株取引の初心者は、商品の多彩さや手数料の詳細、システムの安定性や会社としての信頼性もさることながら、「初めての自分でも株取引ができそうだ」といった内容のほうが取引申し込みにつながることが、閲覧したコンテンツの種類と特徴、およびそのときの言動から分析できた。逆に言うと、いくら商品性や手数料が優れていても、初心者にとって「難しそうだ」という印象を少しでも与えてしまうと、申し込みにはつながりにくくなってしまうのである。具体的には、株取引の手順などが明記されていると、何も知らない初心者にとって安心感につながり、背中を押してくれる動機付けになる。

このようにユーザの心理に踏み込み、彼らの行動を突き動かす動機にまで分析を深められれば、サイトをより成功へと近づけることができる。

数多くのテストを実施しているとわかるのだが、多くのサイトでユーザを惹き付けられない原因は、画面上の問題よりもサービスそのものに欠陥を抱えている

ことが多い。表面上の問題は誰にでもわかりやすいが、それに留まることなく、丁寧に分析を行い、ウェブサイトを通じてユーザに提供する価値の妥当性を問い続けることがビジネスを成功に導く上で重要なのである。

冒頭にも書いたが、テストでわかることは判断するためのデータである。「こうすべきだ」という判断そのものを提供してくれるわけではない。テストからは「株初心者は手軽に株取引ができるという安心感を求めている」というデータが得られ、その上で初心者を狙うか狙わないか、そのようなコンテンツは何であるのか別途判断しなければいけない。

重要なのは、テストを実施することではなく、テスト結果の分析と丁寧に仮説を立てる根気と力であることを忘れないでほしい。

分析時のそのほかの注意点として、**協力者の意見に振り回されない**ことが重要である。たとえば、入力フォームのテストをすると、「住所自動入力ボタンがあればいいのに……」といった意見を言うユーザがいるが、そのボタンがないと入力をしないかといえば、そうではないことはよくある話である。そのような機能はなくともユーザを多く集めているサイトはたくさんある上に、下手にその機能を実装してユーザを取り逃しているサイトも多い。

にもかかわらず、このような具体的な意見ばかりが分析時に重要視されて、「自動入力機能の実装が課題」などとテスト結果が結論付けられ、ほかの問題には目を向けなくなることがよく起こる。テスト協力者は、自分でも具体的に何か言える場面では何か言ってしまう傾向があり、その発言自体に重みがないことが多い。この事実を踏まえて分析を行わないと、テスト結果が生かせなくなるため注意が必要である。

またテスト結果は、その問題が起こった前後関係を見たり、そのときの発言などさまざまな観点での比較・分析を行うことでより良い発見ができる。

何か問題がある場合、その原因となっているのは、その画面よりもずっと前にいた画面に書いてあった情報であることもよくある。そのため、一連の流れで結果を分析する視点を持つようにする。

いずれにしても、前後関係、類似サイト・パターン、発話・言動など多角的な視点で分析を加えることで、ユーザの心理状態やニーズ、またサイトが抱える問題点と原因を明らかにしてそれぞれに重要度を付けていく。

3.3.5 簡易ユーザビリティテスト

これまでに説明したユーザビリティテストは、ある時期までに行った作業をまとめて検証するため、それなりには準備と時間がかかる。

このようなプロジェクトの各段階における検証とは別に、サイトのコンテンツやメニューなどサイト設計を行う際にも、その都度5分程度でできる簡易テストを行うことで、さらにサイトの精度を上げることができる。

たとえば、リンクの配置を考える際、「ユーザはこのリンクに気がつくだろうか？」と悩ましくなる瞬間があれば、すかさず社内の同僚をユーザに見立てて簡易テストを行うのである。そのときの注意点は、これまで紹介してきたものとまったく同じである。ただ、検証すべきポイントが少ないために時間がかからないだけである。

簡易ユーザビリティテストは企画・設計・デザイン・構築のあらゆる段階で取り入れることができるため、ぜひ積極的に行ってほしい。

第3章 ユーザ中心設計を進めるツール

Column

複数画面案のテスト

　ユーザビリティテストを経験したサイト運営者から、「画面案Aと画面案Bのどちらが良いかテストで判断したい」といったオーダーを受けることがあるが、これはテストの効果を誤解していると言える。複数案のうちどちらがより良いかテストで判断できると考えたい気持ちはわかるが、たいていの場合それは難しい。テストは判断材料をもたらしてくれるものであり、判断は自分自身で行わなければならない。

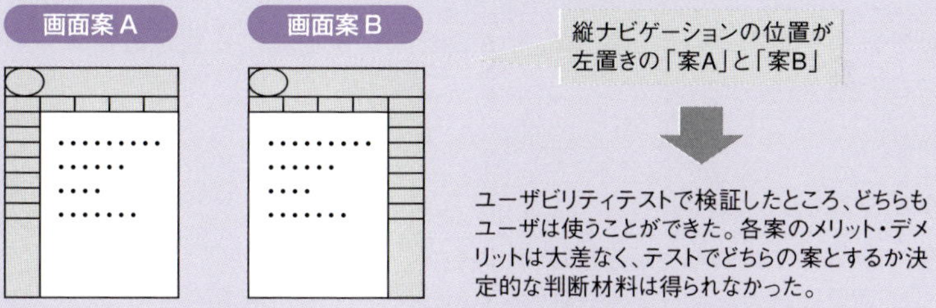

画面案A / **画面案B**

縦ナビゲーションの位置が左置きの「案A」と「案B」

↓

ユーザビリティテストで検証したところ、どちらもユーザは使うことができた。各案のメリット・デメリットは大差なく、テストでどちらの案とするか決定的な判断材料は得られなかった。

図3.13 ● 複数案のテスト例

　ただし、案Aと案Bがまったく異なる2つのアプローチであるならば、どちらがより良いのかテストによって判断できることもある。なぜならそれぞれのテストでの発見点が大きく異なり、それによって誰の目から見ても一方の案のほうが良いと判断できる可能性が高いからだ。
　しかし現実には、案Aと案Bはユーザの目から見て大きな違いがないことが多い。こういう状況で2案をテストにかけると、それぞれ大差のない結果が把握できるだけであり、「どちらも一長一短あって、どのユーザのどの動きを重要視するかで判断は異なる」といった結果となることが多いのである。
　筆者らもこれまでに「メニュー名」「ナビゲーション」「トップページデザイン」などと、似かよった2案をテストにかけてきたが、上記のような結果となった経験が何度となくあった。
　サイト運営者はテストの威力がわかると、なんでもテストに判断を委ねる傾向が高まるのだが、最終的には自分達で決めていかなければいけない。ユーザビリティテストは、その際により賢い判断をすばやく容易に行うことをサポートしてくれる強力なツールであると理解しておくとよいだろう。

3.4 画面プロトタイプ

　ユーザビリティテストを行う上で必要となるツールに画面プロトタイプがある。「プロトタイプ」とは、直訳すると「試作品」という意味だが、ウェブサイト設計における画面プロトタイプは、その名のとおり「画面の試作品」、つまりサイトの画面案を簡易的に作成することを指している。

　プロトタイプは、紙に手書きしたラフな画面イメージでもよい。とにかく、どんな状態でもかまわないので、画面に対する要件を視覚化すること自体に重要な意味がある。

プロトタイプ実例

1. PowerPointで作成した画面プロトタイプ

　　ほかのサイトなどの素材を切り貼りして作成

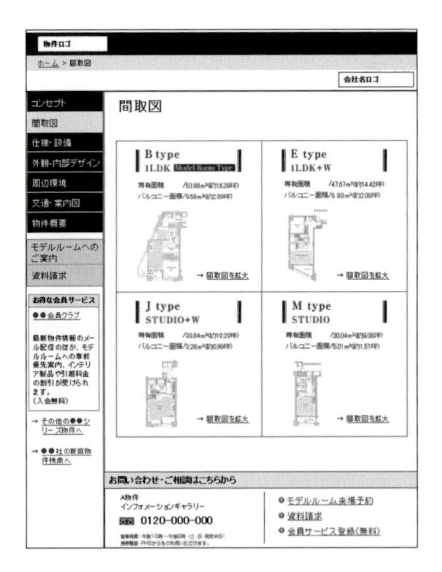

2. 作成した画面プロトタイプを印刷したもの

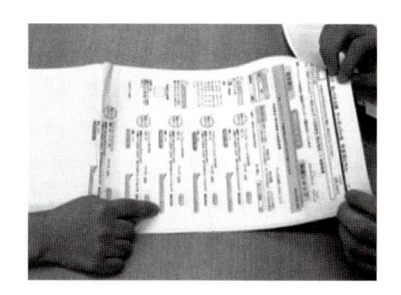

3. 手書きの画面プロトタイプ

Microsoft Word の File Setup ダイアログ

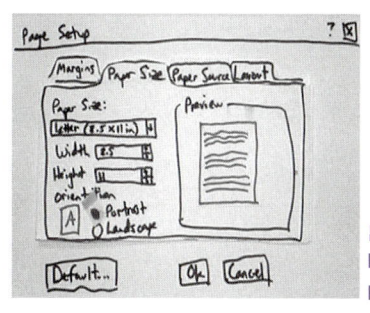

出典：Snyder Consultig-Paper Prototyping
http://www.snyder sonsulting.net/article-paperprototyping.htm

---

3.4.1 画面プロトタイプの意義

　画面プロトタイプとは、サイトの画面に対するイメージや仮説を視覚化することを意味している。

　「3.2　ツール活用の基本姿勢 —— 意見より行動を重視」でも述べたとおり、人間は目に見える具体的なものに対しては的確なフィードバックを返すことができるため、ウェブサイトの戦略や画面を検証するにも具体的な画面案である画面プロトタイプを用いるとよい。

　幸いなことに、ウェブサイトは2次元メディアであり、その視覚化はほかのプロダクトなどに比べるとはるかに簡単でコストもかからない。画面プロトタイプは、紙に手書きしたラフなものでも、既存サイトやほかの競合サイトにあるコンテンツを切り貼りしたものでもかまわない。このように手軽に作成した画面プロトタイ

プであってもユーザは内容を理解できるため、検証ツールとして十分に機能する。

画面プロトタイプが簡単に作成できれば、それだけ検証できる回数も増える。仮説検証作業を多く繰り返すことができれば、それだけサイトのクオリティも上がり、目標達成の成功確率も上昇する。

プロトタイプの作成は、サイト戦略が確定しない段階から開始する。サイト画面を目に見える形にした上で、検証を行い、結果を受けて当初想定していた戦略画面の内容を修正し、また再度検証を行うというプロセスを繰り返しながら、サイトの制作を前に進めていくのである。

以上のように、画面プロトタイプの本質は、「**すばやく手軽に画面案を視覚化できること**」であり、それにより、**ユーザ中心設計の早い段階からユーザ視点での検証が行える**のである。

画面プロトタイプは、ユーザ視点による検証を経るごとに次第に精緻化・詳細化され、最終的には画面の仕様をすべて定義した「画面設計書」になる。

これまでのウェブサイト制作の工程では、いきなりビジュアルデザインをかけてサイトの最終形を議論したり、ひどい場合には最初にHTMLを組んでコンテンツを考えたりしていたが、ユーザ中心設計では画面設計書という設計書上でほぼすべての要件を確定させ、それを原稿としてビジュアルデザインやHTML・CSS制作を行う工程に入る。

表 3.5 ● 画面プロトタイプと画面設計書の定義

名称	説明
画面プロトタイプ	検証することが前提となる画面イメージ、細部まで作られていなくてもよい
画面設計書	制作することが前提となる画面イメージ、コンテンツの文章やナビゲーション名称など、画面細部の要件がほぼ固まっている必要がある

3.4.2 画面プロトタイプ作成の目的

樽本徹也氏の『ユーザビリティエンジニアリング』(オーム社、2005) で指摘されているとおり、プロトタイプは「試作品」ではなく「試用品」であると言える。プロトタイプを早い段階から作成するのはサイトの作り方を検証するためではなく、サイトの使われ方を検証するためである。「サイトがユーザにどう使われるの

か(使われないのか)」「サイトをどう変えたらユーザの使い方はどう変化するのか」といったことが把握できれば、サイトのあるべき姿が次第に見えるようになってくる。

ウェブビジネスの成功は、サイトの強みとユーザニーズをいかに合致させるかにかかっている。そのためには、考えているアイディア、コンセプト、コンテンツ、ナビゲーションといったあらゆるものがユーザニーズに合致しているかどうかを確認し、適宜修正していく作業が重要であり、プロトタイプはそのために存在すると言える。

そのほかにプロトタイプを作成する理由として以下のものがある。

- ユーザの視点からの検証ができ、サイト目的の実現可能性を高めることができる
- ユーザニーズや要件を収集できる
- 早い段階でテストができる
- 簡単に作成・修正できる
- 新しい技術やインタフェース、機能を評価することができる
- より質の高いデザインができる

3.4.3 画面プロトタイプ作成ツール

画面プロトタイプを作成する際のツールは、「電子メディア」か「紙」の2つに分かれる。電子メディアを使う場合には、アドビシステムズ社のPhotoshopやIllustrator、あるいはマイクロソフト社のPowerPointなどが使われる場合が多い。ちなみに筆者の場合、修正のしやすさやユーザビリティテストに使う画面の画像化の手間、また関係者のファイル閲覧の利便性を考慮してPowerPointを使うことが多い。

紙でプロトタイプを作成する場合、A4サイズの白紙に鉛筆で手書きしていく。紙を使う場合、各種ソフトに習熟していない人でも手軽に画面プロトタイプが作成できるのが大きな特徴である。もちろん紙であっても、ユーザビリティテストは可能である。ただし、紙ゆえに可読性の問題やスクロールの問題については、テストにおいて発見しづらい傾向がある。

紙で画面プロトタイプを作成する手法は特に「ペーパープロトタイプ」あるい

は「ペーパープロトタイピング手法」と呼ばれ、多くのノウハウがウェブサイト上などで紹介されている。

　画面プロトタイプ作成には、HTML作成を目的としたオーサリングツールを使用することもできる。しかし、そのようなオーサリングツールを使用する場合、細かなレイアウト変更やサイズ調整にHTMLの修正が発生してしまうことで、コーディングに執着してしまう傾向が高まり、すばやく作るという画面プロトタイプ本来の意義を損ねてしまう場合が多い。もしオーサリングツールを使って画面プロトタイプを作成する場合には、この点十分に注意する必要がある。

　画面プロトタイプ作成にあたっては、どのツールを使用するべきか決まりはなく、慣れているものを選択するのが最適なのは間違いない。

3.4.4　画面プロトタイプ作成担当者

　画面プロトタイプはあくまでウェブサイト画面の構成要素を定義したものであり、その作成にあたっては**デザインやコーディング技術**といった**専門的なスキルは必要としない**。むしろ、画面プロトタイプはユーザシナリオに沿って作ることから、作成担当者にはユーザニーズへの深い理解、人間の認知特性、ウェブユーザの行動特性といった知識のほうが求められるだろう。

　サイトで提供するコンテンツやサービスに精通していることも必要だが、ビジネス寄りの発想が強すぎるとユーザニーズを無視して売り込みが激しい画面になってしまったり、既存の制約にとらわれて自由な発想が奪われてしまったりしがちである。そのため、常に冷静にユーザを見つめながらプロトタイプ作成を行うことが求められる。

　建築の世界で言えば、建物を設計する担当者はデザイナーでも施工担当でもなく、「設計士」という確固たる職種の人間である。しかしウェブサイトの世界では、「設計」という作業を省略して、すぐにデザイン、コーディングというステップに入りがちである。画面プロトタイプ作成に代表される一連のウェブサイト構成要素の定義は建築の世界における「設計士」の役割であり、ビジネス側、ユーザ側の意向をくみ取りつつ、両者にとっての最適解を模索し、それを形として実現する人が担当者として適任である。

　ただし、実際問題、これらの視点を1人が備えていることは少ない。ユーザ視

点を代表する人がリーダーとなりながらも、デザイナー、コーダー、コンテンツライターといった複数の立場の人が一緒に議論を重ねながら画面プロトタイプを作成するほうが効率的である。

　先ほどプロトタイプ作成では、デザインやHTMLといった技術要素の知識はあまり必要とされないと書いたが、もちろんあることに越したことはない。たとえば、ホテルのウェブサイトなどは、ユーザを宿泊予約などに導く上で、ビジュアルデザインの印象が非常に重要になる。そのため、プロトタイプ作成の早い段階からデザイナーの視点も取り入れて、プロトタイプにおけるレイアウトや写真の見せ方などを議論するとより質の高いものができあがる。

　画面プロトタイプは「作っては壊す」作業を繰り返せるがゆえに、設計担当者のみならず、デザイナーやHTMLコーダー、技術担当者などあらゆる関係者を巻き込みながら作っていくとよいだろう。

3.4.5　画面プロトタイプ作成範囲

　画面プロトタイプ作成を考える際、「全画面のプロトタイプを作成する時間的余裕はとてもない」と思われるかもしれない。画面プロトタイプはユーザ視点からサイトの戦略や画面案を検証するために作成する。そのため、そのときに何を検証したいかによって作成する画面の分量やレベルは異なってくる。検証作業に必要のない部分は作成しないか、作成レベルを大胆に下げてしまっても問題はなく、プロトタイプ作成にかかるコストを圧縮することも可能だ。

　ユーザ中心設計手法ではユーザシナリオをベースに優先度の高い画面からプロトタイプを作成し、ある程度作成できたタイミングでユーザビリティテストによる検証をかけていく。ユーザをサイトのゴールへと誘導するシナリオの中で重要な画面、たとえばECサイトであれば、商品検索→商品一覧→商品詳細→買い物カゴ→ログイン→購入手続き、といった一連の流れに沿う画面をプロトタイプで作成すればよい。この流れの中でも、特に商品詳細ページに掲載する「口コミ評価情報」がユーザの背中を押す重要なコンテンツだとシナリオの中で定義しているのであれば、その画面からプロトタイプを作成することもできるだろう。こうして**重要な画面から優先的にプロトタイプを作成することで、重要な画面は何度も検証をかけられるようになり、その画面や画面の裏に潜むサイト戦略の精度が向上**

するチャンスが得られるのである。

　具体的にどの段階でどのようなプロトタイプを作成すればよいのかは、各ステップにおける具体的なプロトタイプ作成手順として、第2部で解説していく。

3.4.6 画面プロトタイプとビジュアルデザインの関係

　PowerPointやPhotoshopで画面プロトタイプを作成する場合、プロトタイプに対してはできる限りビジュアルデザインの要素を盛り込まないほうが、よりユーザのニーズや誘導シナリオにフォーカスした議論が行える。これは紙で画面プロトタイプを作成する場合も同様だ。ビジュアルデザインを作成してしまうと、議論の中心が色やアイコンなど、サイトの中身とは違う箇所に集中してしまうためである。

　画面プロトタイプを作成する初期の段階では、できる限り色や形を盛り込まずにページの骨格部分（ワイヤーフレームと呼ばれる）を中心に情報の構造、レイアウト、ナビゲーションコンテンツなどの各要素を設計していく。

　ただし、例外もある。たとえば結婚式場のウェブサイトなどのように、式場の様子を紹介する写真のビジュアルがそのままユーザニーズに直結する場合には、早い段階から写真を用意し、プロトタイプを作成していく。ここでの写真はビジュアル要素ではなく、それ自体がコンテンツとなるからである。

　画面プロトタイプ作成段階では、ユーザニーズやユーザ誘導シナリオといったサイト戦略に集中するためにも、単純な文字や線で構成された画面プロトタイプを作成し、ビジュアルデザインはできる限りサイト制作プロジェクトの後段に実施したほうがよいだろう。最初のうちにシンプルな画面プロトタイプでユーザニーズや心理を把握しておけば、「ユーザがどんなデザイン、印象を望んでいるのか」も明確になっており、デザイン作業が実施しやすくなる。

3.5 アクセスログ解析

3.5.1 アクセスログとは

　アクセスログとは、ウェブサーバの動作を記録したデータのことである。ウェブサーバは、ユーザがサイトにアクセスするたびに動作するため、ウェブサーバの動作記録とはユーザのアクセス記録とみなすことができる。

　アクセスログはもともと、サーバ管理者がアクセス負荷やエラーの状況を監視するためのものであったが、近年ではユーザのサイト上での行動履歴として、ウェブサイトの効果検証に活用されるようになってきた。

　ウェブサーバの種類によってアクセスログに記録される内容は異なるが、一般的には、アクセス元のIPアドレス、アクセス元のドメイン名、アクセスされた日付と時刻、アクセスされたファイル名、リンク元のページのURL、訪問者のWebブラウザ名やOS名、処理にかかった時間、サービス状態コードなどが記録されている。

　ウェブサーバの1回の動作、つまりユーザがウェブサーバに1回アクセスするごとに、これらの項目を列挙した1行のログデータが生成される。このためアクセスの多いサーバでは大量のアクセスログが生成されることになる。この状態のアクセスログのことを「生ログ」と呼ぶこともある。

```
・219.35.150.** - - [10/Apr/2005:00:02:32 +0900] "GET /zml/common.css HTTP/1.1" 200 7134
"http://www.bebit.co.jp/" "Mozilla/4.0 (compatible; MSIE 6.0; Windows NT 5.0; .NET CLR 1.1.4322)"
```

ウェブサーバが記録している一般的なデータ

- アクセス元のIPアドレス
- アクセス元のドメイン名
- アクセスされた日付と時刻
- アクセスされたファイル名
- リンク元ページのURL（検索キーワードを含む）
- 訪問者の使用Webブラウザ名
- 訪問者の使用OS名
- 処理にかかった時間
- 受信バイト数
- 送信バイト数
- サービス状態コードなど

図3.14 ● アクセスログ（例）

通常、アクセスログをそのままの状態、つまり「生ログ」の状態で目にすることはなく、アクセスログ解析ソフトなどで項目ごとに集計したものを利用する。アクセスログを集計することにより、たとえば1ヶ月の間にユーザに要求されたページの数（ページビュー数）や、アクセスしたと考えられるユーザの数（アクセス数）などが類推でき、サイトの現状把握や効果検証に役立てることができる。

本来はサーバ管理者の管理ツールであったはずのこのアクセスログだが、その一方で**サイトを訪れたユーザ全員が唯一残してくれる貴重な足跡データ**でもある。そして、このデータを集計、解析することで**サイトにアクセスしたユーザ全員の行動結果をあらゆる観点から把握できる**という利点を持つ。ウェブサイトの重要性が増すにつれ、その価値と威力が見直されてきており、ウェブサイト運営の効果検証ツールとして、また企業によっては顧客の動向をつかむ非常に貴重なマーケティングデータとして活用されている。

アクセスログを集計する「アクセスログ解析ソフト」もさまざまな種類のものが開発・販売され、さらにGoogle Analyticsのようにある程度の機能を持った解析ソフトが無料配布されるなど、アクセスログ解析は日々進化していると言える。

仮説検証を重んじるユーザ中心設計においても、アクセスログ解析はユーザビリティテストに並んで非常に重要な検証ツールである。アクセスログ解析は、サイトの効果検証のみならず、ユーザニーズの類推、インタフェース上の問題仮説の導出など、さまざまな発見をもたらしてくれる。

アクセスログ解析は、ユーザビリティテストとは本質的な意味や内容の解釈の仕方、検証可能な頻度も異なり、お互いを相互補完する関係にある。サイト戦略立案や画面の設計時には、主にユーザビリティテストを活用してサイトの土台を作り上げ、サイトリリース後に当初想定した仮説が機能しているかどうかをアクセスログ解析を使って検証するのが効率的である。

いずれにしても、双方をサイト運営のPDCAサイクルにうまく取り入れることで、ウェブサイトやネットビジネスの成功をより確実なものにしてもらいたい。

3.5.2 アクセスログ解析項目

アクセスログを専用ソフトで集計・解析すると、以下に挙げた項目に関する詳細データを入手できる。

表 3.6 ● アクセスログ解析項目

アクセスログ解析項目	説明
ページビュー	ページが表示された回数 ページビューは、ユーザがページを表示した回数を指す。サイトやサイト内のコンテンツの視聴率や人気度を表す尺度として最も使われている重要指標である。ただし、ページビューには「人気がある」という側面以外にも、「迷ったために表示してしまった」「そのページを経由しないと目的のページにたどり着けなかった」など必ずしもページ人気度と比例しない側面もあるため、サイト構造を踏まえて数値を慎重に見る必要がある
訪問者数（アクセス数）	サイトの延べ訪問者数を表す 数値の算出の仕方はアクセスログ解析ソフトによって異なるが、いずれもある期間における延べ訪問者数を意味する。たとえば、ある Web サイト内で 3 ページ閲覧し、ほかのサイトに 1 ページジャンプし、再度元のサイトに戻ってきた場合、1 人のユーザによる連続した行動ではあっても、そのセッションは当該 Web サイトにおいて 2 つに分かれているとされ、訪問者数（アクセス数）2 となる
ユニークユーザ数	サイトに訪問した真のユーザの数を表す ページビュー同様にサイトの人気を測る尺度として使われる。訪問者数では、1 人のユーザが 2 回サイトに訪問したら「2 人」になるが、ユニークユーザ数という指標では、これらアクセスの重複を除き「1 人」として数える。ただし、ユニークユーザ数を把握するには Cookie などの仕組みが必要であるため、訪問者数で代用する傾向がある
リファラー（参照元）	自社サイト／ページに訪れる前にいたサイト（ページ）がわかる どのサイト（ページ）経由で自分のサイトに訪れたかを表す。たとえば、どのサイトに出稿した広告から自分のサイトに訪れたかを調べるには、このリファラーを参照してネット広告の効果測定を行うことになる。また、上位の参照元サイトの性格を調べることで、自分のサイトがどんなタイプのユーザに関心を持たれているかを推測することも可能
検索キーワード	検索に使われた用語で訪問理由を推測 リファラーから得られる指標のひとつで、検索サイトでどういうキーワードを使ってサイトに訪れたかが把握できる。検索キーワードを知る利点は、サイトを訪れたきっかけや目的を推測できることである

アクセスログ解析項目	説明
平均滞在時間	**ユーザがサイト（ページ）に留まった時間** 訪問したサイト（ページ）にユーザが滞在していた時間を表す。通常1ユーザあたりの平均滞在時間として表される。滞在時間は、サイトの見せ方やナビテーションの問題点を探し出すきっかけになる。ただし、何分（何秒）を基準とするのか曖昧である上に、ページを開いたままパソコンから離れてしまった場合に、非常に長い滞在時間を記録してしまうという限界がある
平均到達時間	**ユーザがページに到達するまでの時間** ユーザがサイトにアクセスしてから特定のページに到達するまでの時間の平均。通常1ユーザあたりの平均到達時間として表される。到達時間は、サイトの構造やナビゲーション、またそのページへのニーズの強さを見る上で参考になる。ただし、「平均滞在時間」同様、ページを開いたまま別の用事を済まし、またパソコンに戻って操作した場合など、平均滞在時間が極端に長くなるケースもあるため、あくまで参考値として確認する
経路分析 （クリックストリーム）	**サイト内のユーザの動きを明らかにする** 「ページ経路」とも「ページ遷移」とも呼ぶ。ユーザがサイト内のページをどういう順番で巡回したかがわかる。意図したとおりの経路でユーザが動いているかチェックし、経路を外れたユーザが多ければその部分のページに問題があるのではないかと仮説を立てることができる
入口ページ／出口ページ	**サイトで最初に閲覧したページと最後に閲覧したページ** 「入口ページ」とは、サイト（同一ドメイン）内でユーザが最初に閲覧したページであり、また「出口ページ」とは、ユーザがサイトから去る直前に閲覧していたページである。入口ページはサイト内行動の開始点を現すため、ユーザの最初の動機付けや誘導がうまくいっているかどうかを検証できる。出口ページは、そのページを機にサイト閲覧を断念した可能性が考えられるページであり、ユーザシナリオの成功度合いを検証できる
直帰率	**入口ページだけを見てそのままサイトから去った割合** 直帰率とは、入口ページだけを見てすぐにサイトから離れてしまった割合になる。入口ページとして上位にランクしているページは、ユーザを誘導しサイト目的につなげていく意味で非常に重要なページである。もし直帰率が高い場合は早急な見直しが必要と考えられる
ユーザエージェント	**使用ブラウザやOSの種類がわかる** サイトにアクセスしたユーザが使っているウェブブラウザやOSの種類、バージョンがわかる。ウェブサイトを構築する上で重要な指標である。たとえば、Internet Explorer（IE）とNetscape Navigator（NN）ではページの表示の仕方が異なるため、IEの最新バージョンだけを対象にしたのでは、ページを表示できないユーザが出てくる。OSについても同様で、Windowsで表示できるページがMacでは正確に表示されないことがある。このため、ユーザのアクセス環境を知ることも重要になる

「ページビュー」という指標を使う場合、「Aサイトは月間100万ページビューです」といった表現になる。この場合、Aサイトは1ヶ月の間に100万回ページが誰かによって閲覧されたということである。しかし、この「100万ページビュー」という数値そのものにはほとんど意味はない。

これらの数値は数値だけで何かを語るものではなく、ユーザがどんな心理で、どのようにサイトを使うのか、あらかじめ仮説を立て、その仮説のもとでアクセスログの数値を相対的に見ることによって初めて意味を持ち始める。

3.5.3 アクセスログ解析による検証

ユーザがサイトをどのように使い、どのような感想を持っているのかを知るためには、ユーザから寄せられるサイトに対する意見や要望が参考になる。だが、これは一部の積極的なユーザの意見でしかなく、実際には「サイレントマジョリティ」と呼ばれる沈黙のユーザが多数存在する。アクセスログは、この**沈黙する大多数のユーザを含めた全ユーザが、どこから来て、何を見ていったか**といったサイト内での行動情報を提供してくれる。

アクセスログを正しく解析すれば、ユーザの「アクセスのボリューム」と「行動履歴・行動パターン」を事実として把握できるのである。

このデータを以下のものと照らし合わせたり数値を比較すれば、さまざまな項目を検証できるようになる。

アクセスログ解析結果を分析するために必要な要素
- 最初に設定した目標数値
- 行動仮説
- 過去のログ解析結果
- ほかのページのログ解析結果など

また、検証可能な項目として主に以下のものがある。

1. サイトに対するアクセスの全体傾向から課題や問題点
2. 効果的な集客が実現できているか

> 購入や申し込みに対する広告の費用対効果
> SEO対策（検索エンジン上位表示対策）の効果
> 3. ユーザは目的を達成できているか
> 4. 仮説どおりの導線が機能しているか
> 5. ユーザの関心のありか、ユーザニーズ

　これらの項目からサイトの問題点やユーザニーズの推測することができる。しかしこれはあくまで推測、つまり仮説にすぎないことを理解することが重要である。

　1.と2.と5.は、ページビュー数や訪問者数といったボリュームに関するデータを主に活用しながら分析を行う。アクセス自体の増減や、各種ページの中でのアクセスの集中度合いなどを相対的に分析していくことで、課題の抽出や顧客が何に関心を持っているかといったことを把握できる。

　3.と4.については、ユーザの閲覧行動の変化をアクセスログで読み取りながら検証していくことが可能である。「カテゴリーのトップページだけを見て詳細ページを見ずにサイトを去ったユーザが多い」など、仮説に従いながらユーザの行動パターンをログで見ることで検証することができる。

　このようにアクセスログ解析では、ユーザの「ボリューム」や「行動履歴・行動パターン」という事実からさまざまなユーザの行動仮説を浮かび上がらせることができるが、ユーザがなぜそう行動したのか、その「行動理由」を把握することまではできない。

　アクセスログ解析からわかることはあくまで仮説でしかないため、ユーザビリティテスト、アンケート、インタビューなど、ほかの手法でログから読み取ったユーザ行動の原因を検証する必要がある。「ユーザの行動理由」を突き止めるには、ユーザビリティテストを行うのが最も効果的である。

　もちろん、アクセスログ解析からユーザがその行動を取る原因を想定することは可能ではあるが、常に運営側が想像できる範囲内での分析に終始してしまう。

　筆者らが行った数千回のユーザビリティテストで明らかなことは、得てして事前に想定していた「行動理由」と実際のユーザの行動理由は違うということである。つまり、**アクセスログだけでユーザ行動の原因まで特定してしまうのは危険**と言わざるを得ない。

3.5.4 アクセスログの本質と限界

アクセスログ解析はアクセスしたユーザ全員の実際の行動履歴であるため、ユーザのリアルな行動を知る上での大きな手がかりとなることは確かである。しかしその一方で、解析した結果の数値はあくまであるロジックに従って算出したものであり、**100％正しくユーザ行動を反映しているとは言いがたいという限界**も持っている。

たとえば、一般的なアクセスログは厳密に一個人の動きを特定できるものではないため、「一個人の動きである」と見立てるために、解析の段階であらゆる見切りをつけている。具体的には、アクセス数の算出では1人の連続したサイト閲覧行動は30分であると定義しているアクセスログ解析ソフトが多い。この場合、一個人が30分を超えてサイトを閲覧していたとしても、30分を越えた時点から「もう1人」としてカウントされてしまう。つまり、実際には1人がサイト閲覧をしていたとしても、アクセスログ解析上は2人になってしまうのである。その証拠に同じ生ログを複数の解析ソフトで解析すると、算出された数値にかなりのばらつきが出る。

本田技研工業では、アクセスログ解析をウェブ立ち上げ当初から導入し、効果検証ツールとして日々活用することで、ウェブサイトの自社メディア化に成功している。本田技研工業のウェブマスターは、「アクセスログはテレビの視聴率同様、それほど正確な数値ではないが、アクセスした人全員が残しているという点において極めて価値がある」、「ログの数値は絶対値では解釈してはいけない。あくまで相対的に解釈しないと真実を見誤る」と経験に基づいた鋭い見解を示している。

このように、アクセスログ解析には完璧ではないという限界があるにもかかわらず、最終的に数字となって現れるために数値がその妥当性を問われずに一人歩きする傾向がある。大きな誤解を招いたり、誤った目標・指標でサイト運営を行ったり、はたまたログ解析結果をもとにサイトを改善したはずが、改悪になっていたなど、多くの問題を引き起こす可能性も秘めている。

そうならないためには、アクセスログの本質と限界を理解した活用が大前提となる。以下にポイントをまとめる。

「戻る」ボタンの非カウント

　ユーザが、ブラウザの「戻る」ボタンや「戻る」ボタンの横の「履歴」を使ってサイトを移動した場合、この動作は一般的なウェブサーバのアクセスログには記録されない。ただし、タグ埋め込み型などのアクセスログ解析を導入している場合には、「戻る」ボタンの動作もログに残すことができる。

　ウェブユーザは操作の3～4割を、この「戻る」ボタンに頼っている。**ブラウザの「戻る」ボタンはユーザがインターネットを利用する上で最もよく使うナビゲーション**であると言われている所以である。しかしアクセスログの数値にこの動きが反映されないとすると、アクセスログ解析でわかるユーザ行動は本来の半分程度かもしれない。

　いずれにしても、ウェブサーバが持つアクセスログ情報は、この「戻る」ボタンの例だけでも、ユーザの行動を知るという意味では完璧な数字ではないことが明らかだろう。

解析ロジックの混在

　アクセスログはアクセスログ解析ソフトによって生ログを集計するロジックが大きく異なるため、どの数値を正とするか判断するのは難しい。まったく同じサイトのログを複数のアクセスログ解析ソフトで解析した実験が「第4回　アクセス解析カンファレンス」で行われたが、その結果、傾向はほぼ同じように出るが、絶対値にはかなりのブレがあるという結果が報告された。

> **参考**　「10社の製品による同一サイトのアクセス解析結果」表（インプレス、INTERNET watch）
> http://internet.watch.impress.co.jp/cda/event/2005/11/28/10000.html

　これは前述したとおり、アクセスログ解析ソフトにより「どこまでを1ファイルと読むか」「何分間が1セッション（同じ人が行う一連のアクセス。入口ページから出口ページまで同一のIPアドレスであることが前提）として妥当か」といった解析ロジックが異なるために起こる。最近では、タグ埋め込み型などより精度の高いアクセスログ解析ソフトがあるが、それでも完璧な数値であるかどうかの検証は難しい。

　このことからも、**アクセスログは唯一絶対の数値というわけではないことを理解**

しておく必要がある。

意味の薄い絶対値

　アクセスログ解析で得られた数値の絶対値は、それ自体が意味を持つものではない。各サイトそれぞれに違う特色を持っている上に、数値は相対的に見ることで初めて意味を持つためである。「1日100ページビュー」という数値に対して、それ単体ではその数値が多いのか、少ないのかを議論することはできないが、「過去1ヶ月は1日平均50ページビュー」という比較できる数値があれば、相対的に多いと言えるのである。

　そのため、「一般的に何ページビューだと妥当か？」といった議論はできない。それぞれのサイトで計測されたあらゆる数値を相対的に見てアクセスログを解釈する必要があるだろう。

　アクセスログ解析の本質である数値の算出根拠を理解すれば、絶対値ではなく**数値を相対的に活用することにこそ、データの利用価値がある**ことが納得できるはずである。

動的ページは解析困難

　動的に生成されるページや、パラメータにより複数のURLを持つページの場合、ログが生成されない、数値が分散する、などといった問題が発生し、有効な数値が読み取れないことが発生する。またJavaScriptを用いた処理は、ユーザが使うマシン、つまりクライアント側だけで実行されるため、一般的なウェブサーバが蓄積するアクセスログには反映されない。

　サイト上にある製品の色違いを紹介したコンテンツがあるとして、たとえば、赤と青、どちらの色が人気なのかをアクセスログ解析ソフトで取得しようとしても、色の切り替えをJavaScriptで行っている場合には解析対象にならないのである。

　動的ページに関しては、解析が可能なようにサイトを作り込むか、動的ページでもアクセスログが取得できるようアクセスログ解析ソフトを導入するなどの対応が必要となる。

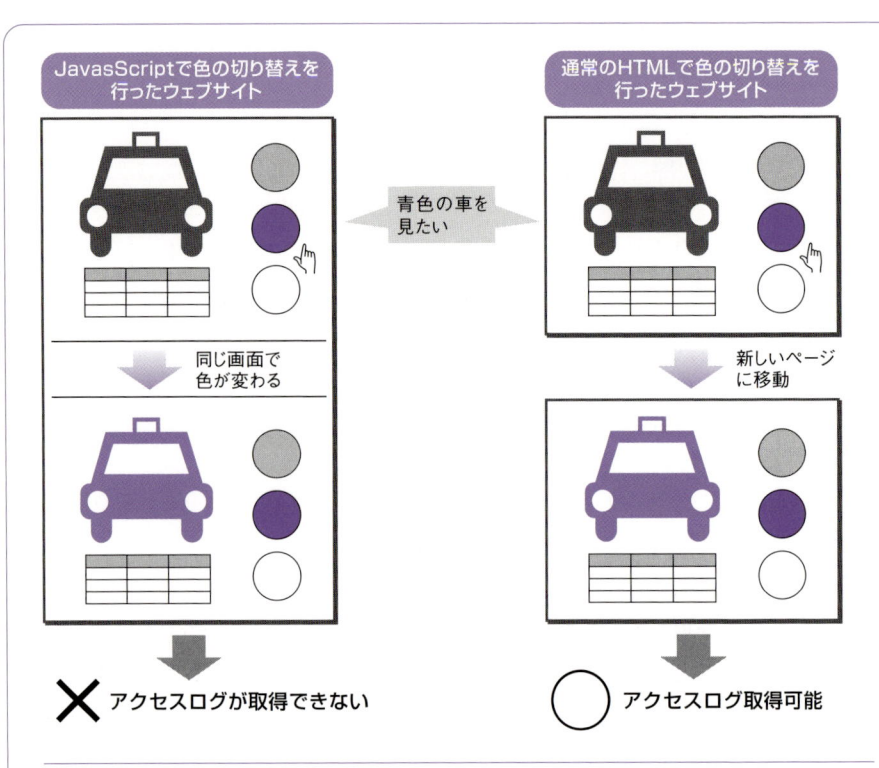

図3.15 ● サーバ蓄積型のアクセスログ解析に対応できないウェブサイトの例
JavaScriptを使用したウェブサイト（左）と使用していないウェブサイト（右）

■ サイト構造の最適化が必須

アクセスログ解析の数値を意味あるものとするためには、**アクセスログが意味するものとユーザ行動を一意に対応させる**とよいだろう。

つまり、アクセスログが読みやすいサイト構造にするのである。サイト構造が最適でない場合には、いかにアクセスログを細かく取ろうとも、それを価値あるデータとして生かすことができない。

たとえば、あるページへのアクセスが集中していたとしても、そのページへのリンクが曖昧な場合や、そのページに複数のコンテンツが掲載されている場合、どの部分が見たくてユーザがアクセスしたのかはわからない。

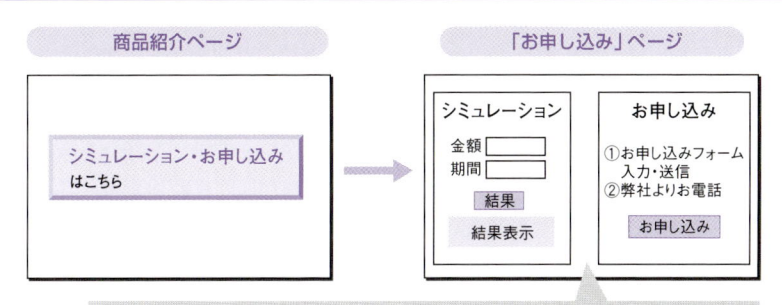

```
商品紹介ページ                          「お申し込み」ページ

┌─────────────────────┐        ┌─────────────────────────────┐
│                     │        │  シミュレーション    お申し込み  │
│  ┌───────────────┐  │        │   金額 [    ]   ①お申し込みフォーム│
│  │シミュレーション・お申し込み│  │   ───→ │   期間 [    ]       入力・送信    │
│  │はこちら         │  │        │    [結果]       ②弊社よりお電話  │
│  └───────────────┘  │        │    結果表示       [お申し込み]   │
│                     │        │                             │
└─────────────────────┘        └─────────────────────────────┘
```

アクセスログを見ると、「お申し込み」ページにアクセスが集中している。しかし、「お申し込み」ページへのリンクボタンには、「シミュレーション・お申し込みはこちら」と表記されているため、ユーザの大半は「シミュレーション」を目的にしている可能性が考えられる

⇨ ページ構造、リンク文言が一意でないと
  アクセス解析の結果の意味が読み取れない

図 3.16 ● アクセスログ解析に適さないサイト構造例

ただし、特殊な施策が必要なのではない。1ページ＝1コンテンツにする、リンクタイトルから正しくリンク先のページが予想できるようにするといった極めて基本的な要件を満たすだけでよい。これから説明するユーザ中心設計手法を用いたサイト設計を行えば、いずれも自然とクリアされる。

ロボット検索なども混在

アクセスログの数値の中には、ユーザのアクセスのみならず、ロボット検索が巡回した記録なども残されている。ロボット検索を行うプログラムはサイト内のリンクをたどりながらランダムに巡回するため、ユーザの動きとは大きく異なる動きを取る。ユーザの行動履歴といっても、実際にはユーザではないアクセスの記録も残されていることを事前に理解しておく必要がある。

多くのサイトの場合、これらロボット検索のアクセス記録はユーザのアクセスよりもはるかに小さな数値でしかなく、神経質になる必要はないと考えられる。もしロボットの巡回頻度が高い場合など無視できない数値になっている場合には、ロボット検索のアクセスは除外するなどの対応が必要である。

数値の裏に隠された理由は不明

アクセスログ解析の結果、把握された数値が予想と異なる理由や、ほかのペー

ジと比べて多い（あるいは少ない）などの理由はアクセスログ解析からはわからない。なぜユーザがそのような行動を取ったのかは、ユーザビリティテストなどで実際に検証してみて初めてわかるものであり、アクセスログ解析の数値だけで仮説を立ててサイトを修正すると真実を見誤る危険がある。

アクセスログ解析は「ユーザがどう行動したか」という情報の確認に向いており、ユーザビリティテストは「ユーザはなぜそう行動したのか」という行動の理由や動機を検証するのに適している。お互い相互補完の関係にあるため、適宜双方繰り返しながらウェブサイトを検証していくのがベストである。

ページビューの多面性

ユーザニーズをアクセスログから見ようとする場合、ページビュー数が最も強力な数値となり得るが、「ユーザが見たい内容のため多く表示された」「ユーザは見たくないのに迷ってしまって表示された」「ニーズはまったくないが中継ページとして表示された」など、**数値にはいくつもの顔がある**。そのため、あらかじめ仮説を持っていないと数値を解釈することは難しい。

このようにページビューの数値を正しく解釈するためには、サイト構造を踏まえて事前に仮説を持ってアクセスログ解析を行う必要がある。同時に、ユーザビリティテストなどの手法も使いながらユーザの行動理由を把握するとよい。

信頼の低い訪問者数

訪問者数やアクセス数と呼ばれる項目は、ユーザセッションによって集計しているソフトが多い（ユーザを Cookie などで一意に特定しているサイトを除く）。

前述のとおり、訪問時間の区切りが「30分」と定義されているアクセスログ解析ソフトの場合、1つのサイトに30分以上滞在した場合は、その時点から2人とカウントされる可能性がある。

このように、訪問者数はページビューなどに比べると数値が意味するものが極めて曖昧であると言われている。

以上のようにアクセスログ解析には完全性を妨げるあらゆる限界があるが、それでもなお有効なのは、それがアクセスしたユーザ全員の行動履歴であるという点である。多少不完全な数値であっても、アクセスユーザ全員が母数となってい

るため、全体的な傾向を見るには十分な信頼性を備えているのである。このようなアクセスログの本質と限界を事前に理解した上で解析結果を見ることで、サイトの現状を正しく把握できるようになる。

3.5.5 アクセスログ解析の前提条件

　アクセスログ解析を意味あるものとするためには、事前にいくつかクリアしておかなければならない条件がある。アクセスログはただ解析すれば何かがわかるような魔法のツールではない。この点に配慮せずに、アクセスログ解析を導入するケースは意外に多く、せっかく導入しても「そもそもログが読み取れない」「ログの意味するところが曖昧で役立てようがない」といった問題を引き起こしてしまう。

　以下、アクセスログ解析を意味あるデータとするために必要な前提条件をまとめる。

■ 曖昧さのないサイト構造

　アクセスログは、主にページ単位で解析されるため、実際のページの内容や、ほかのページ群との位置付けが明快であればあるほど、解析された数値の意味もわかりやすくなる。そのためには、曖昧さのないページ構成、サイト構造が必要となる。ログ解析を意味あるものとしてサイトの運営プロセスに組み込むためには、このログ解析ができるサイト作りが鍵となる。しかし特殊な施策が必要なわけではない。

　筆者らの経験では、**ログ情報が読み取りやすいサイトとは、ユーザにとってわかりやすいサイト**である。具体的には、シンプルで明快なサイト構造、わかりやすいナビゲーション、1ページ1トピック、ドメインの統一、といった基本を守るだけでもログはずいぶん読み取りやすくなる。

　また、ディレクトリ単位でアクセスを比較する場合も多いため、ディレクトリは意味のある単位にしておく必要がある。たとえば、「A商品」に関する紹介ページに、「商品の特徴」「価格」「お客さまの声」の3つの情報があった場合、「A商品」というディレクトリに、下位階層の3つの情報を格納してディレクトリを作るようにすると、「A商品に関する情報全体に対するアクセス」をログから簡単に

見ることができるようになる。これが、それぞれ別のディレクトリに格納されていると、同じ情報を知りたい場合にログが極めて読み取りにくい。

✚ わかりやすいURL

　アクセスログ解析ソフトの中には、解析結果画面でURLをそのまま表示するタイプのものも少なくない。

　このURLをぱっと見て該当するページが簡単にわかるかどうかは、案外重要なポイントである。URLがわかりにくいとログを読み解くのに時間がかかり、そのURLが何であるかを特定するための作業が別途発生してしまう。

　アクセスログ解析を本格的に行っている企業は**URL命名基準をしっかり持ち、ログを読み取りやすくする工夫**をしている。前述した本田技研工業はアクセスログ解析結果を宣伝やマーケティングにまで活用している先進的な取り組みをしている企業だが、きちんとした命名基準を持っている。

　URLをわかりやすくすることは、アクセスログ解析以外にも良い効果をもたらす。メールにURLを貼り付けるときや、各種パンフレットにURLを記載する場合などにも気をつけるようにしたい。

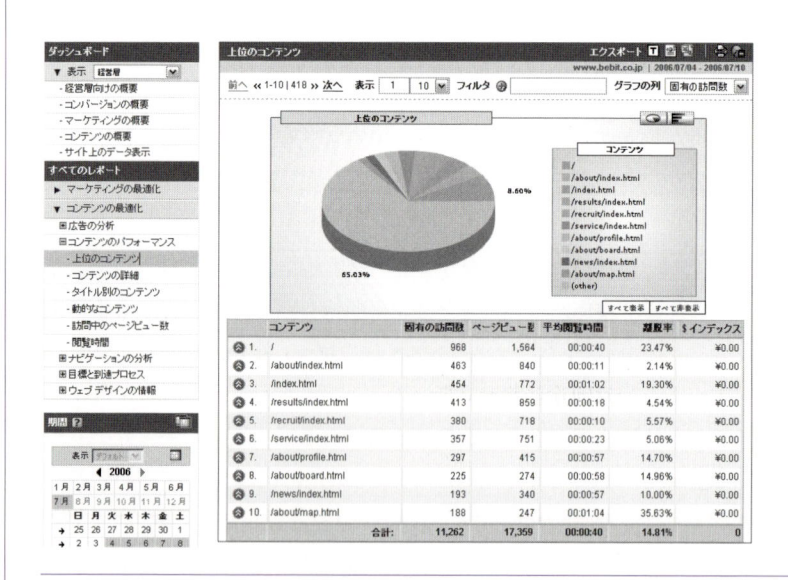

図3.17 ● Google Analyticsの解析結果画面

■ 事前の仮説

　サイトの効果をアクセスログ解析で見るためには、ユーザの物理的・心理的状況やユーザニーズ、サイト内およびサイトに来る前後での動きを予想し、仮説を立てておく必要がある。**ただ数値を漫然と眺めていても数値は何も語ってはくれない。数値は事前の仮説があって初めて意味を持つ。**

　仮説として、たとえば「サービスお申し込みフォームに入力して、送信し、表示されたサンキューページを確認して、ほかのサイトに行く」といったわかりやすいものでもよい。このような仮説があれば、フォームのページビューとサンキューページのページビュー、またサンキューページの次にアクセスしたページや出口ページとなった割合など、確認すべきアクセスログが明らかとなる。

　ユーザの行動仮説と照らし合わせて、ボトルネックになっているような箇所がある場合、その理由を考察して問題点を挙げ、必要に応じてユーザビリティテストなどで原因調査をし、サイトを改善してまた数値を見ることで、サイト運営の仮説検証サイクル（PDCAサイクル）が回せるのである。

■ 数値の履歴

　初めてウェブサイトにアクセスログ解析を導入する場合に過去のアクセスログ履歴がないのは仕方ないが、すでにアクセスログ解析を行っているのであれば、過去の解析結果があることが前提となる。

　数値を「点」として眺めていても、その意味するところはなかなかわからない。そのため、1つの数値を見るのではなく、「過去の数値と比較」することで大いに示唆を得ることが重要である。

　本田技研工業では、アクセスログ解析ソフトを入れ替えた際に、新たに導入したソフトに過去のログをすべて読み込み直し、過去の数値を再度解析で使えるようにした。ログファイルはファイルサイズが非常に大きくなるため、どの程度の期間のログを保存おくかは別途議論が必要だが、少なくとも過去の履歴が現在のログ解析に大いに生かせる点は理解しておく必要がある。

3.5.6 アクセスログ解析のポイント

アクセスログを価値あるデータとしてサイトの運営、改善に生かしていくためには、ただ漫然と数値を眺めるのではなく、意識的に取り組まなければならないいくつかのポイントがある。

✚ 正しい解釈

アクセスログ解析は最終的に数値の取り扱いになるため、その数値の性質と限界を十分に踏まえた上で慎重に解釈をする必要がある。人間は数字を見せられるとそれだけで安心してしまう傾向があるが、数字は良いほうにも悪いほうにも受け取ることができる。このため、前提を理解していないと解釈を誤り、さらにそのまま運用・リニューアルを行うと改悪を招くことすらある。都合の良いようにいかようにも解釈できる分、正しい解釈を行う意識と前提知識が重要になる。

✚ 具体的改善に活用

すでに述べたように、数字はそれだけで人に安心感を与えてしまうため、アクセスログ解析を行うと、数字を見てただニヤニヤしているだけで終わってしまうことがある。数値を眺めているだけでは何も変わらない。アクセスログを読み解いて仮説に基づいた効果測定と評価を繰り返し、その結果をウェブサイトの具体的改善に結び付けてようやくアクセスログ解析の真価が発揮できる。

✚ 相対的に分析

アクセスログの各数値の意味を読み取るには、時系列の比較、類似ディレクトリとの比較、上位ページとの比較など、常にデータを相対的に見ることがポイントとなる。「今月は100万PV（ページビュー）でした」と言うよりも、「直近半年の毎月平均PVは50万PVだったのに今月は100万PVだった」となれば、今月何か動きがあったと見ることができ、さらに詳細な事実調査を行うことができる。

✚ 継続的な推移の把握

アクセスログ解析は継続的、定期的に実施し、同じ指標（PVなど）を蓄積していくことが重要である。アクセスログの各数値はトレンドを追ってこそ意味を持

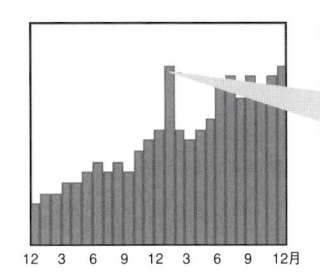

図 3.18 ● 月間総ページビュー数の推移を示したグラフ例

つため、単発でアクセスログを解析するよりも、定常的に実施してトレンドを追っていくと長期的なサイトの成功をもたらすアクセスログ解析が可能となる。

具体的な分析のコツは第 2 部で解説するが、アクセスログは絶対値ではなく相対値で見ることが重要であることを頭に入れておいてもらいたい。

3.5.7　アクセスログの活用

アクセスログ解析はその原理と本質を踏まえて活用することで、ユーザの動きがつぶさに把握できるマーケティングツールとしての真価を発揮する。その活用シーンはサイトの運用時のみならず、サイトリニューアル時におけるサイト戦略再検討、設計、構築時にも大いに活用できる。

■ サイトリニューアル時の活用

現行サイトが存在する場合には、サイトリニューアル時にアクセスログ解析が役立つ。特にリニューアルプロジェクトの中でも前半部分において、アクセスログ解析の結果から、現状のサイトの使われ方、ユーザニーズ、ユーザ像の見極め、現状の問題点などの仮説を立てることが可能である。

その仮説をもとに、さらにユーザビリティテストなどを行いながらリニューアルを行った後、再度リニューアル前と同じ指標をアクセスログ解析で確認することでリニューアル効果の検証を行うこともできる。

ただし、リニューアルプロジェクト時にアクセスログを活用する場合、アクセスログはあくまで現状をベースにした示唆しか得られないため、新たに作成して

いるサイト戦略や、コンテンツ案、画面プロトタイプについて検証するには、ユーザビリティテストを行う必要がある。ここからアクセスログ解析の活用範囲は限定されていると言うこともできる。だが、現状のユーザ像の把握や、把握したユーザ像からのニーズを類推したり、テストでは時間的に見ることができない詳細部分のユーザの動きをアクセスログにより確認・検証することは可能だ。これらの情報はリニューアルなどに役立てることができるだろう。

■ サイト運用時の活用

　サイト運用時には、毎週なり毎月なり一定の頻度を決めてアクセスログの数値を定期的に追っていくことなる。この作業からは、あらかじめ設定したサイト運営目標の検証やユーザ状況の変化の把握、広告などによる流入の検証などを行うことができる。

　毎月のアクセス状況を解析して、サイトの運営状況報告のみならず、顧客の関心を把握するツールとして経営陣へレポートを行っている企業も存在する。運用時におけるアクセスログ解析の応用範囲は広い。

　なお、アクセスログ解析の威力が最も発揮されるサイト運用時については、第2部第5章「サイトの効果検証」で解説している。詳細については、そちらを参照願いたい。

3.6 社内ヒアリング

社内ヒアリングとは、まさしく社内の担当者にヒアリングを行うことである。ユーザ中心設計手法において社内ヒアリングを行う際の目的は、「サイトのユーザを知る」ことである。

ユーザの実態を知る場合に「社内ヒアリングを行う」と聞くと、どこか唐突な印象があるかもしれない。実際に筆者らのプロジェクトの中でもクライアントに社内ヒアリングを提案すると、「なぜ社内なのか？ 直接ユーザに聞けばよいのでは？」といった質問を受ける。

しかし、**ユーザを知っているのは何もユーザ本人だけが対象ではない**。日々、サイトのユーザとなり得る人（たいていの場合は既存、または潜在顧客）と直に接している社内担当者に話を聞くことで、多くのことを知ることができるのである。

3.6.1 社内ヒアリングの目的と効果

社内ヒアリングの目的は、大きく分けて以下の2つがある。

- サイトのターゲットユーザの詳細を知ること
- サイトの強みに関する効果的なアピール方法やユーザの説得方法についての知見を得ること

サイトのターゲットユーザになり得るユーザと、社内のどこかの部署とがすでに直接の接点を持っているのであれば、社内ヒアリングを実施すべきである。たとえば、メーカーの製品サポートサイトの場合、「お客さま相談センター」や「故障受付コールセンター」の電話オペレータは、サイトの潜在ユーザと接点を持っていると考えられる。銀行のウェブサイトであれば、店舗の営業担当者がサイトのユーザとなり得る顧客と接点を持っているため、ヒアリングしてみる価値があるだろう。

このような社内担当者は、日々顧客に接しながらその特徴など分析を重ね、

「どうすればもっと売れるのか？」「どうすれば満足して頂けるのか？」といった対応方針を常に検討している。**ユーザに直接ヒアリングすることとの違いはこの分析的視点にある**。社内担当者は顧客を特徴ごとに分類し、体系化して捉えているため、その知恵を最初に借りることで、高い精度でターゲットユーザを想定できるのである。また、社内担当者ヒアリングは、実際のユーザヒアリングよりも準備コストが低く、実施しやすいという特徴もある。

まずはサイト戦略立案段階の早い時期に社内ヒアリングを行い、ターゲットユーザに関する参考情報を獲得し、そのあとに実際のユーザ候補者で検証していけばよい。このように社内リソースをフルに活用することで、ターゲットユーザが高い精度を持って設定できるという効果がある。

筆者らが関与した企業でも、「サイトに対する要望を社内にヒアリングしたことはあるが、ユーザを知るためのヒアリングは実施したことがない」というところが多く、活用可能なリソースに気がついていないことがうかがえる。しかし、本社の広報部やマーケティング部だけでサイトのユーザをターゲティングしたり、サイトにおけるユーザの振る舞いを設計してしまうのは限界がある。まずは社内の人間を通して、ユーザを知る作業をスタートさせるとよいだろう。

さらに社内ヒアリングでは、社内担当者の顧客への接し方や商材のアピール方法に関する情報収集を行うことで、サイトの戦略策定作業に大いに役立てることができる。実際の現場で培われてきた顧客への接客方針や営業トークなど、担当者が日常業務で心がけていることは、そのままサイトで心がけるべきことになることもある。もちろん対面とインターネットではメディア特性が異なるため、現場のやり方をすべてサイトで適用できるわけではないが、担当者のユーザ接客方針はサイト制作の上で参考になることが多いためじっくり聞き出すとよいだろう。

3.6.2 社内ヒアリングの基本姿勢

「社内に顧客データは蓄積されている」、「自社の顧客については自分（ウェブ担当者）もきちんと理解している」と思われるかもしれないが、社内ヒアリングで獲得したいのは、既存の数値データなどには現れにくい事実、つまり担当者の人間の感覚としての経験値である。ウェブサイトの多くは、これまで人間が行っていたサービスをコンピュータが代替しているにすぎない。そのため、人間の感覚で

捉えられた事実は（たとえ感覚的なものであったとしても）サイトやインターネットビジネス全体を成功に導く重要なデータとなる。

　また、社内ヒアリングは、「サイトのターゲットユーザを誰にすべきか教えてください」といった「答え」を聞くことが目的ではない。担当者はウェブサイトの専門家ではないため、それを求めても妥当な答えは返ってこない。事実をヒアリングした上で、その結果を分析したり、取捨選択するのはウェブサイト運営者の仕事である。

　つまり、社内ヒアリングでユーザについての情報を獲得するためには、「ざっくり感覚的なもので結構ですので、どんなタイプのお客さまが多いですか？」という問いに回答してもらうだけ十分である。また、可能な限り担当者自身の営業術や顧客対応術などもヒアリングするとよい。

　前述したとおり、コンピュータが人間を代替してサービスを提供していると考えると、それまで人間が何をどうやっていたのかがサイトを作る場合には重要になる。実際、社内ヒアリングで顧客をいかに説得するかという営業術を聞き出し、それを参考にサイトの説明や構造を修正したところ、サイト経由の売上げが大幅に改善された例もある。ユーザを知ることのみならず、ユーザとの接し方についても示唆を得ることができるのは社内ヒアリング独自のメリットと言えるだろう。この場合も事実を基本に聞いていく。「顧客から○○と質問された場合、どのように答えていますか？　そう答えると、顧客はどういう反応を示すことが多いですか？」といった具合である。

　このように社内ヒアリングもユーザビリティテストと同様、**担当者の過去の経験、あるいは現在の経験という"事実"を引き出す**ことが重要であり、そこで得られた事実情報をあとで分析することによってサイトの戦略策定に生かしていくのである。**社内ヒアリングの基本姿勢は、担当者が感じている顧客**（潜在的なサイトのユーザ）**に関する経験則を上手に引き出すことなのである。**

　社内ヒアリングに関しては、ユーザ中心設計のサイト戦略立案の段階の早い段階で実施する。具体的な作業プロセスや注意点などについては、第2部で詳しく解説する。

3.7 その他のツール

■ アンケート、グループインタビュー

　ユーザ中心設計プロセスの中で、ユーザ視点からの検証を行う手法としてアンケートやグループインタビューがあるが、効果が限定的だという欠点がある。

　たとえば、ウェブサイト設計途中の画面案をグループインタビューで見せて反応を観察しても、そもそもウェブサイトがセルフサービスチャネルであることを踏まえると、グループインタビューは実態に即しておらず、そこでの意見やフィードバックは信憑性に欠けてしまう。ウェブサイトは独力で使ってみて初めてそれが有効であるかどうかがわかるメディアであるため、グループインタビューや、強制力の薄いアンケートでは検証効果が限定的になってしまうのである。

　ただし、ターゲットユーザの市場規模を図るような場合にはアンケートが効果を発揮する。いくらビジネス側のニーズとユーザ側のニーズがマッチするからといって、そのユーザ層が市場全体に対して極めてニッチでボリュームが少ない場合、収益が保てなくなるという本末転倒な状況が起こると想定される。

　ターゲットユーザ層が複数あり、どちらに優先度を付けてよいかわからない場合などには、それぞれのユーザ層の市場規模をアンケートによって調査するとよい。実施するタイミングは、ユーザ層がある程度見えた段階、つまり1回目のテストが終わった段階がよいだろう。

　アンケートやグループインタビューについては、サイト運用時の効果検証時に多く用いられるため、第2部第5章「サイトの効果検証」で詳しく扱うことにする。

■ 既存顧客データ分析、アンケート結果、問い合わせ内容

　顧客データやこれまでに実施した顧客アンケート、また各種お問い合わせ内容の分析などは、通常のマーケティング活動の中で実施している企業も多い。ユーザ中心設計においても、これらのデータからユーザ像やニーズを読み取り、ターゲットユーザの現実性を検証することができる。ユーザ中心設計のスタート直後から既存データを活用しながらターゲットユーザを想定することで、早い時期か

ら精度の高い仮説を持つことが可能となり、そのあとに続く作業がより高いレベルとなる。なぜなら、最初に立てた仮説があまりにも現実離れしている場合、妥当な仮説にたどり着くまでに、仮説→検証を何度も繰り返すことになり、非常に時間がかかってしまうからである。

ただし、アンケート調査は、そのアンケートの設問の書き方や回答方法などの背景を踏まえて解釈しないと間違った示唆を読み取ることになる。

実際、筆者らがこれまで行ってきた既存アンケート結果と、実際のユーザへの調査であるユーザビリティテストの結果を見比べると、アンケート結果の妥当性が疑われる結論となることがある。特にウェブアンケートの場合には、「途中からアンケート回答が面倒になって、適当に回答した」といった動きが助長されるため、実際のユーザとアンケート結果には乖離が生じやすい。

そのため、アンケート結果をウェブサイト戦略のインプットとして生かすためには、アンケート結果だけではなく、その結果がどのように導き出されたかという文脈（日時、媒体、ターゲット、アンケート用紙、回答方式など）も併せて確認することがポイントである。

リスティング広告会社提供のキーワード調査ツール

「3.1.2 仮説検証ツールの種類」でも紹介したが、検索エンジンに入力されたキーワードに連動してテキスト広告が表示される「キーワード広告」または「リスティング広告」という広告手法がある。この広告出稿の際に参照するために、あるキーワードが一定期間のうち何回検索されたかを調べるツールが各社から提供されている。最も有名なものは、オーバチュア社が提供する「キーワードアドバイスツール」だろう。

入力欄に特定のキーワードを入力して送信すると、ある期間にそのキーワードが検索された回数（予測値）と、指定のキーワードと関連するキーワードを表示してくれる。

ここで表示される検索回数は、ユーザの関心や規模を検証する際の参考にすることができる。たとえば、想定していたキーワードの検索回数がほかのキーワードに比べて少ない場合、ユーザがそのキーワードを頭に描いていない可能性が高いことを示唆している。そのため、ユーザニーズやサイト上で使用するキーワードを再検討する必要があるかもしれない。

また、現行サイトがある場合、自サイトのアクセスログ解析でも検索キーワードがわかるが、それはあくまでサイトを訪問してくれた人に限定される。検索結果にサイトが表示されない、あるいは表示されたとしてもユーザがサイトに訪問していない場合には、どんなキーワードを検索したかわからないのである。それを補う役目としてキーワードアドバイスツールを使うことができる。

その他のツール

ウェブサイトの企画・設計時に役立つと考えられる、そのほかの主な検証ツールを以下に紹介する。具体的な内容、手順などは専門書籍に譲る。

分類	評価手法	概要
ユーザ分析	フィールド調査 (Ethnographic Study/ Field Observation)	ユーザに1日中張り付いて利用の状況を観察する方法で、言葉が使えない環境や、直接話を聞くことのできない状況下(騒音のひどい場所や静寂が要求される仕事場など:(例)駅ホームでの携帯電話使用状況、会社でのニュースサイトチェックなど)でのデータ収集に適している。ビデオによる観察と実際に現場で人が行う観察、写真などの記録によって行うものがある
	使用状況インタビュー (Contextual Inquiry)	ターゲットとするユーザの作業全体を把握するために、ユーザがサイトを実際に利用している現場(ユーザの自宅、会社など)で、ユーザにその生活や仕事の文脈上でインタビューを行う手法。パートナーシップ(ユーザをサイト開発のパートナーと見なし、ユーザに弟子入りするつもりで聞く)、コンテクスト(ユーザがサイトを使って作業をしている現場で質問を行う)、フォーカス(調査の焦点だけ決めておき、質問リストは使わない)の3点が基本となる
	日記 (Diary)	ユーザにある一定期間日記を詳細に書いて提出してもらうことにより、ユーザの顕在・潜在ニーズ、対象となるサイトの使用状況を把握する手法
	競合調査 (Competitive Research)	競合となるサイトを調査することで、ユーザニーズやコンテンツ・機能要件を洗い出す手法
	申告レポート・写真撮影 (Self-reporting Logs・ Screen Snapshots)	ユーザの操作や意見を文書・写真にて記録してもらうことにより、問題点やユーザニーズの分析を行うための手法
	Eye-tracking (アイトラッキング)	ユーザの目の動きを記録し、ユーザの顕在／潜在ニーズや画面の妥当性を評価する手法
画面検証	ヒューリスティック評価 Heuristic evaluation	複数のインタフェースの専門家が経験則をもとに画面の妥当性や使いやすさを調査する手法

分類	評価手法	概要
画面検証	認知的ウォークスルー Cognitive Walkthroughs	専門家がタスクシナリオを作成し、プロトタイプを使用しながら、目的（目標）を達成するためにどのような行動を取るか、また、予想に反したエラーはどのような場合に起こるのかをテストする手法。単にユーザの操作だけを見るのではなく、ユーザが機器に対して起こす行動と目的とを照らし合わせて自然な操作やフィードバックになっているかも確認する
	チェックリスト評価 Guideline checklists	チェックすべき項目に対して、1つずつ確認していくことで、作成された画面が所定の基準に適合しているかどうかを調べる手法
	パフォーマンス測定 Performance measurement	ユーザの操作を定量的なデータで表すことによって、設定した基準に照らした評価から問題点を抽出したりする。Timing（タイミングの測定）、Error Rates（エラーの発生率を特定する）などがある

参考書籍

- 『ユーザ工学入門』黒須正明［ほか］著、共立出版、1999
- 『ユーザビリティテスティング』黒須正明著、共立出版、2003
- 『シナリオに基づく設計』ジョン・M. キャロル著、郷健太郎 訳、共立出版、2003
- 『ペーパープロトタイピング』キャロリン・スナイダー著、黒須正明訳、オーム社、2004
- 『ユーザビリティエンジニアリング』樽本徹也著、オーム社、2005
- 『ユーザビリティエンジニアリング原論』ヤコブ・ニールセン著、篠原稔和 監訳、トッパン、1999
- 『ユーザビリティ評価に関する環境整備の必要性』三和総合研究所、通産省
- 『GUIデザイン・ガイドブック』菊池安行・山岡俊樹 編著、海文堂出版、1995
- 『ヤコブ・ニールセンのAlertbox　そのデザイン、間違ってます』ヤコブ・ニールセン著、イード監訳、RBB PRESS、2006
- 『User-Centered Design: An Integrated Approach』Karel Vredenburg, Scott Isensee and Carol Righi, Prentice Hall, 2001
- 『Observing the User Experience: A Practitioner's Guide to User Research』Mike Kuniavsky, Morgan Kaufmann, 2003

参考サイト

- 「人間中心設計（ISO13407対応）プロセスハンドブック」、社団法人日本事務機械工業会、技術委員会ヒューマンセンタードデザイン小委員会、2001年7月
  http://www.jbmia.or.jp/~tc/gl-hcd.pdf
- 「The Usability Methods Toolbox」
  http://www.best.com/~jthom/usability/

　ここまでで各ツールの使い方について解説してきたが、ウェブユーザを知るとはこのような地道な作業の繰り返しである。作っては試し、試しては直すという、地道で泥臭い作業の中にユーザの真実が隠されているのである。仮説を立てて、それをテストで検証する。たったこれだけのことだが、これまで感覚や提供側の論理だけで組み立てられてきたウェブサイト制作の現場に、このような科学的アプローチが取り入れられたのはまだ最近のことである。このアプローチを取ることで、単発のユーザニーズに脊髄反応のように対応するパッチワーク戦略には終わりを告げ、よりシナリオを重視した高度なウェブサイト戦略を立てることができるようになる。続く第2部ではこれらのツールを活用して、成果の上がるサイト構築の具体的方法を見ていくこととする。

第Ⅱ部 ユーザ中心設計の進め方

第1章 ● サイト戦略の立案

第2章 ● サイト戦略の検証

第3章 ● サイト基本導線設計と検証

第4章 ● サイト詳細画面設計と検証

第5章 ● サイトの効果検証

第1章

サイト戦略の立案

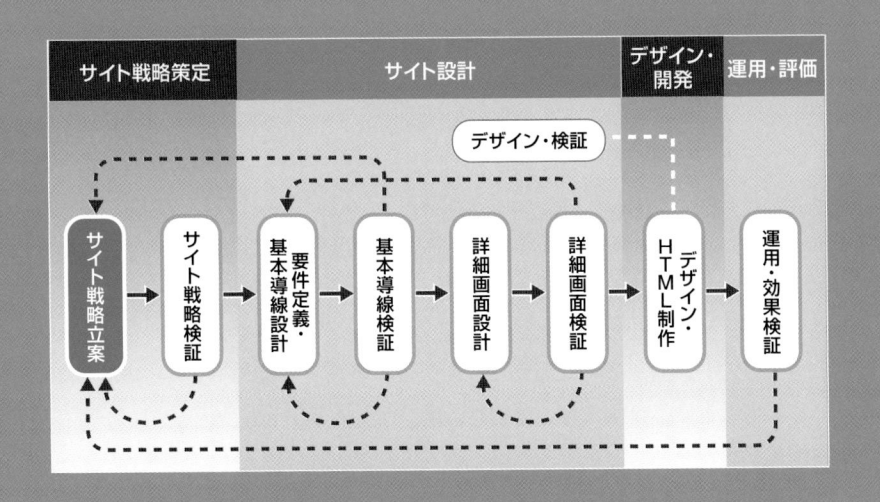

1.1 サイト戦略立案の意義

　ユーザ中心設計を推進してウェブサイトを構築する場合、最初に行うべき作業はサイト戦略の立案である。「ウェブサイトで成し遂げたいこと」というサイト運営の目的と、「ユーザがウェブサイトで達成したいこと」というユーザ側のサイト利用の目的を明らかにした上で、両者をすり合わせていくことでサイト戦略は姿を現す。サイト戦略は、サイトの目的やターゲットユーザ、ユーザ行動シナリオを定義したもので、ウェブビジネスの成功の道しるべとなるものである。

　ここで何より重要なのは、ユーザの視点をきちんと取り入れることである。聞くと当たり前のようだが、これができているサイト戦略は少ない。たとえば、ターゲットユーザの市場規模を調査することを、ユーザの視点での検証としているところも多い。しかし、市場規模の大小はビジネス側の要件であって、ユーザ側のニーズではない。また市場規模が大きくとも、ユーザにサイトを利用してもらえなければ意味がないし、こちらの意図するとおりに使ってもらえなければ成果は見込めない。検証すべきは市場規模ではなく、ユーザの存在有無、利用可能性、ニーズ充足度、ゴール到達可能性なのである。

　そのため、ユーザ中心設計手法では戦略策定の段階から社内ヒアリングやプロトタイプを用いたユーザビリティテストによる検証作業を実施し、戦略案の確からしさや妥当性を検証していく。

　戦略策定という極めて早い段階から検証作業を行うことで、ユーザやマーケットに対する深い洞察を得ることができる。このデータを元に、戦略を修正、精緻化していくことで、戦略自体の精度を上げ、ウェブビジネス全体を成功に導く方針を明確に理解することができる。

　このようにユーザ中心設計手法では、「**サイト運営の目的（ビジネスニーズ）**」と「**ユーザのサイト利用目的（ユーザニーズ）**」の両者の視点を常に持ちながら作業を推進するとともに、この2つの視点がサイト戦略策定〜設計〜運営全体にわたる各種決定のベースとなる。

第1章 サイト戦略の立案

1.1.1 サイト戦略立案のゴール

　戦略立案作業のゴールはサイトのユーザ行動シナリオ策定である。ユーザの行動シナリオを策定することにより、サイトにおけるターゲットユーザの行動・経験すべてを包括的に捉えた画面の設計ができるようになる。

　これは、次のような文章の「○○」の部分を定義していく作業とイメージするとわかりやすい。

> ユーザは○○で、その人々は○○と考えているから○○から○○の手段を使ってサイトに流入してもらうのが効果的で、さらにその人々はサイトで○○といった行動を取るはずなので、このページで○○の情報を見せ、○○という気持ちにさせて、最終的には○○につなげる。……

　運営側から見れば、これは「ユーザ説得・誘導シナリオ設計」あるいは「サイト接客設計」と言い換えることもできる。いずれにしても、ユーザの心理、状況、ニーズを踏まえてユーザが取る行動をすべて設計することを意味している。

　ここで紹介するユーザシナリオは、従来言われていたものとは内容が異なる。従来のシナリオが「要件をもらさないためにユーザの典型的な行動パターンを記述する」のに対し、こちらのシナリオは**ユーザを最終的にサイトのゴールにまで導く道筋や戦術を定義した**ものになる。

　そのためには、ユーザのニーズのみならず、心理状態や物理的な状況などあらゆるユーザ情報を把握し、その上で**サイトや自社の価値をユーザの目から見た場合のメリットに変換**していく。試行錯誤しながら仮説検証を繰り返して、ビジネス側の要求とユーザ側の要求をいかにマッチさせるかが、戦略フェーズでは重要な作業となる。

1.1.2 サイト戦略策定の効果

　サイト戦略は、あとに続くウェブサイト設計・構築、そして運営の羅針盤となる。そのほかにも以下のような効果がある。

- 明確な方向を指し示すことで曖昧な議論を避け、最短での目的達成が可能となる
- 目標値を設定することで効果検証が可能となり、仮説検証（PDCA）サイクルの実施に役立つ
- 明確な意思決定を行っているので、そのあとの軌道修正が行いやすい

また、ここで定義するサイト戦略には、その後の具体的な作業に役立つあらゆる要素が含まれている。

- 要件定義：ユーザニーズをもとに、必要な情報や機能を定義する
- 検索対象キーワード設計：ユーザ行動シナリオを用いて決定する
- ウェブサイト構造設計：ユーザニーズ、ユーザ行動シナリオを意識して設計する
- 画面設計：ターゲットユーザの特徴、ニーズ、ユーザ行動シナリオを意識して設計する
- プロトタイピングテストのタスク設計：ユーザ行動シナリオをもとに作成する

戦略はただ立案しただけでは意味がない。それがどのような意味を持ち、具体的にどう活用されるのかを見極めながら作業を推進することで、価値あるものが完成する。特にサイト戦略はすべての土台となる極めて重要なものである。ここは時間をかけ、じっくりと慎重に作業を進めることで、結果的には最短距離でのサイトの成功をもたらすことにつながる。

次節からは、実際の作業ステップとその際の注意点について細かく見ていく。

1.2 サイトの目的の設定

戦略立案ステップ		ビジネス側	検証	ユーザ側
①サイトの目的	目的	サイト運営の目的	⇔	ユーザのサイト利用目的
	目標	サイト運営の目標	⇔	（ユーザの目標）
②ターゲットユーザ	ターゲットユーザ	狙いたいユーザ像、規模	⇔	実際のユーザ像、規模
③ユーザニーズと心理	ニーズ	ビジネスニーズ	⇔	ユーザニーズ
	インセンティブ	強み、提供価値	⇔	サイト利用の動機
	心的状況	ユーザ心理状態	⇔	心理状態
④ユーザ環境	認知経路	認知、流入経路、状況	⇔	認知、流入経路、状況
	物理的環境	接続環境	⇔	接続環境
	競合・仲間把握	競合、代替、仲間	⇔	比較対象、代替、同時利用
⑤行動シナリオ	シナリオ	想定する行動シナリオ	⇔	行動パターン
サイト戦略		ユーザ誘導シナリオ	⇔	ユーザ行動シナリオ

図1.1 ● サイト戦略立案ステップ
サイト戦略立案の各ステップにおいて、ビジネス側・ユーザ側それぞれで把握および定義すべき事項を一覧化したもの

　サイト戦略策定の最初のステップは、サイトの目的の設定である。まずはビジネス側のサイト運営目的を明確に定義する。すでに現行サイトがある場合には、あっという間に終わってしまう作業かもしれない。

　サイトの目的はサイトによって異なり、正解があるわけではない。たとえば「新規顧客を獲得し収益拡大を実現する」といったように、サイトを立ち上げ、運営する目的を明文化しておくことが重要である。

　「まずは目的を設定する」というのは極めて当たり前なことであるにもかかわらず、実は多くのサイトはそのステップを経ることなく構築されている。インターネットの爆発的普及により、「とりあえずサイトを立ち上げよう」とか「サイトを作れば儲かるらしい」といった無計画な判断によって作られたと思われるサイトもまだ数多く残っている。

　場合によっては、サイトの目的は、関係者の間で「暗黙の了解」となっていたり、「共有したつもり」で終わらせていることが多い。ただでさえサイト運営に携

わる各関係者はそれぞれの立場から、ばらばらの考えを持つため、明確な目的を共有しなければ、個人の主観に基づいた判断を下してしまったり、自分がやりたいことを実装して優先度の低いコンテンツにフォーカスを当ててしまうなど不整合が起こりやすくなる。

その結果、ターゲットユーザも提供するサービスやコンテンツも曖昧なものになり、結果として存在意義のない、成果の上がらないサイトになってしまう。

そうならないためにも、サイト設計に関わる担当者の間でサイトの方向性について徹底的に議論する必要がある。サイトの目的、つまり「自分たちはこのウェブサイトで何が達成したいのか」「何のためにウェブサイトを作るのか」といった、一見単純だが重要な命題について納得いくまで話し合い、明確な定義を導き出して、関係者と共有することが何より大切である。

目的を明文化した瞬間、ウェブサイトでできることに制約が加わるような気がして、可能性を狭めていると感じることがあるかもしれない。だが、「何でもできる」というのは「何もできない」ことと同義になりやすい。何でもありは、結局明確なゴールがないため、どれも中途半端になり、何も実現できていないことになってしまうのである。

以下、サイト目的を検討する際のポイントを簡単に紹介する。

1.2.1　サイト上位の企業戦略、事業戦略から導出

ウェブサイトの目的は、それ単体で考えられるわけではなく、企業全体の活動の中での一領域として捉えることで、最適な役割を担うことができる。全体の中でウェブサイトが担う役割、位置付け、そこから得たいものを検討していくとよい。そのため、まずは自社の事業戦略、またその上位に位置する経営戦略を確認する。

リアルなビジネスの世界では、会社としてのビジョンや方向性が明らかになって初めて個々の事業戦略を立てることができる。そして、個々の事業プランがあってこそ、それを実現する具体的な方策が導き出される。これは、ウェブサイトにおいても同じである。経営戦略→事業戦略→サイトの目的といった順番での自己検証が、ウェブサイト構築の前提条件になる。

具体的には、中長期経営計画や事業戦略の確認、関係者へのヒアリングなどを

通じて、ウェブサイトの目的を見極める作業を行う。たとえば、会社情報サイトであれば、「商品の販売促進と顧客との長期関係の維持による販売貢献（直接の販売はしない）」といった目的を立てることもできるだろう。

ウェブサイト制作を請け負っている立場であるならば、クライアント企業のプレスリリースや新聞・雑誌などでの特集記事などを読み、さらにクライアント企業が上場しているならば各種ディスクロージャー誌や有価証券報告書などを読み込んだ上で、担当者や関係者にヒアリングすれば必要な情報を得ることができる。もちろん、最終的にはウェブサイト運営者自身がサイトの目的を決定すべきだが、その決定をサポートすることはウェブサイト制作を請け負う場合に重要なポイントである。

このような作業の中で、ビジネスにおけるウェブサイトの目的を突き詰めていくと、「認知獲得」「集客」「販売促進」「直接販売」「サポート」「リテンション（顧客維持）」「マーケティング／市場情報収集」といった経営機能に対する貢献が挙がってくるだろう。もっと直接的なものとして「売上げ増大」「コスト削減」「人材獲得」「新規顧客獲得」といったものが挙がってくるかもしれない。いずれにしても、「ブランディングに貢献」といった人によっては解釈にずれが生じるような内容よりは、明確かつ関係者で共有できるレベルで明文化すべきである。

ユーザの目から見た場合、ウェブサイトは企業そのものを表すため、企業全体としての整合性は極めて重要である。インターネットは新しいメディアであるため、全体戦略の中に位置付けられにくいという傾向があるが、その重要性がより増している現在、場合によってはインターネット時代に合わせた全社経営戦略の見直しすら必要となってくるだろう。

1.2.2 他媒体との役割分担を明確化

サイトの目的を立案する際は、経営戦略 – 事業戦略といった上位概念から導かれる「縦の視点」を考えるとともに、他媒体との役割分担という「横の視点」も同時に検討する必要がある。

一般に、ウェブサイトが担う役割には、商品販売、販売促進・宣伝、サポート、採用などがある。これらはいずれも同じような役割を背負った既存の媒体が存在していたり、ウェブの役割をサポート・強化する別の媒体があることが多い。

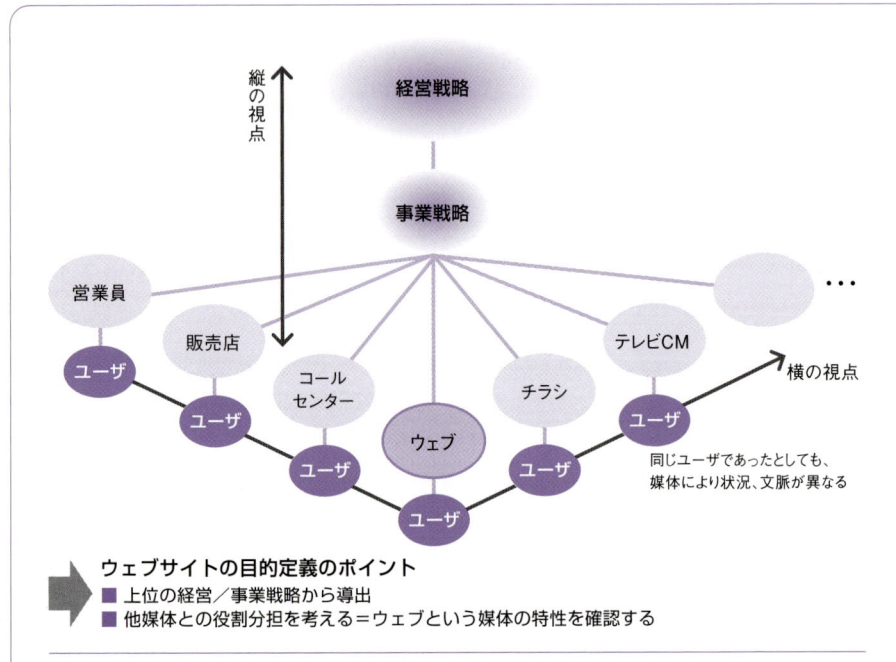

図中のラベル:
- 縦の視点
- 経営戦略
- 事業戦略
- 営業員 / ユーザ
- 販売店 / ユーザ
- コールセンター / ユーザ
- ウェブ / ユーザ
- チラシ / ユーザ
- テレビCM / ユーザ
- 横の視点
- 同じユーザであったとしても、媒体により状況、文脈が異なる

ウェブサイトの目的定義のポイント
- 上位の経営／事業戦略から導出
- 他媒体との役割分担を考える＝ウェブという媒体の特性を確認する

図1.2 ● ウェブサイトの目的を検討する上でのポイント
サイトの上位に位置する戦略と他媒体との役割分担を考慮する

　たとえば、店舗を一切持たずにウェブサイトでのオンライン販売（ECサイト）に特化している会社があるが、店舗がない代わりに、ウェブサイトだけではなく電話での注文受付も行っている場合がある。さらにこの会社が新聞・雑誌などに広告を出していれば、ウェブサイトを介さずに広告を見てすぐ電話してくるケースも考えられる。このように、一見ネット専業に見えていても、ユーザと接点がある媒体はウェブサイトのみならず、電話、広告（新聞・雑誌）と多岐にわたり、各媒体の役割分担や連携がウェブサイトの目的達成のために極めて重要になってくる。

　そのためウェブサイトの目的を考える上では、ユーザと接点を持つ媒体を洗い出し、それらの他媒体との役割分担を十分に考慮しておく必要がある。

　他媒体との役割分担を考える際には、インターネットにおけるユーザの行動特性を理解しておくと考えやすい。インターネットには他媒体とは異なる特性があり、それを上手に生かすことで他媒体との相乗効果を生むことができる。特に重

要と思われるのは、以下の5つである。

> **インターネットメディアの特徴**
> 1. 前のめり型メディア
> 2. 斜め読みメディア
> 3. 新鮮・網羅メディア
> 4. 遠慮不要メディア
> 5. 比較メディア

これらの特徴は第1部第1章で詳しく説明しているので、そちらを参照願いたい。

1.2.3 サイト目的立案の注意点

ウェブサイトの目的は、企業全体におけるサイトのポジショニングを明確にすることで見えてくる。

この際、整合性のあるロジックや高い収益性よりも重要なことはそこに運営者の「意志」があるかどうかである。下手な精神論を展開するつもりはないが、やはりウェブサイトを立ち上げて運用するのは並大抵のことではない。目的やそこにかける意志が不明確なままでは、この難関を乗り切ることはできないだろう。

またサイト目的を立てるために、最初にニーズ調査や市場規模調査などを行うことがあるが、これらはサイト目的がいったん明確になったあとに行うほうがよいだろう。**まずはサイトの位置付けや、自らの意志を明確にすることで「サイトで何をしたいのか」という仮説を持ち、その仮説に沿って各種調査を進める手順を取る**とよい。

たとえば、「ウェブサイトで売上げを増やす」という大きな目的があれば、それに従って「新規ユーザ獲得」と「既存ユーザのリピート獲得」の市場規模比較、ニーズ強度比較などの検証が行える。最初から具体的なニーズや市場を見てしまうよりも、サイトの目的を達成するにはどうすればよいのかをひたすら地道に考えていくほうが成功に近づけるのである。

また目的を設定する際、その目的を達成する具体的手段や方法まで一緒に考え

がちだが、それにとらわれすぎないよう意識しておく必要がある。「ウェブサイトを通じて売上げを増やす」ことが目的の場合、その手段や方法はいろいろあるが、それら具体的な方法はこれから特定していくものであり、この段階では詳細な検討までは必要ない。あくまで実現したい世界を思い描くことに注力するとよいだろう。

さらに、ユーザニーズや競合する存在を気にしすぎないよう注意する。まずは「何のためにやるのか」を設定すべきであり、「皆が見てくれそうだから」や「誰もやっていないから」では、かえって可能性を狭めてしまう結果となる。ユーザニーズや競合調査は目的が決まったあとに詳細に行うため、この段階では意識する必要はない。

1.2.4 事例紹介

【具体例：三井住友銀行　住宅ローンページ】

ここでは、三井住友銀行のサイト目的立案の事例を紹介する。

三井住友銀行は、ウェブサイトを戦略的かつ有効に活用している優秀企業のひとつである。インターネット時代に合わせて、ウェブサイトを重要な顧客チャネルと捉え、サイトにおける各種情報およびサービスの提供により大きな実績を上げ、ビジネス全体に貢献している。

銀行という性質上、いろいろな商品・サービスを扱っているが、その中でも「住宅ローン」は個人顧客向けの戦略的商品であり、各社その取り組みに余念がない。住宅ローン成約後は、途中解約さえなければ30年近い長期間の関係を顧客と築ける上、住宅ローン申し込みを機に他行からメインバンク機能を丸ごと移管する顧客も多く、銀行にとってのビジネスメリットは多大なものになる。

住宅ローンの販売促進をウェブサイト上で展開する場合、経営戦略や事業戦略といった「縦の軸」で見れば、住宅ローン成約に対する貢献、つまり新規獲得に対する貢献がウェブサイトの目的として合致しそうであることがわかる。

同時に他媒体との役割分担＝「横の軸」では、住宅ローンは既存店舗営業はもちろんのこと、電話（コールセンター）、インターネット、不動産会社と提携した「提携ローン」という形での住宅販売現場など、幅広いチャネルで営業活動を行っていることがわかる。住宅ローンはインターネット経由での問い合わせであって

も、最終的には店舗や住宅販売の現場で銀行担当者と対面で契約を行う必要があるため（当時）、インターネットチャネルは一連のプロセスにおける通過点となっていた。その通過点は、機会の獲得かつ既存の集客・顧客対応コストの削減にも貢献できることがわかった。

これらの情報を統合して検討した結果、ウェブサイト上では「新規顧客獲得による収益拡大への貢献」をサイトの目的に据えた。

縦の視点（企業全体での位置付け）
- 住宅ローンは個人向けの主力商品
- 新規獲得により顧客との長期的関係が実現
- 既存顧客がウェブ上でサポートを受ける可能性は少ない

横の視点（他媒体との役割分担）
- インターネットは住宅ローン契約までの通過点（契約のためには来店が必要）
- 店頭、電話、ネット相談などさまざまなチャネルあり

サイトの目的
新規顧客獲得による収益拡大への貢献

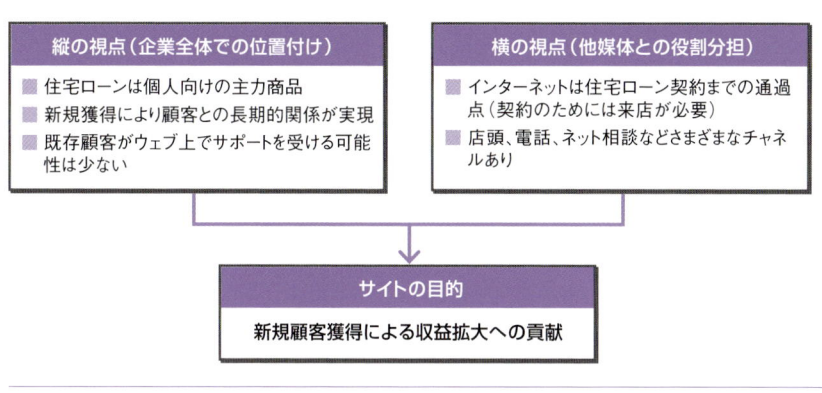

図1.3 ● サイト目的検討のポイント

さらに、新規顧客の獲得においては、ほかの媒体の力をできる限り借りずに、ウェブサイト単体での問い合わせ率を高め、店舗やコールセンターの営業コストを削減することを目標に掲げた。実現できれば、ウェブサイトがもたらすビジネス効果は大きいものになる。

しかし、その後のサイト戦略検証を行う中で、ユーザがウェブサイト単体で住宅ローンの検討を進めることは難しいことが判明したため、適宜コールセンターや説明会などの他媒体も活用する方針に修正を加えた。銀行側としても他社にはないコンサルティング力が武器であるため、見込み顧客を積極的に店舗やコールセンターに誘導し、きめ細かい相談対応を行うことで、成約へと結び付けていくことにしたのである。ウェブサイト単体での対応よりも、店舗やコールセンターとのタイムリーな連携によって見込み顧客にきめ細かな対応を行うことで、より大きな成果を生み出そうというのがこのときのサイト目的となった。

このようにユーザ視点からサイト戦略の仮説検証を行うことで、ユーザニーズ

がない方向に向かうことを事前に阻止することができる。結果として、この時のサイトリニューアルは大きな成功を収めたのである。

1.3 サイトの目標値の設定

　サイトの目的を設定した次に、その目的が達成された状態を「目標値」として定義する。目標値はできる限り客観的な数値を設定するとよい。

　この目標値はサイトリリース後に目的の達成度合いを測定する物差しの役割を果たす。物差しを持つことでサイトリリース後にサイトの効果測定が行えるようになり、それによって目的に対する現在地を確認し、さらに目的達成のために必要な次の戦術を立てられるようになる。これでサイト運営のPDCAを回せるようになるのである。

　また目標値は、サイト制作に関わる関係者の意識を高めるという効果をもたらす。もしあなたがサイト運営者で、サイト設計を外注するのであれば、委託業者とも目標を共有し、高い意識とコミットメントを求めることをお勧めする。ウェブサイトを漫然と制作するのではなく、作るからには効果を求めて緊張感を持って作業を推進することで、より高い成果を実現できるようになる。業者以外の社内の担当者などでも同じである。

　サイト構築で成果を上げるには、運営側の論理でも業者側の論理でもなく、ユーザの論理に立脚せざるを得ないことはこれまでに説明した。誰もが自分の論理を押し通しがちになるところを、具体的な数値で目標値を示せば、皆を目的志向に立ち返らせることができる。

　このように、目的と目標値はセットとなり、サイト運営全体の羅針盤の役目を果たしてくれる重要な項目である。**目的を立てたとしても、目標値がなければ、"言いっぱなしの目的"となるため意味をなさなくなる**。「目標はあとで立てる」「とりあえずリリースして様子を見てから目標値を立てる」とならないよう、この段階で十分時間を取って目標を決定すべきである。

　もし統計的に信頼できるデータが収集できないと思われる場合でも、アクセスログ解析の数値を活用するなど、何かしらの目標値を立てることができる。

　次からは、サイトの目標値を設定する際の観点として以下の3つを紹介する。

- サイト目的から目標値を設定

- 測定可能な指標を選択
- 比較可能な指標を選択

1.3.1　サイト目的から目標値を設定

　当たり前のようだが、サイトの目標はあくまで「サイト目的が達成できた状態を客観的に示したもの」であるため、必ずサイトの目的から設定する。これが当たり前のようで難しく、できていないことが多い。

　目標値の設定は「この目的が達成されたら、こうなるはずだ」という事前の仮説が前提となる。たとえば、オンライン証券のサービス紹介ページの場合、「新規顧客の獲得による収益の拡大」がサイトの目的のひとつになる。この場合、以下のような数値を測ることになる。

- ウェブサイトへのアクセス数 ＝ 潜在マーケットへの認知拡大、誘導強化を測る指標
- ウェブ経由の問い合わせ数 ＝ 潜在マーケットへのプロモーション、説得強化の有効性を測る指標
  －ウェブサイト経由資料請求数
  －メールでの問い合わせ数
  －ウェブサイト経由の電話問い合わせ数
- ウェブサイト経由口座開設申し込み数の増加
- ウェブサイト経由の申し込み歩留まりの増加

　これらすべてを目標値として設定してもよいし、このうち重要度の高いものだけを目標値としてもよい。たとえば、前述した銀行の住宅ローンページリニューアルの場合、「ウェブ経由の問い合わせ数」を目標値とし、その数は直近1年の平均値の10倍の数値とした。

　目標値を設定する際、ウェブサイトの種類によっては「目標になるような数値がない」というケースがある。たとえば会社情報だけ掲載しているサイトやIR（投資家向け）サイトなど、サイトの効果が数値化しづらかったり、なかなか思うような数値が取れないサイトも多い。このような場合には、どのサイトでも取る

ことができるアクセスログの数値を活用するとよい。たとえば、サイトで来訪者に向けてIR情報を提供し、投資意欲促進を行うというサイト目的があるならば、サイト全体のページのページビューや各種資料のダウンロード数などは目標値の候補になる。

　ここでありがちな間違いは、そもそもサイトの目的が「ページビューを増やすこと」になっている場合である。この目的に対して目標を考えても、同じ結果となるはずだ。「ページビューを増やすこと」は目標になることはあるが目的にはなりづらい。ページビューが増えるということはどういう状態であるのかを今一度検討してみると、違う答えが出てくるはずであり、それこそがサイト目的となる。

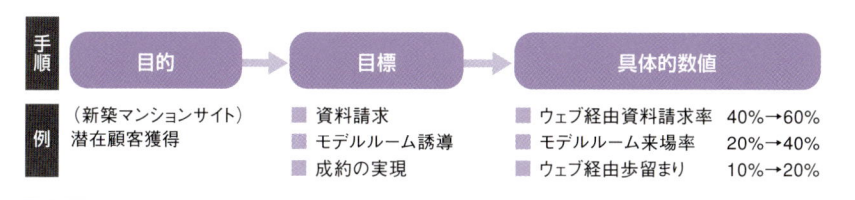

手順	目的	目標	具体的数値	
例	（新築マンションサイト）潜在顧客獲得	■ 資料請求 ■ モデルルーム誘導 ■ 成約の実現	■ ウェブ経由資料請求率 ■ モデルルーム来場率 ■ ウェブ経由歩留まり	40%→60% 20%→40% 10%→20%

図1.4 ● 目標値落とし込み手順：新築分譲マンションサイトの例

　サイト目的から落とし込んで導出した目標値は、できる限りシンプルな指標にするとよい。複雑にすると数値の解釈が多様となり、目的達成度合いが判断しづらくなったり、人によって評価が分かれてしまうという結果を招く。

1.3.2 測定可能な指標を選択

　目標を設定する際の2つ目の観点として、目標は測定可能なもの、つまりは数値で検証できる項目を選択することが挙げられる。

　数値が取りにくいウェブサイト、たとえば会社概要だけを掲載しているサイトでは、測定できる数値が非常に限られてしまうため、ご意見・ご感想などの定性データを指標として設定しがちである。しかし、このような定性データは解釈が人によって分かれてしまう可能性が高く、目的の達成度合いを測る物差しとしての力が弱い。もちろん物差しのひとつとはなり得るが、これだけに頼るのは避け、必ず数値で測定できる項目を選択するとよいだろう。

　測定可能な指標は、資料請求数など各種申し込み実数や、ログ解析結果などを

利用する。

1.3.3 比較可能な指標を選択

　目標値として設定する数値は過去と比較ができるような数値を選択する。過去の数値と比較といっても、「サイトリリースよりも前という過去」と「新サイト運営内での過去」の2つのポイントがあるため注意が必要である。

　具体的には、以下のポイントを考慮して目標値を選択していく。

- （サイトリニューアルの場合）設定した指標に対応するリニューアル前のデータがあること
- 今後も継続的に測定・把握可能な数値であること

　数値は相対的な評価によって意味を持つという特徴がある。特にウェブサイトの場合、数値の時系列比較、つまりはトレンドを追ってこそ示唆が得られる。たとえば、「月間1,000万ページビューのサイトがある」と言われても、その絶対値に対する評価はできないが、「先月まで月間ページビューは平均800万だったが、今月は1,000万ページビューだった」となれば、ページビューが増えたという事実を理解でき、その原因を調査・分析することで、次の手を打つことができるようになる。

　このような分析を行えるようにするために、効果測定ごとに毎回必ずその数値を蓄積し、前月や1年前と比較できるようにしておかなければならない。このため、最初の目標設定の段階で比較・蓄積可能な数値指標かどうかを十分に検討しておく必要があるだろう。

　また、新規にウェブサイトを立ち上げる場合は比較に使う過去のデータがないため、目標設定しづらいかもしれない。その場合には、類似するウェブサイトやサンプルとなるデータ（ウェブサイトであるかどうかは問わない）から導き出せないか検討するとよい。

　たとえば、店舗や電話などで販売していた商品をウェブサイト上でも販売するとなった場合、「年間売上げの10％をウェブサイト経由で売り上げる」という目標値を設定したり、電話サポートのコスト低減を目的として新規にサポートサイ

トを立ち上げる場合、「電話でのサポートコストの15％ダウンを実現する」といった目標値を立てることもできる。

　目標の設定時には「何％アップ」「何％ダウン」という表現が使われることが多い。ここで示されている数値は、過去の数値の推移や、サイト設計やリニューアルにかかる投資対効果なども見極めた上である程度論理的に算出するが、最終的な数値は経営層の判断で決められる。たとえば、先ほど紹介した「住宅ローン　問い合わせ10倍」というのも、ほかの類似商品での経験値やビジネスへのインパクト、投資対効果なども考慮したが、最終的には「10倍程度の数字に持っていく」という経営層の意思決定であったと言える。ある程度論理的に数値を積み上げたあとには、このような大胆な意思決定があってもよい。

　付け加えると、このような細かな数字の部分はのちほど修正することも可能であるため、もし最初から詳細数値の設定が難しい場合には、まずは大きくどの指標がどの程度伸びる／下がるのかを計測し、サイト戦略検証時に最終設定するとよいだろう。

1.3.4 検証作業を通じて目標見直し

　ユーザ中心設計を進めると、後段でユーザの視点からサイト目的の実現可能性を調査することになる。その際、最初に設定した目的・目標が変わることがある。ただし、変更が入る部分の多くはサイト目的自体よりも、その目的を達成する上での手段や方法であることが多い。

　いずれにせよ、間違った目的・目標、あるいは方法・手段のまま突き進んでしまうのを阻止すること自体は、むしろ歓迎されるべきことである。特に目標値は変更が入りやすい部分でもあるため、柔軟に随時見直していくとよいだろう。

　サイトの目的と目標が設定できたら、次にターゲットユーザを定義することになる。

1.4 ターゲットユーザの定義

サイトの目的と目標がはっきりとしたら、次は「誰のためのサイトにするか」を定義する作業に取り掛かる。具体的には、ターゲットユーザを設定し、ユーザニーズやユーザの行動シナリオを洗い出していく。

1.4.1 自分とユーザは異なることを意識

サイト運営者は、自分とよく似たユーザを設定する傾向がある。「ユーザは○○が知りたいはずだ」といったユーザニーズを議論することがあるが、その大半は、「自分がそうだからだ」とか「うちのサイトのユーザはこうあってほしい」といった自分のニーズを知らず知らずのうちに投影している。実際に「私だったら……」という発言はユーザニーズを検討する際にウェブサイト運営者からよく聞く言葉である。

もし、**サイト運営者が思うユーザニーズとまったく同じニーズを抱えているユーザが存在するとすれば、それは競合サイトの運営者だ**という皮肉が言われるくらいに、実際のユーザと想定しているユーザ像は大きく異なる。

ウェブサイトはユーザのものであり、ユーザのためになればなるほど、それはサイト運営者のためになる。自分が作るものを相手に気に入ってもらうためには、相手が誰なのか、どんなニーズを持っているのか理解する必要がある。

誰しも「あの人がどうしてあんな行動を取るのかわからない」と身近な人に対して思った経験があるのではないだろうか？ 身近な人の気持ちであってもわからなくなるのだから、ましてやユーザのニーズなどわかるはずもないと考えたほうがよい。そう意識することで余計な先入観が排除され、より多くのユーザ情報が把握できるようになる。

ユーザに関するできる限り多くの情報が事前に把握できることで、戦略的なサイト設計が実現できるようになる。相手の動きがわかれば、こちらも策を練りやすいのである。

ターゲットユーザに関する作業を行うときの心構えはこのぐらいにして、次に

実際の作業内容を見ていくことにしよう。

1.4.2 既存データを参照してターゲットユーザを設定

　ターゲットユーザの定義は最初から完璧にできるわけではない。特に新たなサイトを立ち上げる際には参考となるデータや資料が少なく、知識や経験に頼ったものにならざるを得ないかもしれない。

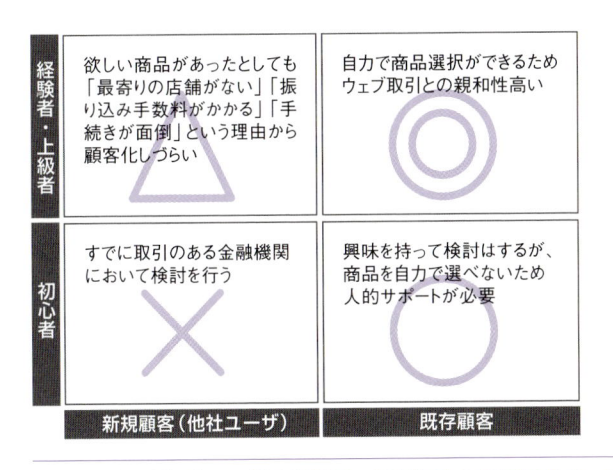

	新規顧客（他社ユーザ）	既存顧客
経験者・上級者	欲しい商品があったとしても「最寄りの店舗がない」「振り込み手数料がかかる」「手続きが面倒」という理由から顧客化しづらい △	自力で商品選択ができるためウェブ取引との親和性高い ◎
初心者	すでに取引のある金融機関において検討を行う ×	興味を持って検討はするが、商品を自力で選べないため人的サポートが必要 ○

図1.5 ● ターゲットユーザの定義例：金融機関　某商品紹介ページ

　まずはわかる範囲でターゲットユーザを想定してみることからスタートする。ターゲットユーザの精度を高める検証作業があとに控えているため、この段階では厳密に定義する必要はない。
　ターゲットユーザを考える場合、すでに設定したサイトの目的・目標に照らし合わせながら、想定できるユーザを洗い出し、優先度を付けて絞り込んでいく。その際、ユーザに関するデータが手元にあれば、それら既存のデータを参照してできる限り精度の高いユーザ設定を行うよう努める。
　ユーザを想定するときのポイントには、大きく以下の3つがある。

- 収益性の高いユーザ、ビジネス貢献度の高いユーザ
- 規模の大きいユーザ

- サイト利用意向の高いユーザ

まずは、これらのポイントをもとに狙いたいユーザを絞り込んでいく。最初の2つであるユーザセグメントごとの収益性や市場規模は、サイトを立ち上げる前に事業戦略を立案しているのであればすでに検討されているはずであり、そのときの資料やデータが参考になるだろう。

サイト利用意向の高いユーザを見出す際には、既存のマーケティング資料や現行サイトのサイト経由の問い合わせ内容、申し込み・購入データ、アクセスログ解析などを活用することで、どんなユーザがマジョリティなのかを分析する。また、現行サイトがある場合には、ログを解析してユーザを類推することをお勧めする。

アクセスログ解析で把握できるサイトの流入元、行動パターン、アクセスの多いページの内容、検索キーワードなどの情報は、ユーザの輪郭を推測するのに非常に役立つ。たとえば、流入元に検索サイトが多い場合、会社名など企業やサイトを特定できるキーワードで流入してきているのか、それとも商品やサービス名などが多いのかといった情報がユーザ像を推測する手がかりになる。アクセスの多いページはニーズの表れと捉えることもできる。このようにアクセスの記録から、ユーザ像やニーズを積み上げていくことでターゲットユーザの定義を進めていく。

ウェブサイトを新規に立ち上げる場合はアクセスログなどのインプットがないため、異なるアプローチが必要となる。この場合、サイトの目的やサイトで提供しようと考えている情報・サービスの属性をブレークダウンしながら誰をターゲットとすべきか探っていくとよいだろう。

1.4.3 ユーザ行動に影響を与える要素で分類

既存データなどを活用しながらターゲットユーザを定義していく際、収益性や市場規模という観点のほかに、ユーザの属性や特徴、ニーズなどユーザの行動に影響を与えるような項目によって、いくつかのセグメンテーションに分類するとよい。

このようにターゲットユーザを分類して定義することで、次の2つができるよ

うになる。

- ユーザ像およびユーザニーズをより明確化する
- ユーザに優先順位を付けて管理する

　まず、分類によってターゲットユーザに関する情報、ニーズの取り扱いが容易になり、ウェブサイト設計のあらゆる場面における作業を効率的に進めることができるようになる。

　また、ウェブサイト上であらゆるユーザに個別の対応ができるのであればユーザに優先度を付ける必要はないかもしれないが、実際にはそううまくいかないことが多い。たとえばサイトのトップページでは、新規顧客（初心者）と既存顧客（リピーター）など、いろいろなユーザセグメントのニーズを1つの画面で満たすことが求められる。その際、あらかじめターゲットユーザに優先度付けがしてあれば、画面を設計する上での大きな指針となり、作業がスムーズに進められるようになる。

　実際にターゲットユーザの分類作業をする際の重要なポイントは、「ユーザ行動に影響を与える要素で分類すること」である。

　つまり、定義した各ユーザ間でニーズや選択する行動が異なるかどうかが重要になる。なぜなら、ユーザニーズが異なればユーザの行動が変化し、ユーザの行動が異なれば、自ずとサイトのあるべき姿が変わってくるからである。

　たとえば会社情報サイトの場合、「潜在顧客」「既存顧客」「就職活動生」「転職活動ユーザ」「個人投資家」「機関投資家」などの分類が考えられる。また、新築分譲マンション紹介サイトの場合、「子供のいない夫婦層（DINKSなど）」「一人暮らし層」「ファミリー層」「投資家層」といった分類になるかもしれない。

　これらはユーザの立場や特徴で分類した例だが、各分類間でユーザニーズが明らかに違うことは容易に想像がつく。ユーザの行動に影響を与える要素を考えると、「子供のいない夫婦層（DINKSなど）」「一人暮らし層」はさらに性別や年収、現在の居住地域といった観点で分類が必要になってくるかもしれない。

　つまりユーザを捉える際には、ユーザ行動に影響を与え、その行動を変化させる要素をできる限り洗い出しておくことが必要となる。

> **ユーザ行動に影響を与える要素（一例）**
> - 年齢、性別、居住地域、年収などのデモグラフィック属性
> - ユーザの趣味、嗜好
> - 使用するパソコン種類、デバイス（PC サイトか携帯サイトか、ノートパソコンかデスクトップかなど）
> - インターネット、パソコンへの習熟度
> - そのサイトが取り扱う商品・サービス・情報における習熟度（初心者か上級者か）
> - そのサイトが取り扱う商品・サービスへの関心度
> - サイトを使うタイミング

　上で示したようなユーザの行動が変わる要素を含め、どのユーザがどんなニーズを持っているのか、扱いやすい単位で把握しておくことで、ニーズが対立した場合などの意思決定をスムーズにサポートしてくれるようになる。

Column

デモグラフィック属性での分類は時代遅れか？

　最近のマーケティング関連の書籍などでは、「デモグラフィック属性（年齢、性別などの人口統計基準）は意味をなさなくなっている」と書かれることが多い。ではどう分類すればよいのかと戸惑うウェブサイト運営者も少なくないだろう。

　第1部でも指摘したように、ユーザは非常に曖昧模糊としたものになり、捉えどころがなくなってきているのは事実である。だが、「デモグラフィック属性で定義してはいけない」という決まりがあるわけではない。

　ウェブサイトのターゲットユーザを定義する上で重要なのは、サイト目的達成を実現してくれるユーザであるかどうかである。この大前提に沿って「ユーザがどんな人でどのような目的を持っているか」の検討を行い、まずはデモグラフィック属性も含め、既存データを活用したり、ユーザ行動に影響を与える要素など思いつく限り想定ユーザ像を書き出し、優先度を付けて絞り込んでいくことをお勧めする。

　分類はあとからいくらでもできるし、ターゲットユーザについては何回も検証を行うため、最初のうちから綺麗に分類する必要はない。また、デモグラフィック属性はわかる範囲で書き出しておけば、あとでユーザビリティテストの協力者を募る際に役に立つ。

1.5 ユーザのニーズ・心理の想定

　いくらサイトの目的に合致したユーザを定義したとしても、実際にそのユーザがサイトを使ってくれなければ何の意味もない。そのため、「想定したユーザにそのサイトを使いたいというニーズがあるのかどうか？」という根本的な問題をこの段階できちんと検討しておかないといけない。

　ユーザニーズの分析は、すべてのサイト設計・構築プロセスの中での土台となる。先に設定した「サイト目的＝ビジネスゴール」と、これから行う「ユーザニーズ＝ユーザゴール」のバランスがうまく取れたとき、そこから成果とユーザ満足が生み出されるのである。

　以下では、ユーザニーズや心理を洗い出す作業について解説する。

戦略立案ステップ		ビジネス側	検証	ユーザ側
①サイトの目的	目的	サイト運営の目的	⇔	ユーザのサイト利用目的
	目標	サイト運営の目標	⇔	（ユーザの目標）
②ターゲットユーザ	ターゲットユーザ	狙いたいユーザ像、規模	⇔	実際のユーザ像、規模
③ユーザニーズと心理	ニーズ	ビジネスニーズ	⇔	ユーザニーズ
	インセンティブ	強み、提供価値	⇔	サイト利用の動機
	心的状況	ユーザ心理状態	⇔	心理状態
④ユーザ環境	認知経路	認知、流入経路、状況	⇔	認知、流入経路、状況
	物理的環境	接続環境	⇔	接続環境
	競合・仲間把握	競合、代替、仲間	⇔	比較対象、代替、同時利用
⑤行動シナリオ	シナリオ	想定する行動シナリオ	⇔	行動パターン
サイト戦略		ユーザ誘導シナリオ	⇔	ユーザ行動シナリオ

図1.6 ● サイト戦略立案ステップ

1.5.1 ユーザのニーズを検討

　ユーザニーズを洗い出す際には、先に立案したターゲットユーザ定義に従って、ユーザが求めていることを書き出していくことからスタートする。

　といっても、最初のうちは情報が少ないために、「おそらくこうだろう」といった想定の部分が多くなってしまうはずである。したがってこの段階では、現時点で入手可能なデータやこれまでの知見からニーズを類推し、思いつく限り洗い出していくとよい。なお、この作業で挙がったユーザニーズは、次に仮説となり、ヒアリング調査、ユーザビリティテスト、場合によってはアンケート調査、フィールド調査などで検証されるため、この段階でニーズの妥当性や有無などを詳細に検討する必要はない。

　作業のコツとしては、手元にあるデータ、たとえば「コールセンターへのお問い合わせ内容」などを参考にしながら、サイトを利用するユーザがサイトに求めるものや、サイトに求めてほしいと思うものをブレーンストーミングのように列挙していく。具体的には、次のようなものが挙げられていくことになる。

- ユーザはなぜそのサイトにアクセスするのか？
- ユーザ側の目的は何か？
- そのサイトでユーザが知りたいと考えている情報、使用したい機能、達成したいことは何か？
　－営業担当者とコンタクトを取るためにサイトにアクセスしているのか
　－営業マンと話さなくてすむためにサイトを使っているのか？

ユーザニーズ
「ユーザが達成したい目的・課題は何なのか」

■ 決済について
- すばやく、手軽（簡単）に決済したい
- 手数料を安く済ませたい
- 安全な方法で決済をしたい
- 必要以上の個人情報を渡さずに取引したい
- 難しそうだけど興味のあるオークションにチャレンジしたい

図1.7 ● 決済サービスのユーザニーズ例

上記のようにユーザの立場に立って、ユーザのゴールとその中での手段をユーザニーズとして定義していく。

ある程度ユーザニーズを挙げることができたら、次にそれらのニーズに優先度を付けておく。**ユーザはすべてのニーズに同じだけの情熱を傾けるわけではなく、ニーズには必ず強弱がある。**「必ず必要なことと、あればよいこと」「このニーズがクリアされないと、次のニーズが発生しないもの」など、さまざまな観点から優先度を付けることができる。もちろん、この段階では想定ベースでよい。

注意点としては、ユーザニーズを洗い出す際には、あまり時間をかけすぎないことが重要である。延々と時間をかけて考えたニーズも、あとから検証してみるとまったく違った答えであるケースが非常に多い。データからわかる範囲、想像の範囲内でまずはユーザが求めるものを一度考えてみる作業自体に意味があるのであり、その結果の妥当性はさほど問わない。

ニーズに思いをはせる作業をここできちんと行っておくことで、おそらくさまざまな疑問が出てくる。それらの疑問はあとで行う検証作業の検証ポイントになるというメリットがある。また、ユーザニーズについて真剣に考えた経験があると、検証した際にその発見点をスムーズに受け入れることができるという効果もある。

もちろん、適当でよいというわけではない。短い時間に集中してユーザニーズについて真剣に考えておく程度でよいだろう。

1.5.2 ユーザのインセンティブを検討

ユーザのニーズを考えると同時に、ユーザにとってのサイト利用のインセンティブ、つまり「なぜそのサイトを使うのか」も検討しておく。その際、まずは運営サイドの「強み」や、「ユーザに提供できる価値」は何であるのかを明確にするとよい。**成功するウェブサイトは、このサイトの強みが、ユーザのインセンティブとほぼ合致する**からである。

このときに考えるポイントは、以下の2点である。

- 他社、他サイトにはない自サイトの強み、提供価値
- 他媒体にはないインターネットメディアによる強み、提供価値

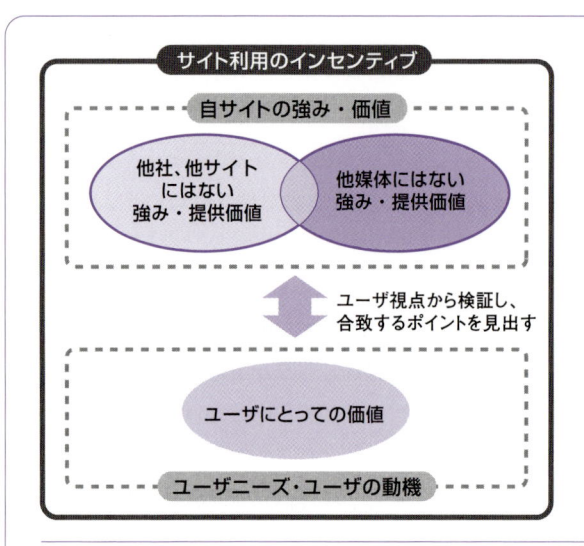

図1.8 ● サイト利用のインセンティブ検討のポイント

　まず、1つ目の自サイトの強みを考えるときには、「なぜこのサイトでなければならないのか」という点を検討し明文化していく。他サイトや他社と比べ、自サイトで提供する情報や機能、また提供主自体のどこに強みがあるか見ていくとよい。また、強みは些細なことでもかまわないのできる限り多く列挙するとよい。

　たとえば、銀行サイトで外貨預金の販売促進を行う場合、サイトの強みを「外貨預金の情報に関する速報性や詳報性、ネット独自の金利優遇メリット」と定義したとする。しかし、競合サイトの外貨預金と比べた場合、「ほかの金融機関にはない通貨の外貨預金商品を提供している」という強みがあることに気づくかもしれない。これは、ユーザにとってのサイト利用のインセンティブに十分なり得る。

　実はこの例のように、既存ビジネスを行っている場合、インターネットでは何か目新しいものを見せなければいけないような強迫観念にかられるためか、「外貨預金の商品ラインナップが優れている」といった自社の価値自体は見逃される傾向がある。しかし、ユーザの目から見たときに、「運営側では当然視している強み」が新鮮に映り、サイト利用の強い動機となることがよくある。そのため、この段階でできる限り網羅的に「強み」や「競合優位性」を明確にしておき、その中からユーザに響くポイントを後段で検証していくことで、サイト戦略は現実味を帯びた形となってくる。

この例の場合、サイト上で「当銀行の外貨預金ラインナップは以下のとおりです」と謳うか、「当銀行には、（ほかにはない）○○という外貨預金の取り扱いがあります」とアピールするのかは、同じ内容にもかかわらずユーザにとって大きな違いとなる。この段階で自サイトに関するあらゆる価値に目を向けていないと、できあがったサイトでユーザにとっては的はずれとも言える情報の謳い方をしてしまうことになってしまうのである。

　このようにサイトで取り扱う情報、商品、サービスや、運営主体自体の強みなども十分にユーザをサイトに惹きつける魅力となるため、きちんと検討し、できる限り多く洗い出しておくと戦略に幅と深さが出るだろう。

　2つ目のポイントは、他媒体にはない強みや提供価値を明確にする。たとえば、書籍販売のサイトの場合、なぜ街の書店や図書館ではなく、オンライン販売がよいのかと検討していく。まずは、ターゲットユーザの生活スタイルを洗い出しながら考えていくとよいだろう。

他媒体にはないインターネットメディアの強みの例

- 自主性：時間の制約がないこと
- 手軽さ：テレビ、雑誌、口コミなどの媒体で知った情報をインターネットで手っ取り早く調査できること
- 詳報性：パンフレットなど手元にある情報より、詳細な情報を知ることができること
- 速報性：最新情報がわかること
- 独立性：営業などされずに自主的に情報収集ができること
- 検索性：雑誌や店頭、パンフレットよりも情報の検索性が高いこと
- 網羅性：ほかの情報も比較、閲覧できること
- 特異性：インターネット特有の特典があること（オンライン値引きなど）
- 独占性：近くに代替となるものがなく、インターネットでしか入手できないこと

　具体的には、ユーザがどのような状況でサイトを使用するのか、考えられるケースを整理し、可能性が高いものを拾っていくというやり方が近道である。

サイトを立ち上げてもうまくいかなかった原因の多くには、ユーザが目的達成のためにインターネットという手段を選択しないことが挙げられる。このような事態を避けるためにも、同じ目的を達成する上での他媒体の存在の有無や、そのときの強みを明確にしておく。

これらを検討した結果、ユーザにサイトを使うだけの動機もニーズもないと判断された場合には、ターゲットユーザの定義や、最初に行ったサイト目的設定に戻る必要がある。前の作業に立ち返って再考しよう。

1.5.3　ユーザの心理状態を検討

ウェブサイトを成功に導くためには、ユーザの心理面まで理解しておくことが必要となる。どの段階で、どういう気持ちになるのか、何を見たらどう思うのか、といったことが事前にわかれば、サイトはより効果的にユーザに訴えかけることができるようになる。

ただし、ユーザの心理を運営側で想定するには限界がある。心理面を推察する方法として、さまざまなデータの積み上げによる類推、ユーザニーズの深堀り、ユーザのネット上の書き込みなどがあるが、これらはどうしても運営側のバイアスが入る余地が大きく、あまり効率的だとは言えない。結局のところ、これについては実際のユーザに対して調査を行うことで、インプットを得るのが最善となる。具体的な方法やポイントについては、次章の「サイト戦略検証」で取り扱う。

この段階では、特に「ユーザはなぜそのニーズを持つのだろうか？」といったニーズの発端や原因の深堀りを行っておくことで、多少なり心理面についての考察をしておくとよい。

ユーザが行う行動の意味をひとつひとつ考察することは、ユーザの心理面の把握につながる作業であるため、ほかの作業の中でも常に考えておくとよいだろう。

1.6 ユーザ環境の定義

ターゲットユーザおよびユーザのニーズやインセンティブが整理できたら、次はそのユーザを取り巻く環境について考えを進める。

戦略立案ステップ		ビジネス側	検証	ユーザ側
①サイトの目的	目的	サイト運営の目的	⇔	ユーザのサイト利用目的
	目標	サイト運営の目標	⇔	（ユーザの目標）
②ターゲットユーザ	ターゲットユーザ	狙いたいユーザ像、規模	⇔	実際のユーザ像、規模
③ユーザニーズと心理	ニーズ	ビジネスニーズ	⇔	ユーザニーズ
	インセンティブ	強み、提供価値	⇔	サイト利用の動機
	心的状況	ユーザ心理状態	⇔	心理状態
④ユーザ環境	認知経路	認知、流入経路、状況	⇔	認知、流入経路、状況
	物理的環境	接続環境	⇔	接続環境
	競合・仲間把握	競合、代替、仲間	⇔	比較対象、代替、同時利用
⑤行動シナリオ	シナリオ	想定する行動シナリオ	⇔	行動パターン
サイト戦略		ユーザ誘導シナリオ	⇔	ユーザ行動シナリオ

図1.9 ● サイト戦略立案ステップ

1.6.1 認知・流入経路、状況の洗い出し

ここでは、ユーザがサイトの存在を知るきっかけや、サイト訪問までの流入経路、またサイトを利用するときの具体的な状況について検討する。

ユーザがサイトにアクセスする前にどこで何をしていたのかは、サイトの中身を考える上でも重要な情報となる。サイトの認知経路、流入経路、利用状況について、わかる範囲で列挙しておく。

表1.1 ● クレジットカード会社のサイト認知・流入経路・利用状況洗い出し例

サイト認知経路	テレビ CM、雑誌広告、比較サイト、ネット広告、友人・知人からの口コミ
サイト流入経路	検索エンジン、比較サイト、メールマガジン（既存会員）、お気に入り、ネット広告
サイト利用状況	サイトの内容がユーザのプライベートな情報に関するものであるため、主に休日や夜間に自宅からアクセス（平日昼間など、会社からアクセスしている動きは少ないと想定）。ただし、緊急時には外出先からパソコンや携帯電話からアクセスする可能性あり

　これらは、サイトのプロモーションを考える上でのインプットとなるだけではなく、サイトのあり方自体も左右する。ユーザのサイト外での経験や、そこで触れる情報は、そのままユーザニーズの形成につながるからである。また、たとえば検索エンジンから流入が見込めるのであれば、検索エンジン上位表示対策などの対応が必要になるかもしれない。

　もちろん、サイト内への影響だけでなく、サイト外への施策を考えるためにもこれらの認知や流入に関する情報は役立つ。サイトの内での効果を上げるために、コストがかかってもほかのサイトを"場所借り"する、つまり広告を出すべきであれば、それはサイトの一部としてきちんとユーザ中心設計手法に則った設計作業が必要になるだろう。なぜか広告だけは切り離されて検討される傾向があるが、場所が他サイトのドメインにあるだけで広告も自サイトと同じように扱うべきである。そして自サイトと同様にユーザ中心設計手法を用いて設計していけば、効果を最大化できる。

　認知経路は、サイトを認知してもらうために行った過去のプロモーション活動の結果などを参照して列挙していく。たとえば、新規にサイトを立ち上げる場合、認知経路となりそうなものとして、検索、ネット広告、新聞・雑誌・電車内広告、アフィリエイト、口コミ、メールマガジンなどが挙げられる。

　流入経路を洗い出す際には、アクセスログ解析結果が非常に役に立つ。流入元で多いサイトや、アクセスログ上で「no referral」となるお気に入りやメールからの直接流入の割合を調査するとよい。また検索エンジンからの流入が多い場合には、その際に使われているキーワードを分析することで、ユーザが何を期待して流入してきたかを知ることができる。

　また、サイトを使う直前にユーザが置かれている状況も検討する。たとえば、健康食品の通販サイトで有名なケンコーコム（http://www.kenko.com/）では、テレ

ビ番組で健康食品が紹介された直後に急激にアクセスが増える傾向がある。これは、テレビで紹介されたものを買おうとして、サイトにアクセスしているユーザの姿を表している。

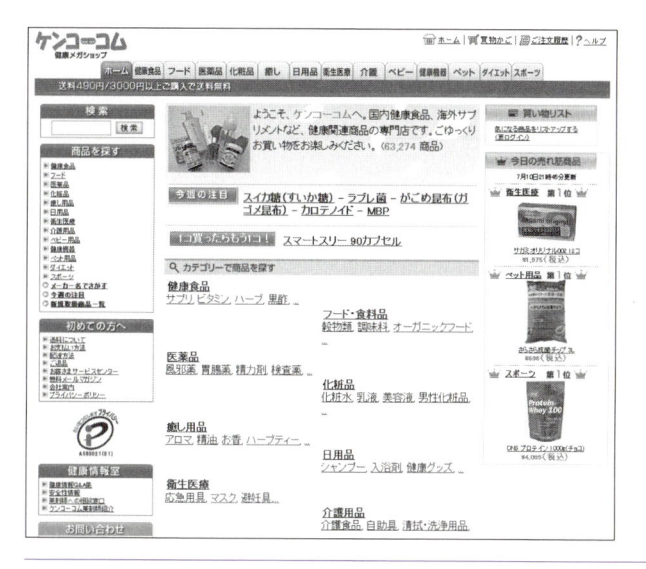

図1.10 ● ケンコーコム（http://www.kenko.com/）

　別の例としてクレジットカード会社のサイトを使う状況を考えてみる。ユーザが社会人になって、あるいは昇進をして新たにクレジットカードを作ろうとサイトにアクセスすることもあれば、新たにカードを作ったあとで現在保有しているカードの解約手続きをしようと思ってサイトにアクセスするケースもあるだろう。少なくとも、クレジットカードについてはプライベート性が高く、場合によっては個人情報を送信することもあることから、会社・学校よりは自宅からアクセスする可能性が高いと考えられる。

　クレジットカード会社のサイトを利用する状況はこれだけではない。たとえば、カードの入ったお財布を夜遅くに落としてしまって、カードを利用停止にしようとあわてた経験はないだろうか？　あわてて家に帰ってカード会社への電話番号を調べようとしても、入会規約や月次明細が手元にない場合、ウェブサイトを使って調べるのは自然な流れである。

人によっては、外出先から携帯電話のフルブラウザ機能を使って、カード会社の名前で検索をかけて、カード紛失時の連絡先を調べ始める可能性もある。ユーザがこのように切羽詰まってあわてている状況にあるのであれば、それに対応した情報提供が必要になるのは明白である。「カードの盗難・紛失はこちらへ」といったリンクをトップページに配置するのはもちろんのこと、パソコンに比べて画面エリアの小さい携帯電話のフルブラウザで見た場合の見つけやすさも考慮する必要がある。

　このように、そのサイトが使用される状況や認知・流入経路をあらかじめ踏まえておくと、サイトに対する要件が自ずと明確になってくる。この段階では想定できる限りの状況を思い浮かべ、ひとつひとつ整理しておくようにする。

1.6.2 接続環境の定義

　ユーザの接続環境については、サイト戦略を定義していく上ではさほど重要ではないと思われるかもしれないが、サイト設計・構築作業において、画面サイズやファイルサイズの目安、またコーディング方針を判断する上での情報となるため必須作業である。

　ここで考慮すべき「接続環境」は詳細である必要はない。以下の項目について想定しておくとよいだろう。

- OS（オペレーティングシステム）
- 接続スピード
- インターネット接続をしている環境（自宅／会社／その他）
- ブラウザの種類とバージョン
- モニターの解像度

　現行サイトがある場合、OS やブラウザ種類／バージョンはアクセスログ解析で把握できる。これらの情報から、「このブラウザのバージョンが大半を占めているのなら、CSS、JavaScript を使用しても大丈夫だろう」とか、「この接続スピードがあれば、3分程度の動画なら提供してもよいだろう」とか、「ターゲットユーザとそのニーズから考えると、会社から接続する人が多いと思われるから、短時間で

把握できるコンテンツを用意すべきだろう」といった選択が可能になる。

　この作業を行う際には、接続環境からターゲットユーザを想定しないよう注意が必要である。たとえば、「Mac OSを使っている人もいるから」「ダイヤルアップユーザもいるはずなので」といったように接続環境から議論すると、ターゲットとなるユーザ層は狭まるばかりで、真のニーズを見失う可能性が出てくる。

　たしかに、どのような環境にも対応できるように最適化されているウェブサイトが理想であるのは言うまでもない。しかし、多種多様な環境すべてに対応していたのでは、制作工数やコストがかかりすぎてしまう。より多くのユーザを救おうとして、大多数の一般的なユーザに不利益を強いては本末転倒となるため、どのラインまで対応するのかこの段階で簡単にでも議論しておくと、そのあとのウェブサイト設計・構築を効率よく進めることができるだろう。

1.6.3 競合、代替、仲間を調査

　サイトの目的やユーザ像が明確になってきたら、さらにそれを固めるために、サイトの競合、代替、また仲間の調査を行う。

　「競合」とは、文字どおり競合サイトや競合他社を意味しており、ユーザを奪い合う対象となるサイトを指す。

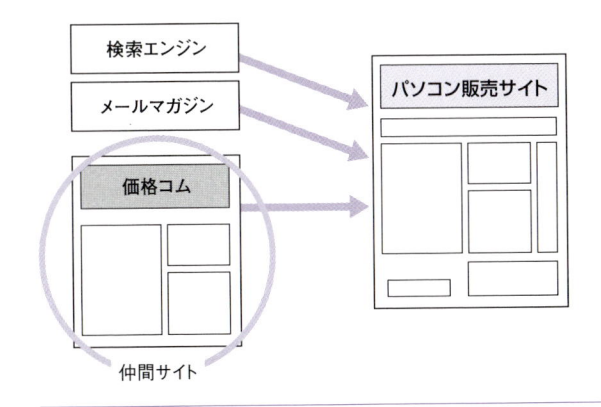

図1.11 ● 仲間サイトの例
　　　　一派的な流入経路のほかに特に自サイト利用を促進する他サイトを"仲間"サイトとして認識しておく

「代替」とは、競合と似ているが少し性質が異なる。代替は、サイトにおいてユーザの目的が達成できない場合に代わりとして使うものを指し、必ずしもユーザを奪い合う競争関係になるというわけではない。たとえば、オンライン書籍販売サイトであれば、ほかのオンライン販売サイトが競合になるが、代替としては、お目当ての書籍内容を紹介した個人のサイトなどが挙げられだろう。

「仲間」というのは、自サイトの利用を促進するような他サイト、媒体を意味している。たとえば、パソコン販売サイトの場合、価格コムから多数のユーザが流入してきているため、価格コムは仲間サイトと定義することができるだろう。また、もし手元に雑誌やパンフレットなどの媒体を見ながらサイトを使用するのであれば、それらも仲間に位置付けられる。

競合を含め関連するさまざまなサイトや媒体が、ユーザのニーズに答えるために独自のアプローチを取っており、そこから学べることは多い。たとえば、競合間での小さな違いが、実は大きな結果の違いを生んでいることもある。どのサイト・媒体の戦略・戦術が成功していて、どこはうまくいっていないのかを理解することは、自分のサイトで何が機能するのかを知る上で必須であり、かつ何に注力するのがベストであるのかを判断する重要なインプットとなる。

また自サイトの競合、代替、仲間を定義することで、ユーザの実際の状況を把握し、サイト利用の流れをより深く理解できるようになる。サイトは単体で使われるわけではなく、常にさまざまな外的要因が作用しており、それらを事前に把握することで、他媒体との相互作用戦略を打ち立てたり、あるいは差別化の図り方、見せ方を明確化できるようになる。

この中でも、特に競合調査は一般的な作業であるため、馴染みがあるかもしれない。通常の競合調査では、有価証券報告書などの文書や各種アンケート調査などにより、競合のビジネスモデルや収益構造、マーケットシェアや顧客属性、広告戦略といった情報を明らかにするが、サイトのどの部分が本当に使われているのか、どういう状況でそのサイトが使われるのかといったユーザの視点が不足しがちである。

ユーザ中心設計における競合、代替、仲間媒体の調査は、従来の調査には欠けている「ユーザの視点」を重視しながら進めていく点に特徴がある。具体的には、ユーザのサイトに対する捉え方やサイトの使われ方を主に調査していく。このように競合などの調査にユーザの視点を取り入れると、たとえば、競合であると思

っていた会社およびウェブサイトが、実は競合ではないことが判明することがよくある。これは、これまで気づかなかった、隠れた競合を見つけるチャンスにもなる。

　従来の競合調査がトップダウン的アプローチであるのに比べ、ここで紹介する競合調査はボトムアップのアプローチと言える。だが、実際の調査方法はさほど大きく変わらない。次に、具体的な作業について詳しく見ていくことにする。

調査対象

　通常、競合とはオンライン、オフライン問わずすべての選択肢を指すが、この段階まできていたら、少なくともインターネットでのサービスに対してはユーザのニーズが存在すると判断されているため、競合はウェブサイトに限定してよい。たとえば、音楽CD販売サイトの場合、既存のCDショップは本来的には競合と言えるが、ここではこのようなインターネット以外の媒体は競合から除外して考える。

　また、そのウェブサイトを代替するオンラインおよびオフラインの選択肢がある場合には、それらを代替品として定義する。たとえば、Yahoo!カレンダー（http://calendar.yahoo.co.jp/）やサイボウズ（http://cybozu.co.jp/）のようなスケジュール管理サイト（ツール）の場合、卓上カレンダーや手元の手帳は代替として定義できるだろう。

　仲間については、オンライン、オフライン問わずサイト利用を促進するものとして洗い出しておくとよい。よく挙げられるものとしては、雑誌や電車広告、DM、メールマガジンなどがある。

調査方法

　競合、代替、仲間調査でまず行うべきことは、競合サイト、代替品、仲間サイトなどの洗い出し作業である。それぞれ、すでに認識しているものを羅列する以外にも、ディレクトリ型の検索サイトにアクセスし、サイト構築後に登録する予定のカテゴリーを探して、そのカテゴリーの中にすでに登録されているサイトを競合とみなすと手っ取り早い。また、比較サイトや個人のブログ、ソーシャルブックマークサービスや共有型のRSSリーダーにおいて同列に登録されているサイトからも、実際のユーザが何と比較しているのかを知ることができる。

	A銀行	B銀行	C証券	D証券
商品検索・商品選択ナビゲーション機能	○	×	○	○
	「ぴったりファンドナビゲーション」		検索機能「キーワード」「50音順」「運用会社」「分類」「基準価額」「表示順」	検索機能「フリーワード」「運用会社」「分類」「基準価額」「純資産総額」
分類表示	×	○	×	○
		軸：国内海外 横軸：株式・債券・不動産投信（バランス） 表示：各ファンドの説明を表示		文章形式で各分類（「国内株式型」「海外株式型」など）を表示
基準価額表示	●取り扱いファンド一覧に表示 ●各ファンド詳細ページに表示	×（運用会社ページへリンク）	●取り扱いファンド一覧に表示	●一覧表示 ●各ファンド詳細ページに各ファンドごとに表示
基準価額チャート	○	×	○	○
配当金表示（運用レポートに記載除く）	○	×	×	○
目論見書のダウンロード	○	×（運用会社ページへリンク）	○	○
運用レポート	×	×（運用会社ページへリンク）	×	○
ランキング	×	×	×	×
			検索で並べ替え機能（基準価額昇・降順）	人気商品を表示
情報提供会社	QUICK	各運用会社	QUICK	QUICK
総括	<良い点> ●基礎知識のコーナーが初心者に親しみやすいコンテンツになっている ●ファンド比較機能、ファンドナビゲーションがあり、初心者が自分に合った商品を選びやすい <改善点> ●2系統に分かれていて統一性がない ●有用な情報は多いが、旧A銀行の顧客の場合には、そのコンテンツになかなかアクセスできない	<良い点> ●用語集などの基礎コンテンツが充実しており、初心者への配慮がうかがえる <改善点> ●基本情報は確実に載せ、それ以外詳細、参考情報についてはほとんどを運用会社ヘリンクを張っている ●またジャンプしたページが、通常、運用会社のトップページのため、ユーザは新しいページで再度必要な情報を探索する必要がある ●文字が非常に多い	<良い点> ●基本知識編の内容が充実している（ただし、いろいろなところにリンクするため、居場所を見失う） <改善点> ●ファンドを比較しにくい ●ファンドの種類がわかりづらく、初心者には自分に合った商品を探しづらい	<良い点> ●投信トップページで商品紹介をしている ●初心者ではなく、リピーター、上級者を狙っているとうかがえる。ターゲティングが明確なのは良い ●セミナーへの誘導を積極的に展開。オフラインとの連携も踏まえた販売促進を行っている <改善点> ●ページ途中へのリンクが多く、欲しい情報が見つけづらい ●検索機能が見つけづらい

図1.12 ● 競合調査の例

縦軸に評価基準、横軸に競合サイトを一覧化。各金融機関の投資信託カテゴリーについての競合調査のため、評価基準に「分類表示の有無」「ランキング提供の有無」などを置いている

次に、競合サイト、代替サイト・代替品は、それを実際に使用してみて、特徴やサイトの狙いなどを評価する。評価の際、先に設定した自サイトのサイト目的に合わせて、「会員登録の促進方法は？」「商品情報の提供形態は？」といった評価基準を設けると評価しやすい。ただし、評価基準はあまり細かくする必要はない。少なくとも「デザイン」「コンテンツ」「機能」といった基本的な部分が押さえられていればよい。大切なのは、競合するサイトがどのような傾向や戦略を持っているかを把握することである。

		競合調査		
		競合サイトA	競合サイトA	競合サイトA
コンテンツ	・会社概要 ・採用情報 ・ニュースレター	○ ○ ×	○ △（採用実績のみ） ×	○ ○ ◎（更新履歴高い）
デザイン	・色 ・画像 ・コントラスト	白基調 アクセント程度 高い（白地に黒字）	コンテンツごとに違う 人物中心 普通	白に赤でアクセント ほとんどなし 高い（白地に濃灰色）
機能	・セミナー申込 ・お問合せ ・検索	○ △（メールのみ） ×	○ ○ ○	○ ○ ○
サイトの狙い		営業よりも採用に重きを置いていると考えられる	サイトを活用する意識はまだ低い。古いコンテンツが残っており、管理されていない印象	コンテンツの質・鮮度、共にレベルが高い。過去のサービス実績をニュースレターで紹介することでサービスの販売促進のみならず検索エンジンからの流入を得る契機となっている

図1.13 ● 簡易的な競合調査の例

代替の調査

競合調査は、従来のマーケティングでも多く使われている手法である。だが、ユーザ中心設計においては、このように競合だけではなく、その代替となるものも調査する。競合と代替はほぼ同じものだと思って差し支えないが、「お互いを競合と認識していない他媒体における競合」をここでは代替と呼ぶと定義すると理解がスムーズに進むだろう。

たとえば、Yahoo!カレンダーでは、自分のスケジュールを入力して管理することができるが、同じことは、ほかのウェブサイトや手帳や卓上カレンダー、ホワイトボードなどを用いてもできる。この場合の「ほかのウェブサイト」は競合、「手帳」「卓上カレンダー」「ホワイトボード」は代替として捉えることができる。

代替品まで調べることにはそれなりの理由がある。**人間は何かの使い方に習熟すると、その使い方に固執し、なかなか新しい使い方を学び取ろうとはしなくなる傾向がある。**たとえば、これまで卓上カレンダーでスケジュール管理を行っていたのであれば、その経験はウェブサイトにも引き継がれることになる。つまりユーザは、卓上カレンダーが持つ機能、利便性をウェブサイト上のカレンダーにも無意識のうちに求める可能性が高いのである。

人間の物事の捉え方はいつも相対的であるため、このように「何と引き合いにしてその物事を見ているのか」を把握することで、サイトの戦略や実際の画面のありさまが見えてくる。

そのため、代替となるものの特徴を整理しておくと、サイトの要件定義をする際に非常に役立つ。たとえば卓上カレンダーの場合、その一覧性やアクセスの容易性、すぐに日付部分に書き込みができることなどが特徴となる。これらのポイントをこの段階でまとめておくとよい。

結果の活用方法

調査結果を受けて、自らのサイトの優位性や必要要件を検討し、それがサイトの目的と合っているのか検証する。

競合相手がまだ手を出してないコンテンツを先んじてやることが優位性になるとわかるかもしれないし、同系列のサイトとして最小限押さえておかなければいけないコンテンツが何なのかも見えてくるだろう。また代替品や仲間サイト・媒体にある機能・利便性が何であるか早い段階で認識していれば、それをサイトに組み込むことができる。

競合相手や代替、仲間を知ることは己を知るということであり、ここは手を抜かずにしっかりと時間をかけて取り組むようにしたい。

調査結果の意外な生かし方

競合・代替・仲間調査はウェブサイト設計の最初のサイト戦略策定段階で行う

が、そのあともウェブサイト運営サイクルの中でならどこでも行うことができる。

　たとえば、サイトの運用時でも、競合サイトと自サイトを見比べることで有益な示唆を得ることができる。ほかの作業同様、競合調査も完璧に実施するためにまとまった時間を取ろうとするよりは、ラフにでも繰り返し、あらゆる段階で行うとよい。

　ここでは主に、サイトリニューアルや立ち上げ時における、競合・代替調査を説明したが、これ以外の目的でも、競合のサイトを使うことができる。

　その1つ目は、画面プロトタイプとしての活用である。競合サイトは今から制作しようとしているウェブサイトのプロトタイプとして捉えることができる。そのため、このプロトタイプ＝競合サイトに対して、ユーザの視点からの検証を行う、つまりユーザビリティテストを実施することで、自分でプロトタイプを作らなくても多くの示唆を得ることができる。ユーザの反応を見ることだけが目的であれば、すでに世の中にあるサイトを使ってテストするだけで十分である。そのときの作業がスムーズに進むよう、なるべく早い段階から競合や代替について把握しておくとよい。

　2つ目の使い方は、ユーザニーズに対するアンテナとしての活用である。競合も自サイトと似たようなユーザをターゲティングしているため、間接的ではあるが、競合サイトからも十分にユーザに関する示唆を得ることができるのである。競合サイトも自サイト同様、日々ユーザニーズに応えるために改善をしているはずであり、その動きを追うことでユーザニーズの変化などを捉えるアンテナとなり得るのである。

　競合をアンテナとして活用するためには、定期的に競合サイトをチェックしておくことをお勧めする。もちろん、これは競合を真似てサイトを運営すべきだというわけではない。あくまで変化を捉えるために活用するのである。

　たとえば、定期的に競合サイトを見ていれば、競合サイトが変わったときに、どこがどう変わったのかを見ることで示唆が得られる可能性がある。また、競合サイトが変わったあとに自サイトのユーザに何か変化があったかを調べてみたり、直接的に競合サイトにユーザビリティテストをかけてユーザの反応を調べることで、その変更の影響度合いを把握することができるだろう。

1.7 ユーザ行動シナリオの策定

戦略立案ステップ		ビジネス側	検証	ユーザ側
①サイトの目的	目的	サイト運営の目的	⇔	ユーザのサイト利用目的
	目標	サイト運営の目標	⇔	(ユーザの目標)
②ターゲットユーザ	ターゲットユーザ	狙いたいユーザ像、規模	⇔	実際のユーザ像、規模
③ユーザニーズと心理	ニーズ	ビジネスニーズ	⇔	ユーザニーズ
	インセンティブ	強み、提供価値	⇔	サイト利用の動機
	心的状況	ユーザ心理状態	⇔	心理状態
④ユーザ環境	認知経路	認知、流入経路、状況	⇔	認知、流入経路、状況
	物理的環境	接続環境	⇔	接続環境
	競合・仲間把握	競合、代替、仲間	⇔	比較対象、代替、同時利用
⑤行動シナリオ	シナリオ	想定する行動シナリオ	⇔	行動パターン
サイト戦略		ユーザ誘導シナリオ	⇔	ユーザ行動シナリオ

図1.14 ● サイト戦略立案ステップ

　ここまでたどり着いたら、ユーザニーズや環境などユーザに関する想定はかなり具体化しているはずである。ここで次に行う作業は、ユーザの行動シナリオの設計である。

　「ユーザの行動シナリオ設計」とは、ユーザが最終的にサイトのゴールにまでたどり着くための道筋や戦術を示す。サイトが扱う内容に対して、ユーザのニーズや状況を考慮しつつ、ユーザがウェブサイト内外で体験する一連の理想的かつ現実的なストーリーを設計するとも言い換えられる。

　ユーザ中心設計では、この「シナリオ」という考え方がすべての根幹をなしている。これは、ユーザのニーズや行動を独立したもの＝「点」として捉えるのではなく、それら「点」はすべて前後関係を持っている一連の流れ＝「線」であるとの考え方である。

　ユーザが持つ事前知識、置かれている状況、これまでの経験を重視するというシナリオの考えを持つことで、真のユーザニーズと心理状態を見出し、より効果的な認知・啓蒙・説得活動を行っていくことができる。裏を返せば、**ユーザニー**

ズは一朝一夕に形作られるものではなく、その背景をきちんと探ることが重要だということである。

　ユーザの「こんな機能が欲しい」といった発言や不満にただ場当たり的に対応するだけでは、点をつぶしているだけにすぎない。シナリオという考え方を持ち、一連の流れを重視することで、戦略性が生まれ、成果を導くことができるのである。

　ユーザシナリオは、ユーザビリティテストなどの検証を経て、最終的には両者にとって理想的なシナリオを描き、それをもってサイト戦略とする。最終的なシナリオは運営側から見れば「ユーザ誘導シナリオ」であり、ユーザ側から見れば、「ユーザ行動シナリオ」または「サイト利用シナリオ」と呼ぶことができる。よくある、ユーザ側の行動の流れを一方的に記述したシナリオとはまったく異なるものである。

　ここでは、その事前作業としてこれまでの各種作業を組み合わせて、まずは運営側が想定するユーザの行動シナリオを策定する。

1.7.1　ユーザ行動シナリオとは

　先ほど述べたとおり、ユーザのニーズにそのまま素直に反応していただけでは、こちらの意図する方向にユーザが動いてくれるとは限らない。あくまでゴールはサイト目的の達成である。オンライン販売サイトであれば、そこで扱う商品を販売し収益を確保することがゴールであり、その**ゴールに導くためのユーザの誘導プランをシナリオとして策定**するのである。

　サイト目的が「より多くの訪問者に資料請求をしてもらうことによる潜在顧客の獲得」であれば、ユーザに「資料請求をしたい」と思わせるようなシナリオが必要となる。

　ターゲットユーザが自らのニーズを満たしつつ、サイト目的を達成してもらえるような流れを作り出すためには、ユーザが何を考え、どう行動するのかを踏まえながら、ウェブサイトが提供すべきものをプランニングしていく。

　そのため、これまで見てきたような**「サイトの目的、およびサイトが提供できる価値、強み」**と**「ユーザニーズ、状況、使用時期、環境等」**をきちんと明確にする作業が重要となる。特に、企業から委託されてこの作業を行う場合、その企業自体、

また扱っている商品・情報・サービスの特徴や強みを徹底的に理解していないとシナリオ策定が難しくなってしまう。

　ユーザのサイト内外における理想的かつ現実的な行動の流れを規定したものを「ユーザの行動シナリオ」と呼ぶ。ユーザ中心設計において、最も重要なのがこのユーザシナリオである。これからの作業はこのユーザシナリオをできる限り正確、かつ詳細に設計することが作業の要となる。

1.7.2　従来のシナリオとの違い

　実際の作業の説明に入る前に、まずは書籍などで紹介されている「ユーザシナリオ」との違いを紹介する。

　「ユーザシナリオ」という言葉は、ウェブサイト設計、あるいはユーザ中心設計の書籍でもよく紹介されている考え方であるが、本書で紹介するユーザ行動シナリオは、それらの従来のユーザシナリオとは少し異なる。

　これまでに紹介されているユーザシナリオは、ユーザの代表となるような一個

	従来のユーザシナリオ	ユーザ行動シナリオ
概要	ユーザの典型的な行動を記述	ユーザがサイトのゴールを達成するまでの道筋を記述
目的	要件を定義する際にユーザ視点からの要件の抜け漏れを防ぐため	ユーザのサイト利用における文脈を明らかにすることで、ニーズを正しく理解し、サイトの目的達成確率を向上させるため
内容	■ ユーザの代表となるような一個人の情報 ・名前 ・年齢 ・性別 ・趣味 ・家族構成 ・1日のスケジュール ・サイトを使う様子、ニーズ ■ サイト内、ページ内の行動 ・サイトや各ページでの動き ・個別の情報、機能、サービスに対する反応	■ ユーザとサイトとの関係を包括的に捉えたユーザのサイト利用全体像 ユーザセグメントごとの ・前提知識、背景情報 ・認知・流入媒体 ・サイト内での閲覧の流れ 　（閲覧する情報、使う機能の順番、その流れで使う理由） ・同時に利用するサイト、代替・補助品 ・サイト内で提供する情報、機能 ・各ポイントにおけるユーザの心理状態 ・サイトから流出後の動き など

図 1.15 ● ユーザシナリオとユーザ行動シナリオの違い

人を取り上げ、その個人の名前、年齢、性別、趣味や家族構成、1日のスケジュールル、その中でウェブサイトを使っている様子などを設定することで、ユーザの現実的なサイトの使い方を明確にして、サイトに対する要件の抜けや漏れを防ぐために使われてきた。ここではあくまで一個人の日常が描かれているにすぎず、対象となるサイトについてはあまり深堀りされていない。

しかし、検証が前提となるユーザ中心設計では要件の抜けや漏れは検証で明らかになるため、本書で紹介するユーザ行動シナリオは、単なるユーザ像だけでなく、ユーザとサイトとの関係を包括的に捉えたものと定義する。

また、ユーザ行動シナリオが扱う領域は、ウェブサイト内だけではなく、サイトを使う前の状況、使用中、使用後の状況にまで及ぶ。さらにほかの代替選択肢や仲間となる補助サイトなども視野に入れる。言い換えれば、これはユーザ行動に影響を与えうるすべてのポイントを事前に理解しておくことを意味している。

人間の行動やニーズ、心理状態は、過去の経験や外的な刺激に基づいて形成されることが非常に多い。そのため、サイトの中だけを「点」として捉えて議論していても実はあまり意味がない。その「点」までの軌跡、つまり「線」の部分、言い換えればそのサイトやページにたどり着くまでのシナリオを明らかにしなければ、「点」のあるべき姿は見えないのである。

シナリオについては、言葉で説明してもなかなか理解しづらいかもしれない。そこで、具体的にシナリオの考え方を理解するためのワークショップを紹介することにする。

1.7.3　ユーザ行動シナリオを理解するためのワークショップ

ユーザ行動シナリオについては言葉で説明をしてもなかなか本質が伝わりにくい。それが本質的にどんな意味を持つのか、今後どう活用されるのかを理解しないと実践では役に立たないだろう。

そこで、ここでは実際のウェブサイト設計からユーザ行動シナリオを理解するというボトムアップのアプローチで机上ワークショップをやってみることにしよう。

ワークショップ

●前提

今、あなたは新築分譲マンションの物件サイトを設計する立場にある。

不動産ディベロッパー各社が、新築分譲マンションを紹介するサイトを運営しているのを目にしたことがあれば想像がつくかもしれないが、もし見たことがない場合、週末の新聞に折り込まれている分譲マンションのチラシのウェブ版だと想像してみるとわかりやすい。

これらのウェブサイトの目的の多くは「ウェブサイト経由の販売促進」である。具体的な目標は、「ウェブサイト上での資料請求、モデルルーム来場予約の獲得」となる。つまり、潜在顧客に物件情報を伝えることで、興味を持ってもらい、企業側に何らかのアクションを取ってもらうことがゴールである。

この場合、サイトとして伝達したい内容、またユーザもおそらく知りたいと思っているコンテンツはいろいろある。たとえば以下のとおりである。

間取り	価格	設備
モデルルーム	地図	周辺の状況
共用部	外観	デザイン
眺望	メンテナンス	申し込み方法
ディベロッパー情報	販売スケジュール	……

今回のワークショップでは、上記の中でも、「地図」の部分にフォーカスする。

ちなみに、筆者らも新築分譲マンションサイトや住宅情報ポータルサイトのサイト戦略立案から設計・構築を行ったことがあるが、その物件の場所を表す地図情報はユーザニーズの高いコンテンツであり、このワークショップもそのときの経験を踏まえている。

第 1 章
サイト戦略の立案

●課題

今ここに、マンションの場所を表す地図が3パターンある。これをサイトの「地図」という1つのページに、上から順に表示する場合、どういう順番で上から配置するか？ 上から配置する順に①、②、③をつけてもらいたい。その際、どうしてその順番なのかその理由も考えてほしい。

3パターンの地図

路線図

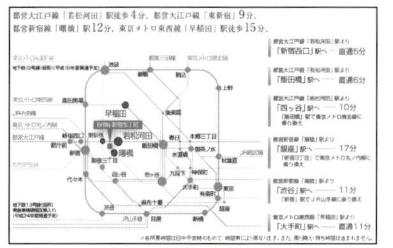

広域地図

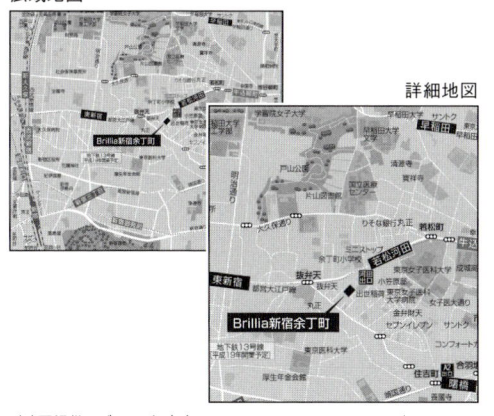

詳細地図

（地図提供：ブリリア新宿余丁町　http://www.b-yocho.jp/）

マンションサイトの地図ページ
上から順に地図を配置

Aマンション
地図ページ

①

②

③

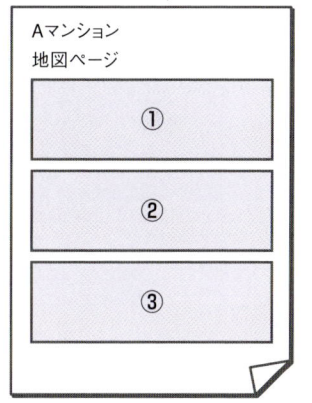

ここで、「1ページに上から順に地図を配置する」という前提がそもそもおかしいと思われるかもしれないが、ワークショップという性質上、わかりやすくするための制約だと理解して頂きたい。実際のウェブサイト設計現場では、もちろんこのような制約から議論するわけではない。

●回答例

さて、地図配置の順序を検討してみると、回答は大きく分けて以下の2つのパターンのどちらかになっているのではないだろうか？

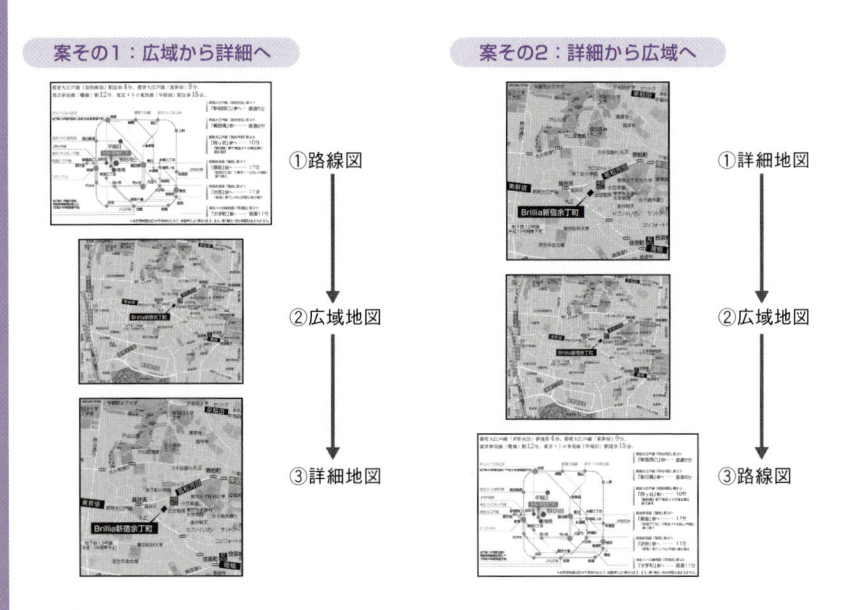

案その1：広域から詳細へ
① 路線図
② 広域地図
③ 詳細地図

案その2：詳細から広域へ
① 詳細地図
② 広域地図
③ 路線図

実際にこのワークショップをセミナーなどで何度も実施しているが、「案その1」のパターンを選択する人が多い。

●課題解説

では、ここからワークショップの考え方と答えについて解説していく。

もしマンションを購入した経験があるなら、そのとき、どうやってその「場所」を選んだのか思い出してほしい。もちろん、賃貸物件を探したことがある人は、そのときの経験でもかまわない。

おそらく、「実家に近い」「会社・学校に近い」「前から良い街だと思っていた」といった理由が挙がるのではないだろうか？

次に、その物件を検討するよりも前に、物件の最寄り駅には行ったことがあったか？つまり、その物件がある場所は、行ったことがある場所だったかどうかを考えてもらいたい。これも、多くの人が「一度は行ったことがある」「最寄り駅に降りたことがある」と回答するだろう。

別の例を示すと、分譲物件、ないしは賃貸物件を探している人に、「インターネットで物件（部屋）を探してみてください」とお願いすると、多くの人が、「Yahoo!不動産」「住宅情報ナビ」「HOME'S」といった住宅情報ポータルサイトに移動する。そこで、自分の条件を入力するのだが、その際、多くのユーザは路線検索や、地域検索など、「場所」から探し始める。たとえば、「中央線沿線で中野駅から吉祥寺駅の間、駅から徒歩10分以内にある物件」といった路線や地域の検索を行うユーザが多いのである。そして検索結果の中から、知っている駅を探し、その駅からの距離や間取り、価格などでさらに物件を絞り込んで見ていく。その中で気に入った物件があれば、さらにその物件について詳細に知るために、物件のサイトにアクセスする。

これらの例は、「人が家を探す場合、自分と多少なり縁のある場所から探し始める」という傾向があることを意味している。つまり、転勤などやむを得ない事情を除いては、まったくの見ず知らずの土地で家を探すことは少ないと言われているのである。これを不動産業界では「地縁」と呼ぶ。

地縁の有無が物件を探す人の「場所」に対する基本的な考え方であるとすれば、ユーザ行動は、先ほどの例のように、「まずは住宅ポータルサイト（または検索ポータルサイト）で"場所"で検索」→「気に入れば物件サイトをさらに見る」という形になる。

住宅ポータルサイト　　　エリア等諸条件で検索　　　物件サイト

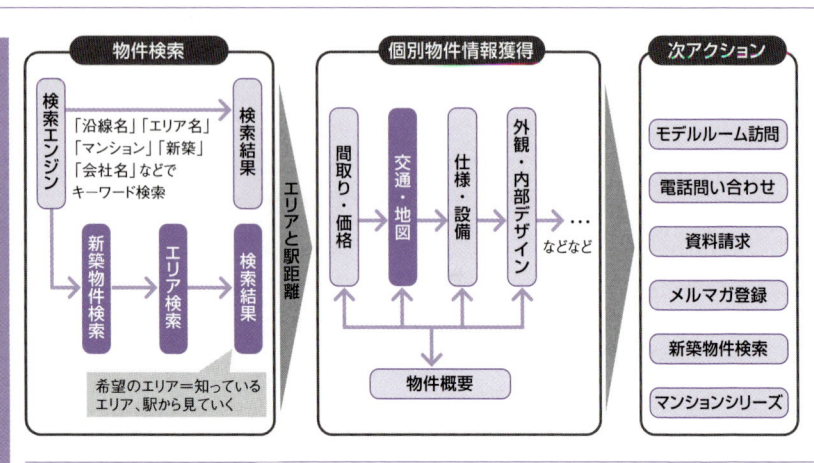

図1.16 ● 物件サイトにおけるユーザ行動シナリオ例
個別物件にアクセスする前に、「物件検索」と言う形で、場所（エリアと駅距離）で絞り込みを行っていることがきちんとシナリオに定義されている

つまり、物件サイトにアクセスするときまでには、その物件がある場所や最寄り駅の概要についてはかなり知っている状態であると言える（むしろ、「中野駅徒歩5分の物件だから気になる」といった具合だ）。

この状態にあるユーザが、物件サイト内で知りたい地図情報は何であろうか？

答えは、「その物件が駅のどっち側にあるのか？　商店街側なのか、それとも暗い道が続く駅の西側なのか？　もしそちら側ならその物件はやめたい……」ということである。

と、ここまで書けば答えは見えてきているだろう。つまり、先ほどの回答例で言えば、「案その2：詳細から広域へ」のほうがユーザニーズに適していると言える。ユーザは、路線図の中での最寄り駅の位置はすでにわかっているため、いち早く知りたいのは最寄り駅と物件との位置関係や物件の周りにある環境・設備といった詳細な地図情報である。実際にユーザビリティテストを実施してもこの傾向は顕著であった。

ここで、「案その1：広域から詳細へ」を選択した方は、落ち込む必要はない。おそらく、こちらにした理由は「情報の論理性、理解のしやすさ」を重視したからだろう。論理的に考えれば、「広いところから狭いところ」を順に見せていくのはごく自然で、人間にとってスムーズに理解できる体系なのである。そのため、地図ページ単体で考えれば、「案その1」のほうが自然で理解しやすい。

しかし、人間の行動は単体で発生するのではなく、情報の論理性と連動するものでもない。あくまでその場における状況や前提知識、つまり「文脈」に従って行動を取る。

ユーザの前提知識（ここでは「地縁」）や行動の流れ、状況を踏まえて地図に対するユーザニーズを見てみると、「広域図よりも詳細地図を求める」ことが明らかになる。そして、このことこそが、今回理解してもらいたい「ユーザシナリオ」の考え方にあたる。ユーザが地図を見るという状況において、何を考え、何を求めているのか、またそれは事前のどんな知識・経験からもたらされるのか、そういった一連の流れを把握し、それに対してウェブサイト側はどうコミュニケーションを取っていくのかプランニングすること、これがまさにユーザ行動シナリオ設計なのである。

●実例「ユーザ行動シナリオの例」
筆者らが行ったマンションや不動産サイトの調査では、「案その1：広域から詳細へ」のパターンの物件サイトをユーザが使った場合、ストレスを感じたり、場合によっては、ページ下部にある「詳細地図」が見つけられずに、「（最寄り駅周辺の）どこにある物件かわからないので、とりあえず違う物件サイトのほうを先に見る」といった行動が見受けられた。もちろん、違う物件サイトを見たユーザは、なかなか元のサイトには戻ってこない。地図の配置順序という些細なことでもユーザを取り逃がしていたのである。

このように、サイト訪問前後の動きやその中でのニーズを大きな流れで捉えていくことで、徐々にサイトが取るべき施策とその理由が見えてくるようになる。こうなればサイト戦略として十二分に機能しうるシナリオとなる。

もちろん、この段階ではまだユーザによる検証を行っていないため、これまでに蓄積したデータと経験と想像の範囲でシナリオを組み立てるしかない。ユーザが何をどう見てサイトに来るのか、サイトで閲覧するコンテンツや使用する機能はどういう順番か、といったユーザの大きな動きについて図式化していくのである。さらに各ステップにおけるユーザの状況や心理状態を記述しておくとよい。

1.7.4 シナリオ策定のポイント

ワークショップによりユーザ行動シナリオがどういうものか、具体的に理解できただろうか？　次に、シナリオを作る上でのポイントと具体的な作業ステップを次に解説する。

ユーザにとっての価値を見極める

　ユーザ行動シナリオの策定では、ユーザをこちらの意図するゴールに導くにはどうすればよいのかを考える。その際、**ユーザのニーズは非常に重要だが、それに素直に反応していただけでは、こちらの意図する方向にユーザが動いてくれるとは限らない**。

　そのためには、ニーズの背景にあるユーザの前提知識、状況、心理などの考察と、ユーザニーズに対してサイトが提供できる価値のすり合わせが鍵となる。

　たとえば、オンライン販売のサイトで「ほかのサイトと価格を比較するため、何より価格が一番知りたい」というユーザニーズが明らかな場合、そのとおりに反応していたとしたら、価格が安いサイトにユーザをすべて奪われてしまうだろう。最低価格を保証しているオンライン販売サイトならともかく、そうでない場合には違う作戦が必要となるのである。そして違う作戦を立てる場合に、ユーザニーズ、状況、心理状態の理解が非常に重要になってくる。この点を理解しないで失敗しているサイトが実に多い。

　上記の例で言えば、「単なる価格比較に終わらせないために、サポートなど付加サービスを強調しよう」といった作戦を立てるとする。しかし、ユーザは、サポートサービスは商品が決まったあとに検討すべき事項と暗黙的に理解しており、この段階ではまったく興味を持っておらず、いくらウェブ上で強調しても見てもらえないかもしれない。この場合、やはり単なる価格比較だけで終わってサイトを去ってしまっているといった状況になってしまう。現実に、このような状況はよく発生している。この敗因は、ユーザニーズの発生ステップを理解していないことにある。これについては後ほど詳しく説明する。

　「ユーザは自分の興味のあるところしか見ない」というのはウェブサイトの掟である。であれば、ユーザにとって何が価値となるのか、そこに対する理解の深さが作戦の成否を決めるのである。

　もし、送料などほかにかかる料金部分を含めた場合に、他サイトと互角に勝負できるのであれば、それをアピールすることは、価格感応度が高いユーザの関心を引く可能性がある。また商品の豊富さなど、違った面が差別化要因になるのであれば、価格に対するニーズの強さを逆手に取って、「価格一覧」「価格比較」といったページを作り、まずは「価格」というキーワードに反応したユーザをページに呼び込む。その中で、多くの商品を取り扱っていることや、豊富な商品から一

番合うものを選ぶことのほうが目先の価格比較よりも重要であることなどを伝えることができるかもしれない。

　セール品を扱っているのであれば、価格近くのリンクにセール品へのリンクを置いて、「タイミングが合えば安いものを買うことだってできる」ことを理解してもらい、再訪を期待する作戦も取れる。実際には、ユーザはセール品に安易に手を出すわけではなく、費用対効果を見てセールではない商品を買うこともよくある。このため、セール品を強調することはゴールに対して遠回りのようでありながら、きちんと商品を買ってもらうシナリオとして有効だと考えることもできる。

　いずれにせよ重要なのは、最終ゴールに導くために、ユーザニーズと、提供できる価値とのすり合わせを行うことである。そのすり合わせの結果、お互いにとってWin-Winとなるシナリオを策定するのである。間違ってもこちらの勝手な思い込みでユーザの理想的体験を作り上げてはいけない。たいていそれはユーザの期待を裏切る結果となってしまう。

ユーザの心理状態を考慮する

　ユーザシナリオは、ターゲットとするユーザの心と体（操作）の動きを洗い出しモデル化した上での理想的な行動シナリオである。ここでポイントとなるのは、ユーザシナリオは単なるサイトの理想シナリオではなく、すべてユーザの心と体の動きを前提にしている点である。当たり前のように感じるだろうが、これが完璧にできているウェブサイトは本当に少ない。「ユーザが、いつ、どこで、何を見て、どう感じ、その後どう行動するのか」といった情報をもとにしたシナリオ設計が重要である。

　たとえば、次のようなシナリオを描くことができる。これは、実際にとある高級商材を扱ったウェブサイトのシナリオの例である。

ユーザは価格および商品内容をほかのサイトと比較している。つまり、価格と内容はユーザのメインのニーズである。このようなユーザの状況を踏まえ、きちんと価格を提示した上で、価格だけの比較でほかの安価サービスと負けないためには、なぜ価格が他と比べて高いのか、その理由を説明するようなコンテンツを提示して、納得感を持ってもらう。

これまでのシナリオ	ユーザの状況		ユーザ心理を踏まえたシナリオ
競合他社と比べてクオリティも高いが、価格も高いため、→サイト上では価格を隠して、価格の問い合わせをウェブや電話でしてもらうことで問い合わせ数増加を狙う	ニーズ	価格と商品内容が知りたい	価格の提示がないとユーザが逃げるため、きちんと価格を提示。その上で、価格だけの比較でほかの安価サービスと負けないために、なぜ価格がほかと比べて高いのか、その理由を説明するようなコンテンツを提示し、納得感を持ってもらう
	状況	より安く、より良いものを求め、他サイトと比較している	
	行動・心理の特徴	価格が表示されていないものは検討から除外される。わざわざ価格を問い合わせて、予算にはまらなかった場合、その問い合わせ時間がもったいない。ほかに見るべきサイトはたくさあるという心理	
▶問い合わせ数減少傾向（知りたいことが載っていないためサイトを去る）			▶問い合わせ数激増（より商品について詳しく知りたいため問い合わせ）

図1.17 ● 高級商材を扱ったサイトのシナリオ例
ユーザの最も強いニーズをサイト上で隠しても、ユーザは知りたいことが載っていないとすぐにサイトを去ってしまう。ユーザのニーズにきちんと応えた上で強みをアピールするシナリオにしたところ、問い合わせ数は激増した

　このサイトでは、これまで「ほかと比べて価格が高い」ために、「サイト上では価格を隠して、価格の問い合わせをウェブや電話でしてもらう（オンライン販売しておらず、価格も表示されていないことのほうが多い商材のため）」という狙いであったが、ユーザのニーズである「価格が知りたい」、さらにユーザの状況である「ほかのサイトと比較している」という点を踏まえ、前述のようにシナリオを改訂し、さらにこのシナリオに沿ってウェブサイトを改良したところ、問い合わせ数・サービス申し込み数が激増したという実績がある。また、ユーザの心理面の例では、ユーザが不安を感じているような場合には、「こんなに多くの人が利用している」といったデータを示すことで安心感を与えてゴールに導いたり、美容整形や結婚相談サイトなど、ユーザが気後れしている可能性があるのであれば、サービスの全体像にネガティブな印象を持っている可能性があるため、サービスの一部分に興味を持ってもらうことで気後れをやわらげるといった作戦を取ることもできる。
　このように、ユーザシナリオがきちんと整備されていると、想定どおりにユーザが動いてくれるよう具体的施策を計画できるようになる。
　相手の動きが事前に読めていれば、運営側の作戦も立てやすく、目的はより達

成しやすくなる。これは現実の世界で考えればわかりやすい。売れる営業マンは顧客の心の動きを読んでいるからこそ、商品を売ることができる。バーチャルな世界のウェブサイトといえども、これらの構造となんら変わりない。

　ウェブサイトをビジネスツールに変革するためには、ユーザが取りうる行動や心の動きを運営側の意識されたものとすることが何より重要である。「想定外のユーザの動き」というのは、そう多くあってはいけないのである。

　別の例として、パソコンのサポートサイトを考えてみると、以下のようなものが挙げられるだろう。

- Q&A やソフトウェアインストールなどのオンラインサポート
- 電話サポート
- マニュアル
- パソコンに詳しい個人のサイト
- OKweb などのQ&A サイト
- パソコンに詳しい知人
- 有人修理などの他サポート媒体

　これらに対してユーザがどのタイミングで、どのように使い分けをしているのかを理解しておくことで、ウェブサイトを使う場合の心の動き、背景情報、サイトに対するニーズをより深く理解することができるだろう。しかし、実際には、そこまで広く捉えた上で設計されているウェブサイトは少ない。この例で言えば、ユーザが紙のマニュアルに頼るようなサポート内容を一生懸命ウェブでアピールしているサイトが多いのである。

　ユーザシナリオはユーザの心と体の動きを把握した上で、ウェブサイトを運営する側の目的にユーザを導くまでの理想的な行動ストーリーである。これはウェブサイト設計、デザインの土台となる。シナリオが明確であればあるほど、ウェブサイトのあるべき姿が見えてくる。

1.7.5　シナリオ策定方法

　ここからは、実際にシナリオを策定する上での具体的な作業手順を示す。

ユーザの認知・行動ステップのモデル化

これまでの作業で蓄積したデータと経験、またそこから類推できる想像力を駆使して、まずはシナリオを組み立てる。具体的には、ユーザが何をどう見てサイトに来るのか、サイトで閲覧するコンテンツや使用する機能はどういう順番か、といったユーザの大きな動きについて図式化し、さらに図式化したところに吹き出しなどで、そのときのユーザの状況や心理状態を記述しておくとよいだろう。

① ユーザの認知・行動ステップを書き出す
② クリティカルパスを明確にする
③ ユーザ要件と運営側要件をすり合わせて、サイトのゴールに到達してもらう戦術を考案

図1.18 ● ユーザ行動シナリオ策定ステップ①：マンションサイトの例

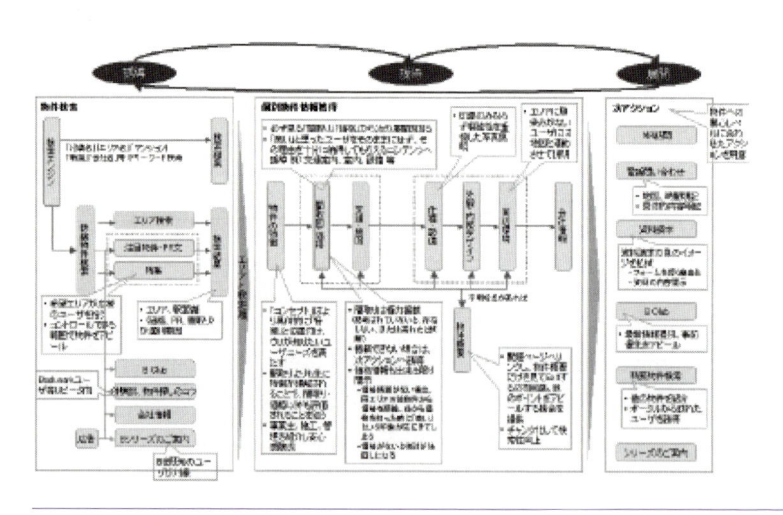

図1.19 ● 実際のサイトリニューアルプロジェクトで作成したユーザ行動シナリオイメージ

また、シナリオはユーザセグメントが異なればその数だけ用意しておくのが理想だが、数が多くなる場合には定義したターゲットユーザの優先度に従って優先

度の高い部分にフォーカスする。

　各ユーザ層に基づいてシナリオを書く際には、最初に「そのユーザの特徴」「背景」そして「サイトで何をしようとしているのか」という課題を決めるとよい。この際にユーザニーズとインセンティブ（動機付け）が参考になる。

　それをもとに、各ユーザがどのようにサイトを認知し、具体的に使っていくのかを記述していく。もしかしたら、「サイトに何があるかわからないのに、そのサイトについてのシナリオを書くことなどできない」と思うかもしれない。しかし、それは卵が先かニワトリが先かと同じ問題であり、ターゲットユーザのニーズや、ユーザがサイトで何をするかについての想定から想像力を働かせるしかない。ここでもし、先にコンテンツや機能を考えてしまったら、制限が加わり、ユーザを惹きつけるシナリオは描けなくなってしまう。まずは、ユーザニーズありきで考えてみる。

　この作業は、言い換えるならば、これまで各種調査で収集してきたユーザに関する情報＝"パーツ"を、ひとつずつ筋が通るように組み合わせていくパズルのような作業となる。そして、パズルの最終ゴールは、ウェブサイトの目的と合致するのが理想である。もしどうしても合致しないのであれば、今一度ターゲットユーザ、ユーザニーズなどを見直す必要があるだろう。

　パズルを行う際もそうだが、いきなり全体像を描こうとしても破綻してしまう。このため、わかるところから小さい塊を作り上げ、今度はその塊同士をつなぎ合わせていくという作業をしていくとよい。このとき、ユーザが目的を達成するまでに、必ずたどるステップを軸に考えると作成しやすい。

　たとえば、新築マンションサイトの場合、「場所」「価格」「間取り」「写真」「モデルルーム」「デザイン」「設備」など、いろいろなユーザニーズがあるが、アクセスログ解析結果や各種アンケート結果を勘案すると、「間取り」に対するニーズが強そうだとわかっているとする。その場合、「間取り」と関連が深いほかの項目は「価格」であるため、おそらく「間取り」と「価格」はユーザが順番に見る可能性があると考えることができる。このようにしてパーツを組み立てていく。

　もちろん、ユーザの実際の動きは徒然な場合が多いかもしれない。それでも、ある程度同じ状況にあるユーザは、似たような行動を取る傾向が高く、またそういうターゲットを狙わないと期待した効果は得られにくい。「みんな動きが違う」などと言ってこの作業を放棄することは、全員がターゲットユーザと言っている

ことと同じであり、それはすなわち誰のためでもないサイトを作ろうとしていることになる。

最初にシナリオを作るときは、なかなかきれいにパーツがつながらないが、気にする必要はない。何となくでもよいので、流れをひとつ作っておき、それをもとにあとで検証をかけながら、徐々に現実的なシナリオを作り上げていく。

✜ クリティカルパスの明確化

ユーザシナリオ設計の作業を行う場合、**ユーザが絶対に必要としているニーズと妥協できるニーズを見極める**ことが大切である。というのも、現実的にウェブサイトがユーザニーズのすべてに対応できるとは限らず（そして対応できないことのほうが多い）、「何がないとサイトを去ってしまうのか」また「何であればユーザが妥協してくれるのか」を事前に把握していないと、そのあとのサイト設計が間違った方向に進む可能性が高まってしまう。

上記の例では、「間取り」の情報はユーザにとって必須項目であるにもかかわらず、種々の理由により、「間取り」を提供していないウェブサイトが多い。この場合、ユーザ行動は「この物件には自分の希望の間取りがない」と判断して、さっさと違う物件サイトに移動してしまうのである。

ユーザおよびウェブサイトにとっての必須要素であるクリティカルパスはユーザニーズの中でも最重要のものとなる。この段階では、既存のデータやアクセスログ解析、サイトで取り扱う商品・サービスの特徴などから、何が重要なニーズとなるのか整理しておくとよいだろう。

① ユーザの認知・行動ステップを書き出す
② **クリティカルパスを明確にする**
③ ユーザ要件と運営側要件をすり合わせて、サイトのゴールに到達してもらう戦術を考案

価格提示が必須。価格帯でもかまわない

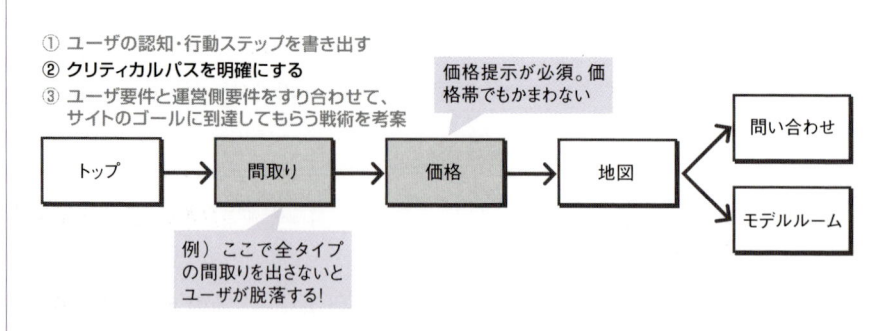

トップ → 間取り → 価格 → 地図 → 問い合わせ／モデルルーム

例）ここで全タイプの間取りを出さないとユーザが脱落する！

図1.20 ● ユーザ行動シナリオ策定ステップ②

第1章 サイト戦略の立案

✚ サイトゴール到達までの戦術案検討

　これまでにユーザ側の大まかな行動ステップができあがってきたら、次にウェブサイト側として**ユーザをゴールに導くためには何をすればよいのかを検討**し、シナリオプランニングを行う。

　ただし、実際の作業では、前セクションの「ユーザの認知・行動ステップのモデル化」で説明した作業とほぼ同時並行で行うことが多い。いずれにしても、ユーザ側の要件と行動ステップを一度整理した上で、運営側の要件をすり合わせていく形を取ったほうが最終的に成果につながるシナリオが策定できる。運営側の要件からスタートすると、制約から話を進めてしまったり、それによって思考の幅を狭めてしまう傾向が高まる。

① ユーザの認知・行動ステップを書き出す
② クリティカルパスを明確にする
③ **ユーザ要件と運営側要件をすり合わせて、サイトのゴールに到達してもらう戦術を考案**

```
トップ → 間取り → 価格 → 地図 → 問い合わせ
                            ↓
                         モデルルーム
```

価格提示が必須。価格帯でもかまわない

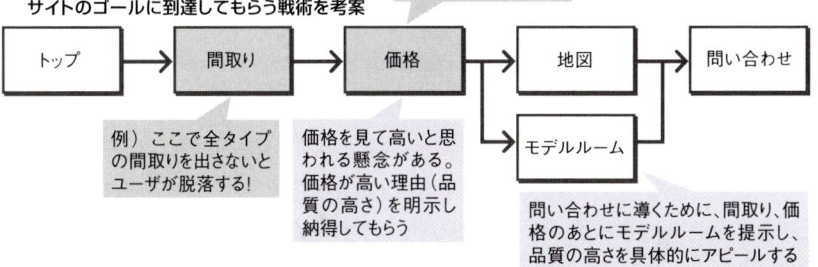

例）ここで全タイプの間取りを出さないとユーザが脱落する！

価格を見て高いと思われる懸念がある。価格が高い理由（品質の高さ）を明示し納得してもらう

問い合わせに導くために、間取り、価格のあとにモデルルームを提示し、品質の高さを具体的にアピールする

図1.21 ● ユーザ行動シナリオ策定ステップ③

　この段階では新たなコンテンツ案や、ユーザをゴールへ導くための作戦が色々と考案されるだろう。ユーザのニーズどおりに正攻法で攻めるのがよい場合もあれば、ニーズや心理を揺さぶることでゴールに到達させる案を取れる場合もあるだろう。

　サイトとして何をすべきかを考える際、この段階では大きな流れを策定することに注力し、細かいサイト要件に議論が陥らないよう注意する。要件はあとで議論するため、ここはユーザとサイトの大きな関わり合いを見ていく。

　たとえば、家電メーカーのサイトの場合には、以下のようなシナリオを作成することになる。

217

家電メーカーユーザ行動シナリオ例

> ユーザはいきなりメーカーサイトを訪れるのではなく、価格コムのような価格比較サイトから家電量販店のサイトに行き、そこで製品が気に入った場合に初めて、量販店の「スペックを見る」というリンクからメーカーサイトのスペックページに飛び込んでくる。であれば、スペックページだけを閲覧してユーザがすぐに「戻る」ボタンを押してしまわないよう、スペックページのコンテンツを充実させ、そこからほかの製品の特徴につなげて良さを理解してもらえる流れを作る。その上で、ユーザが次に見ると考えられる機能面について……

1.7.6 検証ごとにシナリオを精緻化

　ユーザ行動シナリオ作りは、最初からはうまくいかない。実際のユーザによる検証を経て、次第に形が見えてくると思っておいたほうがよい。筆者らの経験では、**シナリオの形が見えてくるのは、ユーザビリティテストによる検証を2回ほど経た段階**である。それまでは、シナリオを作ろうとしてもインプットが少なく非常に曖昧なものとなってしまう。

　そのため、最初にシナリオを考える際、あまりに何もわからない状況を目の前にして、いたずらに不安に思う必要はない。わからない状態であることがわかることだけでも十分に価値がある。なぜなら、そのあとのユーザ検証の結果を素直に受け止める用意ができるからだ。そのためまずは、一度きちんとユーザシナリオと向き合ってみるべきである。

　検証もなしに、ユーザ、つまり他人の動きやニーズがすべてわかるはずもない（検証をしてもすべてわかるわけでもない）。しかし、多くのウェブサイト運営者は自分たちだけの勝手な思い込みでサイトを構築・運用しているのが現実である。サイトのユーザは自分と同じように考え、行動し、同じような期待を抱いていると考えがちだが、そんなわけはない。ユーザは運営側がまったく想像つかないようなことを考え、期待し、行動するのである。

　次章で説明する、「サイト戦略の検証」を実践すれば、曖昧でよくわからなくなっていたユーザシナリオが姿形を現し始めるはずである。そのためには、自分が作ったシナリオの仮説が否定されることを恐れることなく、むしろそれはチャン

スであると捉えて、宝探しの気分で次のステップに進んでもらいたい。

　真摯にユーザと向き合えるサイトや企業が、混沌とした社会の中で唯一生き残ることができるのである。ここで自分たちだけの仮説でサイト作りを始めてしまうのか、それとも検証という次のステップに進めるかどうかが、サイトと企業が生存競争に打ち勝てるかどうかの大きな分かれ目となる。

　最後に、ここまでの作業結果をまとめておき、同時に確認事項も洗い出しておくと、その先の具体的な作業に大いに役立つはずだ。ここでできた資料は、サイト構築に関わる関係者全員に説明し、最終的な合意を得ることも忘れないようにしたい。

第2章

サイト戦略の検証

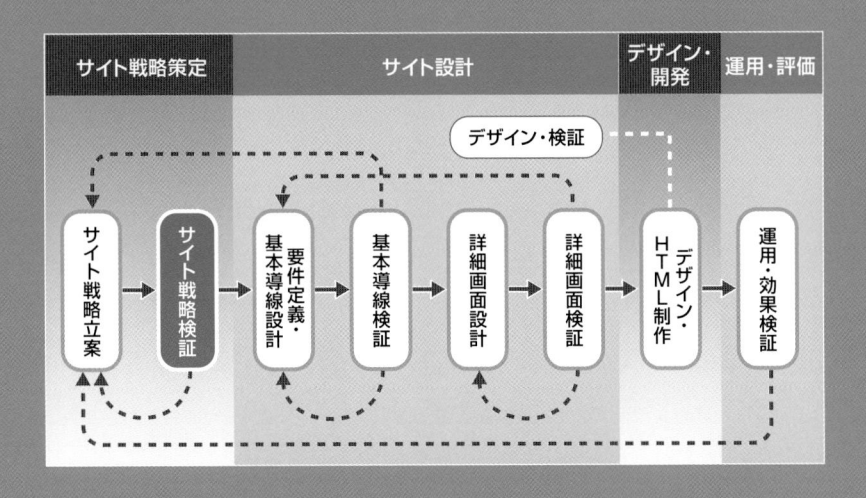

| サイト戦略策定 | サイト設計 | デザイン・開発 | 運用・評価 |

デザイン・検証

サイト戦略立案 → サイト戦略検証 → 要件定義・基本導線設計 → 基本導線検証 → 詳細画面設計 → 詳細画面検証 → デザイン・HTML制作 → 運用・効果検証

2.1 サイト戦略検証のポイント

　サイト戦略の大枠が洗い出されたところで、今度はそれが妥当かどうかをユーザの視点から検証する。

　ここでの作業の目的は、立案した戦略の確からしさを検証し、より具体的な戦略策定へのインプットを得ることである。せっかく定義したターゲットユーザであっても実在しなければ意味がなく、ユーザが実在してもユーザニーズを読み違えていたらサイトを利用してもらえない。これまでに作業した内容をいったんチェックするのがこのステップの役割である。

　検証作業は実際のユーザの行動をもとに分析する。ユーザ行動を重視した検証を行うことは第1部で説明したが、それをいよいよ実践に取り入れるのがこの段階である。

　この段階で検証する主なポイントは、以下のとおりである。

> **主な検証ポイント（戦略検証段階）**
> - 定義したターゲットユーザの妥当性、現実性
> - ユーザニーズの有無、内容の妥当性、過不足
> - サイトが取り扱う内容に関するユーザの態度、心理状態、オフラインも含めたトータルな行動パターン
> - ユーザのサイト利用動機の妥当性
> - ユーザ行動シナリオの妥当性、シナリオ修正・洗練のためのインプット取得
> - 定義したターゲットユーザの市場規模
> - サイトの使われ方や実際のユーザ行動パターンの把握
> - その他（各種定義した内容など）

　上記を検証するために最低限必要な作業として、「社内ヒアリング」「画面プロトタイプ作成」「ユーザビリティテスト」の3つが挙げられる。ここではこの3つの検証方法を中心に紹介するが、これ以外にも「アンケート調査」や「グループインタビュー」なども取り入れることができる。

ただし、「アンケート調査」と「グループインタビュー」は、その手法自体が持つ特徴により、ユーザニーズを把握する目的に使うには設問設計や実施方法などに極めて高度なスキルが必要とされる。このため、安易な実施はユーザニーズを見誤ることにつながる可能性が高い。

　「アンケート」は大量の人数の調査が一気に行えるといった特徴を考慮し、ターゲットユーザの市場規模を調査する場合に活用するとよいだろう。

　これらの手法の具体的な特徴やポイントについては、第2部第4章で説明する。

2.2 社内ヒアリングの実施

最初に、比較的コストのかからない検証作業である社内ヒアリングを実施する。

多くのサイトでは、社内にそのサイトのユーザになるであろう人と接点を持つ人がいる。このような社内の担当者から日々接している潜在ユーザ（たいていの場合顧客）に関する情報を聞き出すことで、策定したターゲットユーザやシナリオについての検証を行うことができる。

たとえば、オンライン証券会社のサイトリニューアルの場合、電話サポートセンターのオペレータは日々サイトのユーザに接しているため、ユーザに関する多くの情報を持っている可能性が高い。さらに、既存顧客対象の投資セミナーの担当者もサイトのユーザと直接の接点を持っているためヒアリング対象者となるだろう。このように店舗を持たないインターネット専業の証券会社であっても、ユーザと接点を持っている担当者は社内に存在する。

不動産サイトであれば現場の営業マン、メーカーであれば小売店の店員もサイトのターゲットユーザになり得るユーザと接している。たいていは彼らが接する顧客の中に、サイトのユーザになる人々がいる。このような社内の各担当者に話を聞くだけでも、ウェブマスターやマーケティング担当者が立案したサイト戦略は大幅な修正を余儀なくされることが多い。

もちろん、まったく新業態のサイトを立ち上げるなど、社内の中に参考となりそうな担当者がいない場合もある。その場合には、このステップは飛ばして次の作業に進むことになる。

社内ヒアリングの目的や考え方は第1部第3章で紹介した。ここからは具体的な作業方法について説明する。

2.2.1 ヒアリングすべき情報のリストアップ

まずはこれまでに立案したサイト戦略の検証するために、社内ヒアリングで獲得すべき情報をリストアップする作業から始める。

リストアップする際には、社内ヒアリングの目的に沿って考えるとわかりやす

いだろう。

> **社内ヒアリングの目的**
> ① アンケートなどの各種データには現れないユーザに関する生の情報を把握し、ウェブサイトの戦略検証や、さらなる戦略立案に役立てること
> ② 社内担当者が通常どのようにユーザに接しているのかを知ることで、サイトにおけるコンテンツ設計のヒントを得ること
> ③ ウェブ以外の媒体（店舗、電話、チラシなど）との役割分担を検討すること

　実際には、上記のうち①と②がヒアリングのメインとなり、③はほかの媒体との役割分担が検討しやすいサイトの場合やヒアリングの時間が余った場合などに、フリーディスカッションを行う程度の扱いとする。なぜなら、③は多分に担当者の希望や意見が多く含まれてしまい、ユーザ視点とかけ離れた議論に陥りやすいからである。

　ヒアリング目的をもとに、これまでに立案したサイト戦略（特にターゲットユーザ像）に沿って、「何を聞けばターゲットユーザやユーザニーズを検証できるのか」をリストアップしていく

表2.1 ● 社内ヒアリングにおけるヒアリング項目例

ヒアリング目的	獲得すべき情報例	質問例
①ウェブサイトのターゲットユーザを想定する上でのインプット収集、想定ユーザの妥当性検証	既存顧客／潜在顧客の具体像把握 －年齢 －性別 －関心事 －年収 －ニーズ －居住地 －その他（特徴など）	「この商品に興味を持つお客様はどんな方が多いですか？」 「その方々は商品についてどんな質問をしてくることが多いですか？」 「お客様はどのようなきっかけでこの商品の購入を検討されるのですか？」 「どういったタイミングでお問い合わせをもらうことが多いですか？」

ヒアリング目的	獲得すべき情報例	質問例
②ウェブサイトにおける効果的な情報／サービス提供のインプット収集	・既存顧客／潜在顧客への対応方法 ・商品／サービスの説明手順、販売方法、コツなど	「お客様のタイプ別に対応方法などを変えていますか？」 「商品説明の流れを教えてください」 「お客様に商品の説明をして最も響くポイントは何ですか？」
③既存チャネル等との役割分担の可能性調査	・現在の顧客対応業務の中でウェブサイトが代替できると思われる部分 ・ウェブサイトがサポートできるプロセスなど	「業務の中で、ユーザサポートなどインターネットが代替していると思われる業務はありますか？また代替してほしいと感じているものはありますか？」 「お客様がインターネットでも情報収集を行うとした場合、提供しておいたほうが良い情報やサービスは何ですか？」
<参考> ヒアリング対象者の業務内容等	・担当している業務内容 ・担当している商品、サービスの概要	「現在ご担当されている業務内容を簡単に教えてください」

　上記は一例であり、実際には、対象となるウェブサイトの目的、取り扱う情報／サービスによって、ヒアリングすべき内容は異なるため、個別に検証したい点があればヒアリング項目に含めておく。また、ヒアリング対象者の大まかな業務内容や、現在取り扱っている商品・サービスについてもヒアリング項目としておくとよいだろう。

　収集すべき情報はできる限り具体的にリストアップしておくと、実際のヒアリング時に聞き忘れを防止できる。さらに限られた時間の中でのヒアリングとなるため、聞きたい項目に優先度を付けておくようにする。

　ここで注意すべきことは、これは決して「サイトのターゲットユーザを誰にすべきか教えてください」といった「答え」を聞くヒアリングではないということである。担当者にそれを求めても妥当な答えは返ってこない。あくまで担当者の過去の経験、あるいは現在の経験という"事実"を引き出すことが重要であり、そこで得られた事実情報を分析することによってサイト戦略の検証と修正を行うのであ

る。

　そのため、収集すべき情報をリストアップする際には、担当者の経験など「事実」がベースになるよう配慮することが肝心である。

2.2.2 ヒアリング対象者の選定

　次にヒアリング対象者を選定する。ヒアリング対象者の条件は「常日頃ターゲットユーザとなりうる人」に接している人となる。たとえば、営業マン、コールセンタースタッフ、販売スタッフ、販売代理店の営業マンなどが対象者となる場合が多い。

表2.2 ● ヒアリング対象者例

業種	ウェブサイトの対象領域	社内ヒアリング対象者
銀行	住宅ローン	住宅ローンプラザ営業担当者（法人営業）
		支店ローン担当（個人営業）
パソコンメーカー	パソコン製品紹介	量販店 店頭販売員
	パソコンオンライン販売	購入相談電話 対応スタッフ
不動産会社	新築マンション物件紹介	モデルルーム営業担当者
生命保険	生命保険商品紹介	保険外交員
		保険代理店 営業マン
		店頭スタッフ
証券会社	口座開設、商品案内	コールセンタースタッフ
		店頭スタッフ
		投資セミナー講師
損害保険	損害保険	代理店営業マン
小売	家電、パソコンオンライン販売	コールセンター オペレータ

　現場で顧客に接している人がヒアリング対象者となることが多いが、ここで注意しなければならない点が2つある。それは次のようなものだ。

- 顧客と接点の多い人を優先する
- 実績を上げている人を選ぶ

顧客と接点の多い人を優先する

　店舗やコールセンターなど顧客と接点のある現場にヒアリングに行くとなると、つい現場を束ねる人（たとえば支店長など）をヒアリング対象者に選定してしまうことがある。

　責任者やリーダークラスの人は全体統括を担っているためか、顧客と接するのはトラブルが発生した場合など特殊なケースに限られてしまい、実際のところ、顧客の細かい状況や、たとえばどんな雑談をしているのかといったことまでは把握していないことが多い。

　社内ヒアリングの目的を踏まえると、現場の責任者であることよりも、新人やアルバイトであっても「日常的に顧客に接している人」を選定するようにしたい。

　また、ヒアリング対象者選定にあたり、担当者がウェブに関する知識を有している必要はまったくない。時折、ヒアリング対象者自身が「ホームページについてはよくわからない」とヒアリングを不安に思うケースや、ヒアリング対象者をアレンジしてくれる人が、「システムに詳しそうな人」と気を利かせることがあるが、あくまで日常業務についてヒアリングするため、そういった配慮・心配は不要であることを前提に選定作業を行うとよいだろう。

実績を上げている人を選ぶ

　社内ヒアリングでは、顧客についての情報を多く引き出すと同時に、普段担当者がどのように顧客に接することで、売上げや顧客満足度の向上を実現しているのかを聞き出す必要がある。

　このヒアリング結果から、ウェブサイトで有効なコミュニケーション案やユーザニーズのヒントを得られることが多い。これまで人間が行っていたきめ細やかな対応をウェブサイトという"機械"が代替するという前提に立てば、人間が行っている対応方法は"機械"を設計する上では重要な情報となるのである。

　そのため、ヒアリング対象は、できる限り実績を上げている人を選定すると得られる示唆も多くなる。たとえば営業マンであれば、トップセールスマンと呼ばれる優秀な営業成績を収めている人などに話しが聞けると、非常に参考になるだろう。

　実績を上げている人は、マーケットと顧客ニーズを広く深く捉え、的確な判断と対応を行っていることが多い。さらに顧客のみならず自分の行動をも客観視で

きているために、ヒアリングという場においても日常目の前で繰り広げられている事象や自分の業務内容を的確に伝達することができる。そのため、顧客パターン別対応方法や、成約までにつなげる顧客の説得の仕方など、ウェブサイト戦略やシナリオを立案する上で非常に参考になるデータを集めることができるのである。

ヒアリング人数

　ヒアリング人数の目安は、1つのサイト目的／領域に対してトータルで5、6人程度、複数部署にヒアリングを行う場合は1部署で1、2人程度のことが多い。しかしサイト目的や現段階で想定しているターゲットユーザ、検証したい事項に応じて、人数は柔軟に設定するとよい。

　筆者らの場合、1回のウェブサイトリニューアルでは、平均して4、5人、多い場合には10人以上の社内ヒアリングを行っている。

2.2.3 日程調整

　ヒアリング対象者が明確になったら、次にヒアリング日程を調整する。ヒアリング時間は1時間程度で設定するのが対象者の仕事を邪魔しないためにもよいだろう。またヒアリングはできる限り1人ずつ行うよう調整する。時折、担当者が複数、あるいは責任者と担当者が一緒にヒアリングに参加することがあるが、参加者が複数になると設定した時間内に十分に話が聞けない可能性が高まる。

　ヒアリング対象がアルバイトや派遣社員などで管理者の同席が必要な場合は、同席者の人に「ヒアリング対象はあくまで現場担当者であり、同席者は補足事項がある場合にそれを伝達する」といった限定的な役割であることを事前に理解してもらうようにする。

2.2.4 ヒアリング項目事前送付

　日程調整している合間に、先にリストアップしたヒアリング項目を文書化し、事前にヒアリング対象者に送付する。

　その際、ヒアリングは基本的に過去（または現在）の経験や実感値を聞き出す

ことが目的のため、ヒアリング対象者の事前準備は何も必要ないことを明記する。準備が必要ないにもかかわらず、事前送付するのは理由がある。対象者にヒアリング事項について事前に簡単にでも目を通してもらうことで、質問される内容、また話す内容についての簡単なウォームアップができ、それにより限られたヒアリング時間を有効に過ごせるようになるためである。

以下は事前に送付するヒアリング項目例である。

ご担当者様ヒアリングについて

この度はウェブサイト改定のためのヒアリングにご協力頂き誠に有難うございます。以下、今回のヒアリングに関する事前資料となります。それでは当日は何卒よろしくお願いいたします。

0. ヒアリングの目的
- 商品を購入検討されるお客様の具体像把握
  → ウェブサイトのターゲットユーザを想定する上でのインプットにします。
- お客様への対応方法の確認
  → ウェブサイトによる効果的な情報提供のインプットにします。
- 店舗、コールセンター、ウェブサイトの役割分担の妥当性検証
  → 商品販売ビジネス全体の中でウェブサイトが貢献できる部分について話をうかがいします。

1. ヒアリング実施方針
- ✓ 皆様の「過去（または現在）のご経験」をお話し頂ければ幸いです。
- ✓ ですので、特に事前準備は必要ございません。
- ✓ 実際にお客様と対面している（いた）状況や体感値をお聞かせ頂き、アンケートなどの各種データには現れない生の情報を把握させて頂きたいと考えています。

2. ヒアリング項目
- 担当業務の簡単な内容
- 商品について
  - ✓ 商品についてのアピールポイントは何か
  - ✓ 商品ラインナップの中での担当商品の位置付け、強み

■ お客様について（＊ヒアリングメイン項目）
- ✓ この商品に興味をお持ちのお客様はどのような方が多いか
  - ● 年齢・性別・職業・年収・関心事
    - ― 予算
    - ― 新規・既存 など
- ✓ お客様がこの商品に興味を持たれた理由は何か
  （例：テレビCM、雑誌、新聞、パンフレット、人に勧められて（知人、窓口）など）
- ✓ 相談にいらっしゃるお客様はこの商品についてどの程度の知識をお持ちか？
- ✓ 購入経験はあるか
- ✓ ほかの情報収集媒体を利用しているか
  （例：インターネット、雑誌、新聞、パンフレットなど）
- ✓ お客様が一番興味を持っている点は何か
- ✓ お客様はどのような点に疑問・不安を持っているか
- ✓ この商品に対するお客様の全般的なイメージはどのようなものか
- ✓ お客様にどのように説明されているか（具体的な説明手順）
- ✓ お客様に説明していて最も響くポイントは何か？
- ✓ その他セールスする上でのポイント、コツは何か？

―― 対面販売の方へのご質問 ――
- ✓ 対面販売というチャネルの特徴は何か
  （対面だから伝えられること、伝えにくいこと等）
- ✓ 「○○説明会」に参加されるお客様はどのような方が多いか

―― コールセンター担当者の方へのご質問 ――
- ✓ コールセンターというチャネルの特徴は何か
  （コールセンターだから伝えられること、伝えにくいことなど）

■ ウェブサイトについて
ウェブサイトに何を期待するか、などご意見・ご要望

2.2.5 ヒアリング実施のコツ

ウェブサイトの担当者は「現場は本社に対して、常日頃から現場の意見が通らないと感じている部分もあり、ヒアリングに協力的になってくれないのではないか」とか、「ヒアリング実施時に、ウェブ担当者が同席していると担当者が話しづらいのではないか」などと、ヒアリングがうまくいかないことを懸念するケースがある。現場と本社機能の間に意思疎通のずれがあるのはよくあることで、だからこそ社内ヒアリングをする意義があると言えるだろう。

筆者らの経験では、社内ヒアリングが失敗に終わったケースはほとんどない。むしろ「現場の意見が反映されている」という現場からのコミットが得られ、ヒアリング対象者も非常に協力的にヒアリングに応じてくれる。

ヒアリングを実施するコツとして、まずヒアリングに行く際には作成したヒアリング項目以外にも、サイトの画面を印刷したものや、サイト戦略案などの資料を持参するとよい。資料は実際には使用しない場合も多いが、話が思わぬ方向で発展したとき、資料を提示することで思いがけない有益なアドバイスや的確な指摘を受けられることもある。

ヒアリングの冒頭では、ヒアリングの趣旨と謝意を必ず伝え、「密室で作られたウェブサイトではなく、顧客を向いたウェブサイトを作ることでビジネス上の成果を上げるために協力が必要なこと」や「それにはヒアリング対象者の経験が貴重なインプットになること」を説明するとよいだろう。

また、実際のヒアリングに入ったら、意見ではなく対象者の過去の経験など、できる限り事実を聞き出すよう努めることが重要になってくる。

時折、ヒアリング対象者がウェブサイト関連のヒアリングであることを意識してか、「うちの会社のホームページはこうあるべきだ」という意見に終始してしまうことがあるが、それは避けたほうがよい。そのためには「普段接しているお客様はどういう方が多いのですか？ 感覚値でかまわないので教えてください」「その方々によく質問されることは何ですか？」と、対象者の経験をそのまま話せるような質問の仕方を心がける。同時に「うちのサイトについてどう思いますか？」といった質問は避けるようにする。

また、事前に用意した質問項目どおりにヒアリングを進めるよりは、「顧客について知る」とった大目的に沿って、ヒアリング対象者ごとに得意な領域を深堀り

するほうが、より価値ある情報を得ることができる。

　1人でヒアリングを行う場合には、ヒアリングの進行とメモを同時に行うのは難しいため、ボイスレコーダーを持参するか、メモ係を付けるとよい。また、1日に複数人のヒアリングを行う場合でも、途中で30分〜1時間程度の休み時間を設け、その間にヒアリングで話題に出た内容を簡単にまとめておくと、そのあとの作業が効率的になるためお勧めである。

2.2.6 社内ヒアリングの具体例

　次に、社内ヒアリングの具体例を紹介しよう。

　ここで紹介するものは、実際のユーザを調査する前に、社内ヒアリングを実施してターゲットユーザの修正が行えた例である。これにより「ターゲットユーザにはなり得ないユーザで調査してしまった」といった、無駄な調査を回避することができた。

■ 銀行ウェブサイトの例

三井住友銀行ウェブサイトの例：社内ヒアリング事例

　三井住友銀行では、ユーザによる検証はもちろんのこと、支店の営業担当者やコールセンター担当者などの社内担当者にもきちんとヒアリングを行うことで、サイト戦略の妥当性を検証している。

　たとえば、住宅ローンページリニューアルのプロジェクトでは、最初に既存データやこれまでの商品販売経験をもとに、ターゲットとなりうるユーザを定義した。このとき定義したターゲットユーザは、すでに取引のある既存顧客で、さらに中古住宅や戸建、土地購入など、比較的個人で動きが取りやすいような住宅を購入する層と設定した。

　つまり、ターゲットユーザは、「既存取引の有無」×「資金使途」で分類して検討したのである（図2.1）。

　このターゲット分類は、論理的整合性も取れていたが、ユーザ中心設計の基本に則って社内ヒアリングでも検証してみることにした。

新規住宅ローンユーザ分類

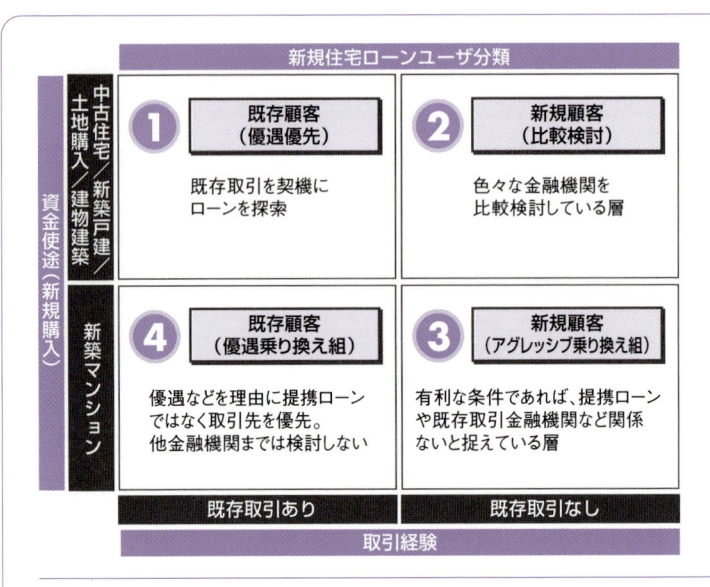

	既存取引あり	既存取引なし
中古住宅・土地購入／新築戸建・建物建築	① 既存顧客（優遇優先） 既存取引を契機にローンを探索	② 新規顧客（比較検討） 色々な金融機関を比較検討している層
新築マンション	④ 既存顧客（優遇乗り換え組） 優遇などを理由に提携ローンではなく取引先を優先。他金融機関までは検討しない	③ 新規顧客（アグレッシブ乗り換え組） 有利な条件であれば、提携ローンや既存取引金融機関など関係ないと捉えている層

（資金使途（新規購入）／取引経験）

図 2.1 ● 既存データ分析、アクセスログ解析から導出したターゲットユーザ分類

　社内ヒアリングは、住宅ローンを借りる顧客に日々接する担当者ということで、支店の営業マンと、不動産会社に対して行っている提携ローンの営業担当者を選定した。後者の提携ローン担当者は、位置付けとしては法人営業となるが、不動産会社とともに顧客と相対する機会もあり、さらに住宅ローン契約者の大半は提携ローン利用者であることからヒアリング対象とした。

　実際にヒアリングを行うと、現実の場面においてユーザがどうローンを検討しているのかが把握でき、最終的には当初想定していたターゲットユーザ分類を、その分類軸ごと修正する結果となった。

　たとえば、このときには以下のような事実が把握できた。

- そもそもローンについて高い関心を寄せている人は少ない。あくまで目的は住宅購入であり、そちらにばかり目がいっているため、ローンについて真剣に考えるのは物件が決まってからになる
- （この調査をした当時は、住宅金融公庫があったため）住宅購入者の大半が何の疑いもなく住宅金融公庫を利用する傾向が強く、銀行などの住宅ローン検討の余地がない場合が多い

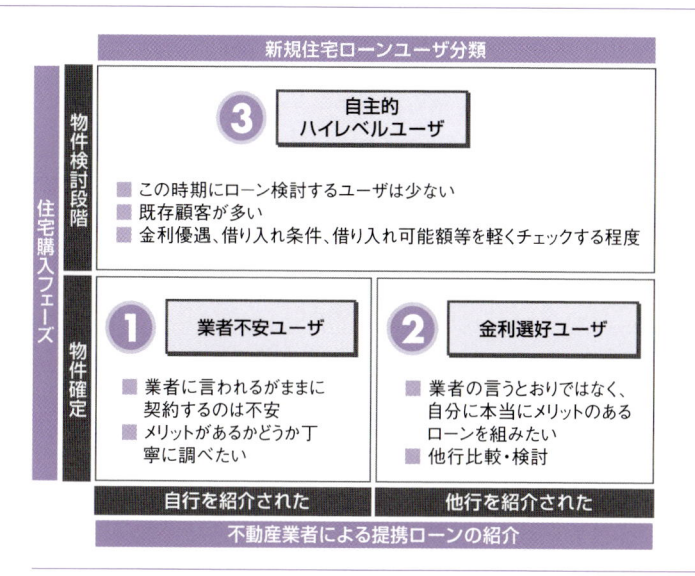

```
┌─────────────────────────────────────────────────┐
│           新規住宅ローンユーザ分類                │
│  ┌───────────────────────────────────────────┐  │
│物 │         ③  自主的                          │  │
│件 │            ハイレベルユーザ                 │  │
│検 │  ■ この時期にローン検討するユーザは少ない  │  │
│討 │  ■ 既存顧客が多い                          │  │
│段 │  ■ 金利優遇、借り入れ条件、借り入れ可能額  │  │
│階 │    等を軽くチェックする程度                 │  │
│   └───────────────────────────────────────────┘  │
│住                                                │
│宅  ┌──────────────────┐ ┌──────────────────┐    │
│購  │① 業者不安ユーザ  │ │② 金利選好ユーザ  │    │
│入物│ ■業者に言われる  │ │ ■業者の言うとお  │    │
│フ件│  がままに契約す  │ │  りではなく、自  │    │
│ェ確│  るのは不安      │ │  分に本当にメリ  │    │
│ー定│ ■メリットがある  │ │  ットのあるロー  │    │
│ズ  │  かどうか丁寧に  │ │  ンを組みたい    │    │
│    │  調べたい        │ │ ■他行比較・検討  │    │
│    └──────────────────┘ └──────────────────┘    │
│     自行を紹介された     他行を紹介された        │
│     不動産業者による提携ローンの紹介             │
└─────────────────────────────────────────────────┘
```

図2.2 ● 修正後のターゲットユーザ分類

- 住宅選定だけでも相当に忙しい上に、ローンの比較検討まで自力で行うのは面倒と考えている人も多い。特にどちらも週末にしか行えず、さらにその時間の中でモデルルームと銀行を往来するのは時間も手間もかかるため、モデルルームで両方一気に解決したいという気持ちになる
- ただし近年、一部の顧客の中ではネットを活用した情報武装が進み、不動産会社が提供する情報を信用しなくなり、自力でもっと有利なローンを検討する動きもある
- これは資金使途やメインバンクの有無には関係ない。マンションでも戸建でも、ネットが使える人や不動産会社に対して信用を置いていない人は、自分で探す傾向が強い
- たとえば、とりあえず提携ローンなどに申し込み内諾を取っておいてから、融資が実行されるまでの間に他行のローンを検討し、最終的に契約直前で内諾を取っていたローンをキャンセルするケースなども起こっている

このような現場の担当者から得た情報は、ウェブサイト戦略の実現可能性を高める上で極めて重要である。ウェブサイトで行うユーザとのコミュニケーション

は、結局は相手の気持ちにどれだけ入り込めるかであり、社内ヒアリングは低コストでユーザの本当の気持ちを理解する格好の手助けとなる。

　この例では、上記のようなヒアリング結果を受けて、ターゲットユーザ分類の修正を行うに至った。修正後のターゲットユーザ分類は図2.2のとおりである。

　分類の縦軸は、「資金使途→住宅購入フェーズ」、横軸は「取引経験→不動産業者介在有無」に修正が施された。このような整理を、さらに実ユーザで何度も検証した。その結果、ウェブサイト経由の住宅ローン申し込み数はリニューアル前と比較して大幅増という成果を出すことができた。

オンラインサポートサイトの例

　社内ヒアリングでは別の面白い具体例もある。パソコンのオンラインサポートサイトのリニューアルにおける社内ヒアリングでは、ユーザに接点のある社内担当者として電話サポートセンターのオペレータにヒアリングを行った。ヒアリングをしている中で、実はオペレータは、自分自身もサポートサイトを使いながらユーザにサイトの操作方法を説明することが多くあることが判明し、あとからあわててサイトのターゲットユーザにオペレータを含めたことがあった。

　たとえば、オペレータはユーザに対して「現在、当社のサポートページをご覧になっていますか？　であれば、サポートページトップをまず表示させて、右上にあるオレンジ色の大きな「ダウンロード」と書いてあるボタンをクリックしてください」といった説明を行いながら、自分自身もサイトを操作している。

　そのため、サポートサイトは電話越しでも操作指示が無理なくできる必要があり、サイト設計によってはサポート対応時間に多大な影響を及ぼしてしまうのである。これではサポートコスト削減のためのサポートサイトのはずが、コールセンター運営コストの増大を招くといった矛盾した結果につながりかねない。サポートサイトが内部業務の効率化に寄与するためには、電話オペレータの存在を事前に織り込んだ上で、サイト戦略を検討する必要があることに改めて気づかされた事例である。

　このような事実に気づくことができたのも、社内ヒアリングを実施したためである。実際にこの事例では、コールセンターとサポートサイトは別部署が統括していたため、もし社内ヒアリングを行わなかったら、このような観点に気づくことは難しかった。

2.1.7 ヒアリング結果の分析と修正

　社内ヒアリング実施後には、ヒアリング結果を議事録などの形式に簡単にまとめ、ヒアリング協力者に送付して内容を確認してもらう。内容について発言者の意図を取り違えていることなどはよくあるため、それを訂正してもらうとともに、内容が構造化されたことで、さらに補足や新たなインプットを得られる可能性がある。

　さらにヒアリング対象者にとっても、話した内容がきちんとした議事録という形になったことで、現場の意見がウェブサイト運営に尊重されているという実感を持つことができ、今後の作業における協力や連携もよりスムーズに行えるようになる。サイト運営は一部の人間によって行われるわけではなく、会社全体を巻き込んだ活動であるため、各協力者にはきちんとした対応を取る姿勢が重要である。

　もちろん、まとめた内容はその後の分析時に必要になる。ヒアリングした結果は、ターゲットユーザ像やユーザニーズ、ユーザの行動パターンなどに分類しながら整理していく。こうすることで、サイト戦略のどの部分が事前の想定と異なっていたのか明確に見えてくるだろう。「ターゲットユーザの想定が違っていた」「気づいていなかったユーザが存在していた」「ユーザニーズに明確な優先度があった」「ユーザ環境が違っていた」などの発見があれば、適宜サイト戦略を修正・更新する。

2.3 画面プロトタイプ作成

　社内ヒアリングにより、先に立案したサイト戦略が現実的なものになってきたら、次は実際のユーザを用いた検証作業であるユーザビリティテストを行う準備に入る。ユーザビリティテストの前準備として、まずは画面プロトタイプを用意する。

　サイト戦略検証の過程で画面プロトタイプを用意するというと、時期尚早に聞こえるかもしれないが、実際のユーザの反応を知るためには、やはり目に見える形の刺激を与えることが重要である。これは戦略という概念的なテーマを検証する場合でも同じである。

　といっても、全画面のプロトタイプを作成する必要はない。それには2つの理由がある。

　1つ目は、戦略検証の段階では、プロトタイプとして既存のウェブサイト、競合サイト、参考サイトを多く用いることができるためである。競合サイトは、見方を変えればプロトタイプと言える。サイトの強みや価値がユーザに受け入れられるかといったコンセプトを検証する段階であれば、競合サイトなどでもプロトタイプとしては十分に機能するのである。

　2つ目の理由として、この段階で多くの画面プロトタイプを用意してしまうと、作業の無駄が発生する可能性が高いことも挙げられる。なぜなら最初の検証では多くの前提が覆される可能性が高いからだ。

　このように全画面のプロトタイプは必要ないが、サイトの主要ページ、たとえばトップページや極めて重要なページなど、1ページでもよいので今回考えている戦略を可視化したプロトタイプを用意したものがあると、より検証の深みが増すことは事実である。時間をかけずに今想定している内容をラフなプロトタイプに落とし、それをユーザにぶつけてみるだけでも多くの発見をもたらしてくれるのである。

第2章 サイト戦略の検証

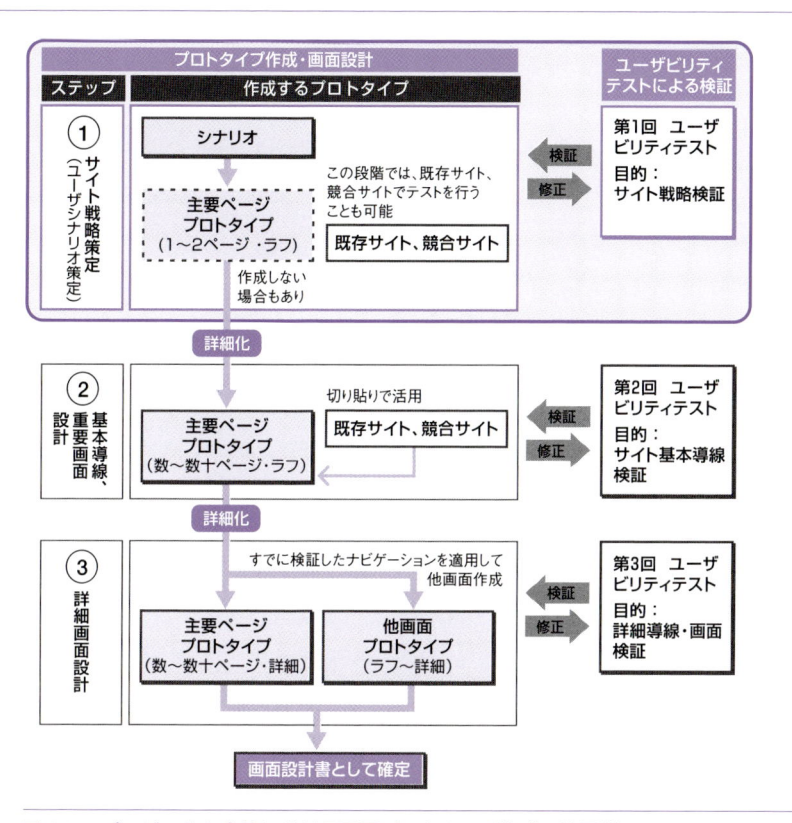

図 2.3 ● プロジェクト全体における画面プロトタイプ作成の位置付け

2.3.1 主要ページ画面プロトタイプの作成

　サイト目的の妥当性やターゲットユーザの存在有無を検証するために必要な画面プロトタイプは、構想しているサイトの主要ページ、特に既存のサイトがある場合には、サイトのトップページだけでも問題ない。

　実際、筆者らの業務においても、この段階ではトップページのプロトタイプを1ページだけ作成して戦略検証のためのユーザビリティテストを実施する場合が多い。

　ここで、なぜトップページが最初のプロトタイプなのかと疑問に思う人もいるだろう。実際、検索エンジンの興隆に伴い、年々トップページへのサイト流入は減少していると言われており、アクセスログ解析をしていてもその傾向は顕著で

239

ある。それでも最初にトップページのプロトタイプを作成するのは、以下のような理由がある。

- この時点ではまだシナリオが明確に見えているわけではなく、何が主要ページになるのか不明確なことが多いため
- トップページへのアクセスが減少傾向にあるとしても、トップページが使用される割合はほかのページに比べ相対的に高く、どのサイトにとっても重要ページであると位置付けられるため
- トップはサイト全体を表すページであり、ユーザはどのコンテンツに興味を示すのか、またサイト全体の概要を理解できるのか、理解した場合にそれを使用するニーズはあるのかなどの観点について検証できるため

もちろん、この段階で重要ページが見えている場合には、そのページを作成するとよい。

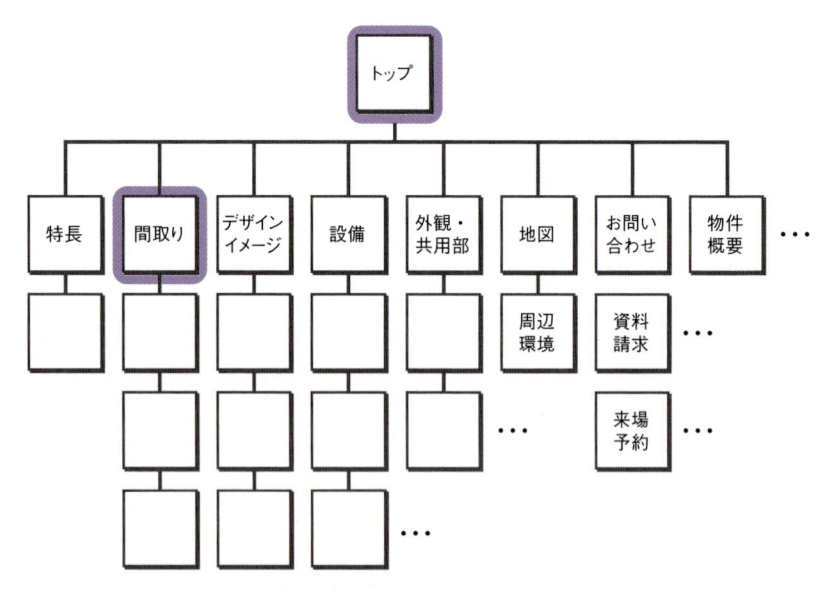

■ サイト戦略検証時 画面プロトタイプ作成領域（第1回ユーザビリティテスト時プロトタイプ）

図2.4 ● 画面プロトタイプ作成範囲の例～マンションサイトの場合
戦略検証時には「トップページ」と「間取り」のラフなプロトタイプだけを用意

プロトタイプの作成方法は第 1 部第 3 章の「3.4　画面プロトタイプ」で説明したとおりである。手書きや描画ツールなどを利用して画面イメージを作成する。

2.3.2 画面プロトタイプの精度

戦略検証のために作成するプロトタイプの精度は極めてラフなものでかまわない。この段階ではユーザに詳細な操作をしてもらう必要はなく、サイトやサイトのコンテンツに関する刺激を与えてその反応を見られる程度でよい。

たとえば、ナビゲーションやワーディング、リンク位置などはすべて仮置きの状態となり、細部まで詰めなくともよい。また、現状のサイトや競合のサイトのパーツを切り貼りしたり、ロゴやイラストなどはエリアだけが枠線で囲ってある程度で問題ない。

もちろん、手書きでもかまわない。かける時間は 1 日以下が目安だろう。とにかく、実際にプロトタイプを作成するとついつい細部にこだわりがちになるのだが、そうならないよう注意を払うことが重要である。

以下に、実際にこの段階で作成したプロトタイプの例を示す。

例 1：マンションサイト：

トップページと間取り図のプロトタイプ。間取り図やイメージはほかの物件サイトからの切り貼りとし、3 ページだけ作成した。

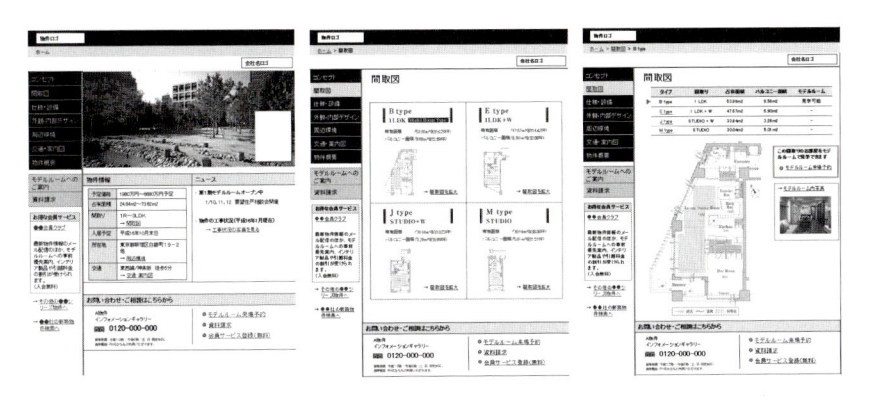

例2:ホテル

トップページプロトタイプ。非常にラフな作りだが、このレベルでも十分に検証が可能である。

2.4 第1回ユーザビリティテスト

　プロトタイプが用意できたら、実際のユーザに対するユーザビリティテストを行い、サイト戦略の検証を行う。

　ユーザビリティテストの実施にあたっては、テスト協力者の収集や検証ポイント・ヒアリング項目の洗い出しなどの事前準備が必要となる。この事前準備は各回のテストにおける共通作業となる。詳細については、第1部第3章で解説したとおりである。この解説に従って検証ポイントやヒアリング項目、サイトを使って実施してもらうタスク（作業）を計画する。

　ここでは、戦略検証が目的となる第1回目のユーザビリティテスト実施のポイ

表2.3 ● ユーザビリティテスト実施タイミングと検証ポイント

テスト回数	タイミング	検証ポイント	テスト使用画面
第1回目	サイトコンセプト（サイト目的、ターゲットユーザ、ユーザニーズなど）定義後	サイトコンセプトの妥当性 • ビジネス側の目的・目標設定は達成可能か • 想定したターゲットの存在有無 • ユーザニーズ、状況	• 現行サイト • 競合サイト • そのほかのユーザが使用するサイト
第2回目	シナリオ、サイト構造などメインとなる導線設計後	• 策定したシナリオの妥当性 • サイト構造、導線の有効度合い • ナビゲーション • 詳細なコンテンツニーズ	• 作成プロトタイプ • 現行サイト • 競合サイト • そのほかのユーザが使用するサイト
第3回目	画面プロトタイプ設計後	• レイアウト • ワーディング • コンテンツ表現、ライティング • 詳細な誘導 • リンク位置、色 • その他	• 作成プロトタイプ •（現行サイト） •（競合サイト）
第4回目	画面プロトタイプ設計後（たとえば3回目のテストでは、画面設計がメインの流れのみ（全体の30%程度）完成した時点で行い、残りの詳細画面ができた段階で4回目のテストを行う）	• ほぼ同上	• 作成プロトタイプ •（現行サイト） •（競合サイト）

ントを紹介する。

2.4.1 目的と検証ポイント

　第1回目のテストは、ユーザの視点からサイト目的の妥当性やターゲットユーザの存在有無を検証することが目的である。

　具体的には、以下の点を確認していくことになる。

- 想定しているユーザ像やユーザニーズは妥当か？
- サイトが提供しようとしている価値はユーザニーズに合致しているか？ ユーザを満足させるものになっているか？
- ユーザの行動パターンは想定しているとおりか？
- サイト利用の可能性はあるのか？
- 行動シナリオは妥当か？

例：第1回ユーザビリティテスト資料 ① ── テストの流れ

	第1回ユーザビリティテストについて
目的	サイト戦略（ニーズ、コンセプト）検証 ● ネット銀行利用の実態、およびニーズ把握 ● 仮説として立案したユーザやニーズの妥当性、現実性を調査
ユーザビリティテストの流れと検証ポイント	**5分** ● 事前アンケート／自己紹介 ● 調査の趣旨／注意事項説明／発話練習 **10分** 事前ヒアリング 　被験者の過去の経験を簡単にヒアリング（あくまで当時の状況に立ち返ってもらうためのヒアリング） 　● インターネット使用状況 　● ネットバンク検討有無、ネットバンク申し込みのきっかけ 　● ネットバンクの検討方法、項目、情報収集手段 **15分** 現行サイト テスト 　● 被験者の現実に近いかたちでネットバンクの口座開設を検討している状況 　　（「オークションをやる友達に勧められて」など）を与え、貴社サイトを使ってもらう **15分** インタビュー 　● テストを通して気になった点をインタビュー 　　　―手数料（口座開設、維持、振込等）、申し込み手順、利用方法などについて 　　　　　なぜ閲覧したのかどういうコンテンツだと想像したか 　　　―見たいコンテンツがあったか 　● 被験者の過去の経験をインタビュー 　　　―どうしてネットバンク口座開設を検討したのか 　　　―いつ頃から検討を始めたか 　　　―どうやって検討し、申し込みにいたったか 　　　―その過程で疑問に思ったことはあるか、またそれはどうやって解決したか 　　　―ほかの銀行と比較したか 　　　―重視した（する）ポイントは何か 　　　―貴社、貴社競合それぞれのイメージは **10分** コンテンツニーズ調査（時間があれば） 　● 他行のサイトを使ってもらい、反応を見ることでニーズを把握する 　● A社サイト、B社サイトを想定

例：第1回ユーザビリティテスト資料 ② ── テスト協力者（被験者）、検証ポイントを整理

第1回ユーザビリティテストの概要

被験者について

被験者を選定する要件
- 年齢、性別、家族構成、職業、保有資格
- PC、携帯によるインターネット経験
- 所有携帯電話、携帯ホームページ閲覧の利用状況
- 通信教育の経験、受講会社
- 受講経験講座/関心がある講座
- 受講理由
- 受講申込み方法/資料請求方法
- 通信教育を知った経緯、情報収集手段

被験者(8名)の構成
- Aタイプ3名、Bタイプ3名、Cタイプ2名
- 女性6名、男性2名
- DoCoMoユーザ5名、auユーザ3名
- 通信教育経験者5名（うち貴社経験者4名）、未経験者3名（受講意欲あり）
- 携帯から受講申込み経験有り2名
- 携帯から資料請求経験有り1名
- 企業の携帯サイト閲覧経験有り7名
- 検索、比較サイト閲覧経験有り1名

第1回ユーザビリティテストについて

目的
- ターゲットユーザの携帯利用状況把握
- ターゲットユーザによる、貴社携帯サイトの利用実態、サイト内問題点把握
- 他媒体（雑誌、案内資料など）と携帯サイトとの関係性・連動性の把握

検証ポイント概要
- ■ 携帯サイト利用傾向
  - ✓ 携帯サイトとPCの利用状況
  - ✓ 携帯サイトの利用用途
  - ✓ 通信教育の経験
- ■ 通信教育の選択理由
  - ✓ 受講会社、受講講座
  - ✓ （貴社経験者）過去の検討経緯、携帯サイトの利用経験
  - ✓ 資料請求・受講申込み方法
- ■ 通信教育に関する情報収集、接触媒体
  - ✓ 接触した広告媒体
  - ✓ 広告媒体接触後の行動（実際に広告を見せる）　← 優先度 高
  - ✓ 情報収集の方法、携帯サイト利用経験
- ■ 貴社サイト内テスト
  - ✓ サイトへの流入経路
  - ✓ サイト内行動、ターゲットユーザの満足度、サイト内問題点

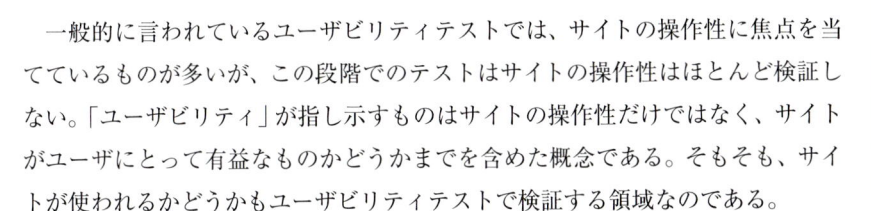

　一般的に言われているユーザビリティテストでは、サイトの操作性に焦点を当てているものが多いが、この段階でのテストはサイトの操作性はほとんど検証しない。「ユーザビリティ」が指し示すものはサイトの操作性だけではなく、サイトがユーザにとって有益なものかどうかまでを含めた概念である。そもそも、サイトが使われるかどうかもユーザビリティテストで検証する領域なのである。

　第1回目のテストでは、サイトの操作性ではなくユーザそのものやサイトの利用可能性を探るほうに主眼が置かれるため、テスト中にサイトを使ってもらうよりも、普段のインターネットの使い方などをヒアリングしている時間のほうが多くなる傾向がある。またサイトを使用してもらうが、そこで観察すべきはサイトの作りなどではなく、ユーザの認知や行動パターン、ユーザニーズといった、より上位の視点となる。

2.4.2 テスト実施のタイミング

　第1回目のテストは、サイト戦略を立案し社内ヒアリングを行ったあとに実施するケースが多い。ただし、もしターゲットユーザやユーザニーズについて事前の情報が少なく、ニーズやシナリオの見当もつかないような場合には、テストをできるだけ早い段階で実施するとよい。

　その場合、ターゲットユーザの見当がついていないため、テストに呼ぶ協力者もあらゆるパターンを想定して選定しておく必要があり、必然的にテスト人数も増えることになる。また、いざテストを実施すると、ターゲットユーザにはなり得ないようなユーザ層が出てくるなどの無駄が発生するが、それでもなぜターゲットになり得ないのかがわかる上に、ターゲットになりそうなユーザからは多くのニーズを抽出することが可能となる。

2.4.3 テスト人数

　1回目のテストは操作性ではなく、サイトのコンセプトに関わる部分の検証となるため、ヤコブ・ニールセン博士が言うような「5人のテストでインタフェース上のたいていの問題が発見可能」というわけにはいかない。

　ターゲットユーザ層のパターンにもよるが、1つの層から10～50人程度はテストを実施するとよい。人数に開きがあるのは、ユーザニーズの見えやすさやサイトの複雑性などに依存する。たとえば、ホテルの結婚式場ページに対するユーザニーズは、「予算」「会場の様子」「場所」など、わかりやすいものが多いということが事前にある程度は想像がつくため、人数は少なくとも信頼に値する結果が得られるだろう。しかし、携帯サイトにおける新サービスや、オンライン証券会社のサイトなど実体として目に見えない商材はユーザ層も複雑な上、それぞれが抱えるニーズにもばらつきがあり、かなり多くのユーザでテストを行ってみないと信頼に値するデータは得られにくい。

　もちろん、サイト構築スケジュールには限りがあることが多く、50人といった規模のテストが現実的でない場合も多い。そのようなときには、まず手始めに10人程度でテストを実施し、その結果を受けてテストの追加有無を検討するとよい。

2.4.4 テスト進行のコツ

　第1回目のテスト実施方法は第1部第3章で説明したものと基本は同じである。いきなり「このサイトで買い物してください」と唐突にタスクを与えるのではなく、たとえば洋服のオンライン販売サイトであれば、インターネットでのショッピング経験、その中でよく買う商品、洋服の売買経験というように、順番に検証したいサイトに的を絞る形で過去の経験などをじっくりヒアリングし、その中からタスクを組み立てて与えていくのがよい。

例：第1回ユーザビリティテストの流れ（オンライン洋服販売Aサイトの場合）

- ユーザ属性ヒアリング
- インターネット使用状況ヒアリング
- 今回検証するサイトの前提について経験をヒアリング
  洋服のオンライン販売サイトであれば、
  －インターネットショッピング経験有無
  －その中でよく買う商品、よく使うサイト
  －普段洋服を買う場所
  －洋服のオンラインショッピング経験有無
  －上記で「あり」の場合、使ったことがあるサイト
  －インターネットで洋服を買う理由

  ※注意※　ここで「Aサイトは使ったことがありますか？」とダイレクトにヒアリングしないこと。「Aサイト」のテストであることが協力者に察知されてしまい、気遣った意見が出る可能性があるため。いずれは察知されるが、できるだけあとで尋ねるほうが良いテストができる。

- 上記ヒアリングの中からサイトを使ってもらいニーズ、行動パターンなどを検証
- 上記サイト使用についてさらにヒアリング
- 競合、プロトタイプを提示してさらにニーズなどを検証
- テスト全体を通じて気になったポイントをヒアリングで深堀り

第1回目のユーザビリティテストでは、最初にヒアリングする内容がその後のテスト進行に大きく影響するため、ある程度時間を取って過去の経験をヒアリングする。また、このヒアリングからだけでも多くの発見を得ることができる。

　上記の例では、テスト協力者にいきなりサイトを使ってもらうのではなく、「そもそも洋服は普段どこでどう買っているのか」という情報をヒアリングし、インターネットを使う動機付けがあるのかないのか聞き出すことから始まる。協力者が全員「洋服をネット購入した経験がある」経験者という条件で集めている場合であっても、ではなぜネット購入するのかをヒアリングすることで、サイト上でアピールすべき強みやターゲットユーザが見えてくることが多い。

　またヒアリングで「洋服をインターネットで買ったことがある」という回答が得られた場合には、「いつもやっているようにやってみてください」と言って、インターネットを自由に使ってもらう。

　もし協力者が「以前Bというサイトを使って洋服を購入したことがあります」と具体的に話してくれたなら、その場でそのBサイトを使ってそのときの様子を再現してもらうとよい。たとえ、Bサイトが競合サイトであったとしても、「洋服をインターネットで購入する」という大命題に対しての理由や心理状態、認知・流入を含めた行動パターンなど、多くの示唆を得ることができる。これが得られたら検証目的はクリアされる。

　逆に、ヒアリングで「洋服をネットで購入しない」という回答になった場合には、「友だちから品質の良い服がお店より安く買えるサイトがあって便利だと聞いたらどうしますか？」など、どんな動機付けがあればインターネットを使うようになるのか、さらにヒアリングできるように準備しておく。

　もちろん、中にはヒアリングなしでいきなり「○○を探してください」といったタスクとなることもある。いずれにしても、サイトの目的、ユーザの状況などを配慮し、「できる限りユーザの実際に近い状況設定の中でタスクを実施してもらう」ことができるようにテスト計画を組み立てる。

　このように、テスト協力者自身が持っている現実的な状況設定に従ってサイトを自由に使ってもらうことで、サイト戦略に関連する多くの発見を得ることができる。たとえば、自由に使ってもらうことで自社サイトにまでテスト協力者がたどり着かない可能性があるが、「サイトにたどり着かない」という問題点を把握できるとも言える。そのほかにも、現実的なインターネットの使い方、使用するキ

ーワード、選ばれるサイトの要件などを把握できる。

　このように、ある程度自由にインターネットを自由に使ってもらってから、サイトを特定して自社サイトに導くとよいだろう。この際、たとえば「洋服を買おうと検索していたところ、このサイトが表示されたとします」と言って、先に作成したサイトのトップページプロトタイプを見せて反応を観察する。プロトタイプが紙の場合には、「これは作成途中でまだ紙の状態です。クリックしたい箇所があれば指で教えてください」と一言添えるとよい。実際にプロトタイプにあるリンクをクリックしたならば、それに該当する既存サイトのページや競合ページなどを表示して、ユーザにさらに使ってもらうようにする。

```
┌──────────┐   ┌──────────┐   ┌──────────┐   ┌──────────┐
│トップページ│ → │商品一覧ページ│ → │トップページ│ → │セール商品 │
│プロトタイプ│   │（既存サイト）│   │プロトタイプ│   │（既存サイト）│
└──────────┘   └──────────┘   └──────────┘   └──────────┘
```

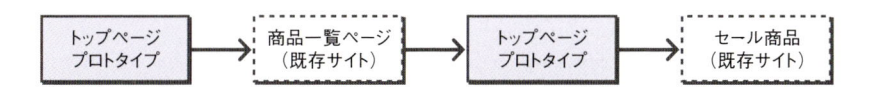

図2.5 ● ユーザビリティテストにおける画面プロトタイプの使い方
トップページプロトタイプがある場合、ユーザがトップページにアクセスするたびに、そこだけプロトタイプを表示する。ほかのページは、既存サイトや競合サイトなどを利用して1つのサイトと見立てる

2.4.5　テスト観察・分析のコツ

　テスト実施時には、サイトの操作性の観察につい心を奪われて、ほかの重要なユーザからのサインを見逃すといったことが起こらないよう注意しなければならない。第1回目のユーザビリティテストでは、サイトの使い勝手を検証する優先度は低い。

　特にユーザビリティテストを初めて経験すると、ついサイトの使い勝手の悪い部分に注視しがちになる。しかしこの段階では、サイトで提供される情報やサービスに関するユーザの捉え方や、ユーザが求めているものといった目に見えない部分に多くのヒントが隠されているため、そこを確認するように努める。

　そのため、協力者がサイトを使っている間に何か質問したいことがあれば、中断して聞いてしまってもかまわない。操作性が重要な場合には、途中での中断や質問はその後の操作に影響を与えることが多いため、できる限り避けたほうがよいのだが、この場合は検証目的が違うところにあるため、このようなこともある

程度は許容される。

たとえば協力者がサイトを使いながら、「まずは送料が見たいんだけどな」と発言したならば、すかさず「それはどうしてですか？」と理由を尋ねるようにするとユーザの心理状態や行動パターンを把握するための手がかりになる。

また、検証すべきポイントが大体確認できたら、競合サイトを見せることで、どんなニーズを抱えているのか検証できる。「先ほどは検索エンジンからこのＡサイトにたどり着きましたが、それがこちらのＢサイトだったらどうですか？」といって競合サイトを提示して、ＡサイトにはないＢ特徴を持っているＢサイトを使ってもらう。このようなテストを繰り返して個別のニーズをひとつひとつ丁寧に洗い出していくとよいだろう。

2.4.6 テストの具体例

以下では、投資信託を販売する金融機関のウェブサイトリニューアルにおける第1回ユーザビリティテストの具体例を紹介する。

このときは「投資信託をその金融機関（もしくは競合）のウェブサイトで購入した経験のある人」を対象にテストを行った。主な検証ポイントは「どんな人が、どんな風にウェブサイトで投資信託を買っているのか？　またなぜウェブサイトで買うのか？」といったサイトの戦略や存在意義とした。

最初に立案した戦略では、特に初心者に向けてウェブサイト上で投資信託商品の丁寧な説明を展開してその良さを伝え、最終的にオンラインでの投資信託、販売を実現しようと考えていた。

しかし、1回目のユーザビリティテストの結果では、そのような当初の想定はうまくいかないことが判明した。なぜなら、協力者となったユーザの大半が、投資信託をいきなりウェブサイトで買えたわけではないことがわかったからだ。協力者の大半は、一度店頭で話を聞いてそのまま店頭で購入し、その後リピートする際にはウェブサイトを使用していた。

また、なぜこのような動きを取るのかをテストの中で深堀したところ、投資信託という商品が持つユーザの視点から見た特徴・性質が明らかになった。

- 投資信託という商品自体の知名度が低い。そのため、店頭で教えてもらうまでユ

ーザは気にしたこともない（一方、株や外貨預金は知名度が高く、ユーザの自発的関心も高い）
- 投資信託に関心を持ったとしても、商品内容が複雑で、自力で理解するのは困難
- 専門用語が多く、誤解を受けやすい（テストの中でも用語の誤解が多発）
- 投資信託の特徴や仕組みが理解できたとしても、多くの商品（ファンド）の中から1つを選択できるだけの基準がユーザの中になく、商品が選べない
- ただし、専門家に一度説明を受ければ、それなりには理解できる。最初はアドバイスに従って投資信託商品を購入するが、それ以後は運用するとともに徐々に知識をつけていくことができるため、リピート購入の際には自分自身で商品を選択することができる

つまり、投資信託は極めてセルフサービスに向かない商品であることがわかったのである。同時にリピーターであればウェブサイト購入はある程度狙える見込みがあることもわかった。この発見により、サイトのターゲットユーザの大幅な見直しを行うことができた。

これがサイトリニューアルプロジェクトを立ち上げて、2週間足らずの段階で把握できてしまうのだから、ユーザビリティテストの威力は強大である。

2.4.7　テスト結果分析

この第1回ユーザビリティテストでは、どんなユーザがサイトを使う可能性があるのか、またなぜその人々はサイトを使ってくれるのか、ニーズは何かといった点を整理し、テスト協力者間に共通する点を探ることで、ターゲットユーザ全体に適用できる特徴を把握する。

さらに、発見点と当初想定していたサイト戦略に違いがあれば、適宜修正を行う。

修正すべき箇所はこれまで作業してきたことすべてあるが、その中でも特にユーザ像、ユーザニーズ、ユーザ行動パターンと、それらをもとにして作り上げた行動シナリオの修正がここでの作業の鍵となる。

特に協力者が発話した情報の中には心理状態、ニーズ関心の度合いなど多くの示唆が含まれている。ユーザ自らが取った行動の理由を説明している箇所などは、

その内容に注視して分析を進めるとよいだろう。

2.4.8 サイト戦略の修正とユーザシナリオの精緻化

　ここまでのところで社内ヒアリング、ユーザビリティテストといったユーザ視点からのサイト戦略検証は終了しているはずである。ここからは、各種調査結果を受けてのサイト戦略の修正や行動シナリオのさらなる洗練、精緻化を行う。

　以下に、特にユーザ行動シナリオを立案・修正していく上で、前提として理解しておくべき事項を示す。

1. ユーザニーズをウェブ上で覆すことはできない

　ユーザは自分が見たいと思ったものしか見ないという特性がある。つまり能動的な行動が前提となるため、ユーザニーズをウェブ上で覆すことは基本的にはできないと考えたほうがよい。ここで言う「ユーザニーズを覆す」とは、たとえば「価格」に対するニーズが高いユーザに対して、「価格」を隠して「デザイン」を必死にアピールしても意味がないということである。ただし、ニーズが高いことをうまく利用するということはできる。

　「価格」ニーズが高いのであれば、それを隠すことなくきちんと伝達した上で、「ほかに比べて価格が少し高いのはデザインへのこだわりがあるから」といったように、「デザイン」につなげることができるかもしれない。また、価格に関心が高いことは、つまり少しでもお得な買い物をしたいという心理の現れであると解釈して、そういった心情にアピールするコンテンツを用意すれば、ユーザの気持ちを多少変えられる可能性もある。いずれにしてもユーザがニーズを持っているものに対しては、それにきちんと回答すべきであり、その回答の仕方次第では、ユーザのさらなるニーズの喚起や目先の変化が可能であるということである。

2. サイトの強み・売り＝ユーザにとっての価値 となる点を見出す

　ユーザニーズとウェブサイトが提供している価値が一致すればするほど、顧客はロイヤルカスタマー化し、サイトの目的は達成に近づく。そのため、ユーザの視点から見た場合の価値を見出すよう努力する。

　サイト（あるいはそこで取り扱う商品・サービス）の価値は、光の当て方によっ

ていかようにも表現することができる。これは、優秀な営業マンであればすでに実践していることだが、同じ商品・サービスの売り込みでも、説明の仕方は幾通りもあり、それを聞く相手のニーズに応じて変えることで相手を説得している。ウェブサイトは人間ではないため臨機応変な対応はできないが、それゆえ、ユーザが本当に何を望んでいるのかを知ることが重要になる。

たとえば旅館サイトの場合、「お食事はお食事処となります」というのと「お部屋は常にくつろぎの場所として頂きたいので、お食事はお食事処となります」というのでは、同じ事実でも理由がある分、後者のほうが説得力がある。また、オプションの申込みがある商品を売る場合には、「別途申し込み」ではなく「お選び頂けます」ということでユーザに利便性を感じてもらうことができる。

このように同じ事実でも、説明の仕方などによっては随分と受ける印象が変わってくる。ユーザの状況や心理面を十分に考慮し、サイトの特徴をユーザにとっての価値に変換していく。

3. ユーザの中から自発的に出てきたキーワードを重視する

サイト内外の検索キーワードをはじめ、アンケート、インタビュー、ユーザビリティテストなどで、ユーザから自発的に出てきたサイトに関するキーワードは、ユーザの意識の表れであると捉え、重要視する必要がある。なぜなら、そのような言葉の裏には本音が隠されているため、ユーザの心理状態を探る手がかりとなるからである。

さらに、これらの言葉は実際にサイトを設計する上でも活用できる。ユーザの状況・心理状態にぴったりと合ったキーワードがサイト上にあれば、ユーザに閲覧・クリックされる確率が非常に高まるのである。言葉がほんの少し変わるだけでも、ユーザの反応度合いは面白いほど変わってしまう。

具体的な実験例を紹介する。まったく同じコンテンツに、ユーザがユーザビリティテスト中に何度も発話していた「比較」という言葉を入れたメニュー名と、そうでないメニュー名を付けたものの2つを用意した。具体的には、「比較のポイント」と「選択のポイント」の2タイプである。これをサイトのナビゲーションなどに表示した状態で、アクセスに違いがあるかどうか実験したところ、圧倒的に「比較のポイント」のほうがユーザのアクセス数が多くなったのである。

4. 再訪、印刷といったシナリオを考慮する

シナリオを描くとどうしてもその場におけるユーザの動きに目が行きがちになってしまうが、ユーザの実際の行動はそんなに単純ではないことが多い。筆者らのこれまでの経験では、ウェブサイト上での商品購入、サービス申し込みは、最初にサイトを訪れたときではなく、数時間、あるいは数日後の再訪時に行う傾向が高いことがわかっている。

特に価格が高いものや、競合が多くあるサービスなどはこの可能性がさらに強まる。たとえば住宅ローンを扱うウェブサイトの場合、ユーザが購入物件を決めたかどうかでウェブサイトにおける行動が変わるなど、サイトの性質によっては別の外的要因がユーザ行動を大きく変えてしまう。

どのような要因によるものかは、その都度変わるが、少なくとも、「再訪する可能性はあるのかどうか？」という視点できちんとシナリオ全体を見ておくことが重要である。そして再訪する可能性がある場合には、最初の訪問時と、二度目、三度目の訪問時におけるユーザのニーズ・状況の変化、それに対してサイトはどのタイミングのユーザをどう狙っていくのかというプランニングを行う。

また、ユーザニーズの強い情報が一覧化されているページや、オフラインでも活用する地図やノウハウが書かれたページなどは印刷される可能性が高い。たとえば、各種料金表、地図、料理のレシピ、デジカメの修理方法、健康体操の解説図などがそれに該当する。印刷されるということは、ウェブ媒体から紙媒体への転換が図れることを意味する。つまり、読みづらく啓蒙に向かないメディアから啓蒙が得意なメディアになるということであり、たとえば可読性が高まりより長い文章を読んでもらえるようになったり、ウェブであれば見飛ばしていた情報にも気づいてもらえたりするのである。

印刷されるページがあらかじめわかっているのであれば、「印刷された紙を見て、これまでに気づいていなかった情報に気づき、再度サイトに訪問してもらう」といったシナリオを描くこともできるのである。

2.5　アンケートによる市場規模検証

　ユーザビリティテストの結果を受けて、ある程度ターゲットユーザが見えてきた段階で、ユーザの市場規模を見積もるためにアンケート調査を行う場合がある。いくらサイト目的に合致した有望なターゲットユーザを発見したとしても、そのユーザの数が少なければ思うような成果は上がりにくい。この段階においてターゲットユーザの市場規模が不明な場合には、アンケート調査などで市場規模を検証するとよいだろう。

　実際には、既存データや各種統計データ、またテスト結果などから市場規模についてはおおよその推測が出来る場合が多く、アンケート調査をここで実施するケースは多くない。

　また、アンケート調査は手軽に行えるために、もっと早い段階で実施してしまうことがあるが、第1回目のテスト終了後に行うほうがよい。ユーザビリティテストで発見された点を仮説とすることで、より効果のあるアンケート設計が行えるからである。

　アンケート調査の結果、想定したユーザの市場規模がビジネスの収益確保に満たないことがもし判明したならば、サイト戦略に立ち戻ってサイトの位置付けやターゲットユーザを再検討する。

第3章

サイト基本導線設計と検証

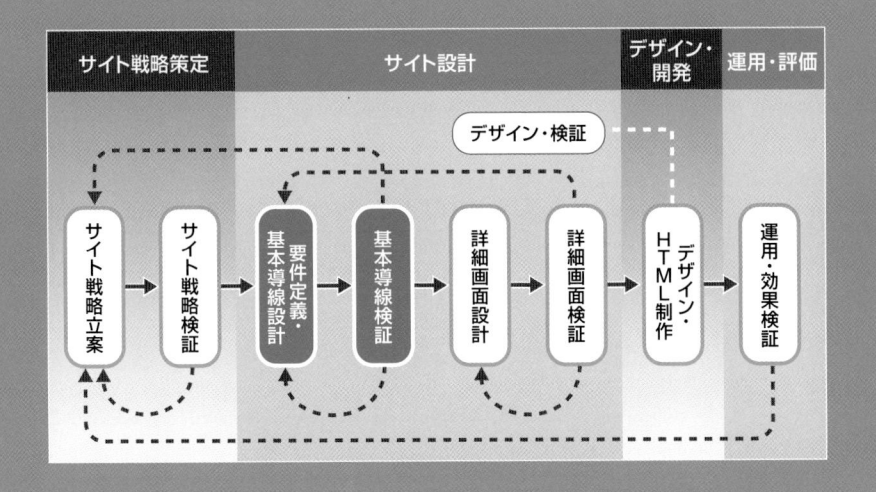

3.1 要件定義

第1回目のユーザビリティテストを経て、サイト戦略の検証・修正が終了したら、より具体的なサイト作りの段階に入っていく。最初に行うのはサイトに掲載するコンテンツや機能を書き出す要件定義の作業である。

3.1.1 要件定義とは

サイト戦略の検証を終えると、「こんな情報をサイトに掲載したらよいのではいか」といったサイトの具体像に関するアイディアがいくつか浮かんでいることだ

No.	行動シナリオ	ユーザニーズ・想定されるアクション	ニーズを満たすコンテンツ・機能			重要度
			コンテンツ・機能名称	概要	設計時に留意すべき点	
1	物件検索	希望するエリアの物件を知りたい	エリア別物件検索機能	●テキストによるエリア表示 ●地図によるエリア表示	地図はクリックされるため、クリッカブルとする	高
2				●検索結果表示に含むもの －エリア －価格 －最寄り駅・駅距離 －間取り －PRコメント －売主/販売会社	●エリアに最も高い優先度を与える ●価格を「未定」としない	
3		自分の探している条件に合致したものだけを見たい	複合条件物件検索機能	●検索条件に含むもの（現行どおり） 1.エリア　（複数選択可能） 2.予算の範囲 3.面積 4.間取り　（複数選択可能）	現行の検索条件数でも、検索結果が0件のケースが多い	中
4			特集	●特定の条件を満たす物件のみを表示 ※条件例 －徒歩5分以内の物件 －ペットが飼える物件	一覧では、物件のエリアを明示する必要がある	
5		おすすめ物件を見たい	注目の物件	●トップページに注目物件の情報を表示 －エリア －価格 －最寄り駅・駅距離 －間取り －PRコメント －売主/販売会社	●2件のみ注目物件を掲載 ●エリアに最も高い優先度を与える	
7		マンションのブランドで選びたい	―	特定ブランドのみの情報を集めたページを用意		中
8		【要検証】 モデルルーム内の様子で	バーチャルモデルルーム	―		低

図 3.1 ● 要件定義書の例
　　　行動シナリオに沿って、ユーザニーズやそのニーズを満たすコンテンツ・機能を列挙していく

ろう。特にユーザビリティテストを行うと、サイトに必要なコンテンツや機能、ユーザ導線の引き方やひとつひとつのコンテンツの書き方まで具体的にイメージできてしまう。

　ここまで具体的になっているのであれば、すぐにそれをプロトタイプに落とし込むのがユーザ中心設計手法の発想だが、ここでは少しだけ立ち止まってそれらのアイディアを要件定義としてリストアップする作業を行う。

　要件定義とは、サイトに掲載すべきコンテンツや実装する機能をリストアップし、それぞれの概要や重要度、作成する上で参考になるデータなどを定義することである。

　ちなみに、ここでの要件定義は、従来のシステム開発などにおける要件定義とはアプローチが異なる。

　ユーザ中心設計手法では「要件定義書」作成にかける時間はわずかで、次の瞬間から「画面プロトタイプ」が要件定義書の役割を担っていく。ウェブサイトの場合、定義すべき要件のほとんどがユーザの目に見える部分であるため、画面プロトタイプが要件定義に最も適したフォーマットになるのである。

　また、要件定義書をきちんと作成しても、そのあとの検証で要件が頻繁に変更になるため、最初に作った定義書をあとで大幅に書き換える可能性が高く、要件定義書という形にこだわるのは効率的ではない。作業の土台はあくまで画面プロトタイプとして、要件の明確化と可視化を同時に行うのである。

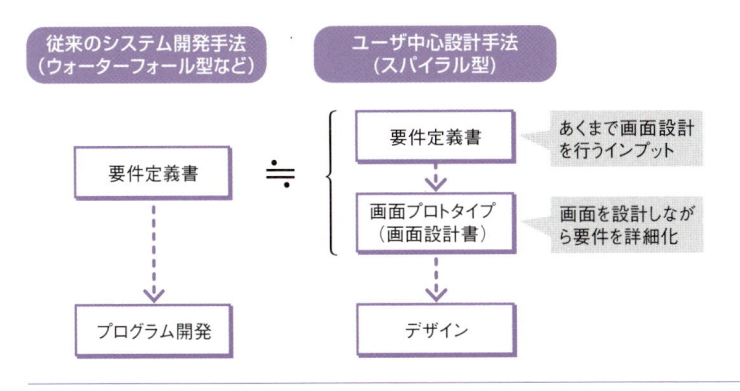

図 3.2 ● 要件定義と画面プロトタイプの関係
　　ウェブサイト制作は、その多くがユーザの目に触れる部分＝表示の仕方を定義していく作業であるため、画面プロトタイプの作成・修正作業により要件を詳細化していく

3.1.2 要件定義を行う意義

ユーザ中心設計手法は、文書よりも具体的な成果物イメージを重視して作業を進めることで、真のユーザニーズを反映できるという理念に則っている。しかし、それでも画面プロトタイプを設計する前に、一度要件の洗い出しを文書にて行うことにはそれなりの意味がある。

■ メンバー間でのサイトの方向性、ゴールイメージの共有

要件を一覧にすることでプロジェクトの具体的作業の全体像をここで明らかにすることができる。これまでの作業で明らかになったのは、サイトの目的やターゲットユーザ像といった抽象的なものにすぎず、具体的なイメージはメンバーそれぞれで異なっている可能性が高い。そこで、要件を文書化すれば、メンバー全員がプロジェクトの目的や具体的側面を明確に理解できるようになり、方向性にずれがないのかどうかを確認できるようになる。

■ 作業全体の把握と作業計画の策定

要件定義を行うことで具体的な作業が明らかになり、作業工数を見積もることが可能になる。要件を満たすための素材が既存サイトにない場合や、参考となる資料などが存在せず、すべて一から作成しなければならない場合、大幅に工数が取られることになる。要件ごとに作業見積もりが把握できたら、今後の作業計画の策定や担当者の割り振りを実施する。

ここで要件定義を経ずにいきなりプロトタイプ作成に突入してしまうと、全体の工数見積もりは不正確なものになり、場合によっては予定工数を超過してしまう可能性がある。

■ 考えの整理と要件の抜け漏れ防止

画面プロトタイプを本格的に作成する前に要件を洗い出しておくことは、冷静にサイトの全体像を見直す良い機会となる。また、ユーザ中心設計手法でプロジェクトを進める場合、ユーザの行動特性や心理面に目が向きすぎる傾向があり、相対的に重要度が下がる要件、たとえばプライバシーポリシーやサイトマップなどの設計がおろそかになってしまうことがある。このような、「重要度は低いが、

サイトとして必要な要件」を漏らさないためにも、画面を作るよりも前に要件定義を行うとよい。

要件への対応状況の管理

　ビジネス側またはユーザ側から挙げられた要件を一元管理すれば、現在対応できるものと、将来対応すべき要件を明らかにすることができる。特に、ここで作成する要件定義書は最終的に「今現在は対応できない要件」を管理するものとなる。
　画面設計後やユーザビリティテストなどによる検証後に新たに出たアイディアで、種々の制約から現状では対応できないものは要件定義書に追加する。これで画面プロトタイプで実現されない要件も管理できるようになる。このように要件定義書は、今回は画面に落とし込めなかった要件を管理するツールとしてプロジェクト全般にわたって機能させることができる。

3.1.3 要件定義の方法、注意点

　要件定義を行う方法は、以下のとおりである。

> 1. ユーザ行動シナリオに沿って必要と考えられるコンテンツ、機能を思いつく限り列挙する（テスト結果なども参考にする）
> 2. 現行サイトがある場合、現行サイトを閲覧しながら列挙する
> 3. 競合サイト、参考サイトなどを閲覧しながら列挙する
> 4. 関係者とブレーンストーミングしながら列挙する

　4.に挙げたとおり、要件を洗い出す際には、プロジェクトメンバーとの討議やブレーンストーミングが有効である。プロジェクトの概要やサイトの目的、第1回目のユーザビリティテストで発見できた点などを関係者に説明し、質疑応答やブレーンストーミングを行うことで、関係者からの意見が参考になるのはもちろんのこと、説明している本人自身が新たなアイディアを得るきっかけになる。
　また、いずれの方法にも共通して注意すべきポイントは以下のとおりである。

ポイント1　シナリオに沿って要件を洗い出す

いずれの方法の場合にも、ユーザ行動シナリオやニーズに沿ってサイトの要件をリストアップするよう注意する。

No.	行動シナリオ	ユーザーニーズ・想定されるアクション	コンテンツ・機能名称	ニーズを満たすコンテンツ・機能		設計時に留意
				概要		
1	物件検索	希望するエリアの物件を知りたい	エリア別物件検索機能	● テキストによるエリア表示 ● 地図によるエリア表示		地図はクリックさめ、クリッカブル
2				● 検索結果表示に含むもの 　−エリア 　−価格 　−最寄り駅・駅距離 　−間取り 　−PRコメント 　−売主/販売会社		● エリアに最も?度を与える ● 価格を「未定

図3.3 ● 要件定義書の左側に「行動シナリオ」を設け、シナリオに沿った要件定義を実施

ポイント2　ビジネス要件とユーザ要件をすり合わせる

要件定義では、サイトに盛り込むべきコンテンツや機能を洗い出しながら、ビジネスニーズとユーザニーズの細かな調整を行っていく。具体的には、必要なコンテンツや機能をリストアップするだけではなく、それが必要な理由をビジネス視点、ユーザ視点の双方から検討するとともに、その要件がもたらす効果、具体的な作成方針なども同時に定義していく。さらにそれぞれの要件に優先度を付けておくと、あとの作業で役立つ。

ポイント3　検討履歴を残す

さまざまな関係者からコンテンツ案や機能が提案されることになるが、一番重視すべきなのはユーザニーズとなる。また、ユーザニーズの代弁者として社内関係者などの要望も無視できない。もちろん、サイト運営主体のニーズもある。これらの要求をすり合わせて形に落とし込むと同時に、そのときの検討ポイント、ほかの選択肢なども明記しておく。

ポイント4　時間を区切って作業する

ユーザ中心設計における要件定義では「やりすぎない」ように注意する。ここでの要件定義の目的は、全体像を見据えることでメンバー間での意識のすり合わせ

や、作業の大まかな見積もり、また考えの整理を行うことである。この目的の達成のためには、要件定義はざっくりとしたものでかまわない。そのためには、「1日で要件定義を終了する」など、時間を区切って作業することがポイントになる。要件の詳細はプロトタイプを作成し、検証をしながら精緻に詰めていけばよい。

　ユーザのみならず、サイト運営者であっても具体的に目に見える形にならないと、詳細な画面要件がなかなか出てこないことが多い。もしあなたがサイト運営者なら、デザイン案としてページが提示された状態になって、初めてコンテンツ案が浮かんだといった経験があるだろう。人間誰しも目の前に形になって現れて初めて、そのものに対して具体的な意見を言えるのである。

3.1.4　要件定義の具体例

　ここで、ある商品紹介ページにおける「資料請求」という要件に関する具体例を紹介する。

　このサイトでは、サイトリニューアルを契機に資料請求ボタンをサイトから削除したいと考えていた。サイト運営側としては、郵送する資料と同じ内容はすべてサイトに掲載しているため、郵送コスト削減のためにできる限り資料の郵送は行いたくないからである。

　このように要件定義を行うと、「資料請求」という要件の優先度は低く設定されることになる。しかし、ここで必ずユーザ視点からもこの要件を検討することを忘れないようにしたい。

　この場合、ユーザはその商品に興味を持ったならば「資料請求」したいと考え

ビジネス側	要件	ユーザ側
資料請求は実装したくない	**資料請求は実施** 極力サイト上の情報で満足してもらえるようコンテンツの拡充を図りつつ、資料請求リンクの位置付けを低くする	資料請求がしたい
■ 資料請求はコスト大 ■ できる限りウェブサイト上で情報提供したい		■ 家族と一緒に資料を見たり、あとでゆっくり読みたい ■ 資料請求できないのならほかのサイトに行く

図 3.4 ● 要件定義の例

る可能性があり、また第1回目のユーザビリティテストでもユーザが自発的に資料請求を探し、「資料請求できないならほかのサイトを見る」といった動きが複数見られた。ユーザに資料請求の理由を尋ねると「資料は家族と一緒に見て検討するため」「たとえ同じ情報であっても、あとでゆっくり見たい」といった理由を口にしていた。

　このようなユーザ側の要求を勘案すると、サイト上の情報と郵送される資料に大差がないとしても、ユーザを自サイトにつなぎとめるためには、資料請求という要件は必須であるとの結論になった。

　この例のように、必ず双方の観点から要件を検討する姿勢が重要である。もちろん、要件定義上だけで双方異なる要件の折り合いをつけることはできない。食い違う要件は画面プロトタイプにして検証していくことで、折り合うポイントを見出していく。

3.2 重要画面設計

要件定義が終了したら、次に画面プロトタイプを作成する。

第1回目のユーザビリティテストの前にトップページ、もしくは重要ページのプロトタイプを簡単に作成しているが、ここではその作成範囲をさらに広げていくイメージとなる。ここから本格的な画面プロトタイプ作成、いわゆる画面設計フェーズがスタートする。

具体的には、先に定義したユーザ行動シナリオと要件定義一覧をもとにユーザシナリオを実現するための大きな流れを「サイトの基本導線」として定義する。同時に、基本導線上にあるページの画面プロトタイプを作成していく。

基本導線という優先度の高いところから作業を始めることで、これら優先度の高いページを何度も検証にかけることができ、最終的なサイトのクオリティを向上させることができる。

3.2.1 サイト基本導線の定義

まず、定義したユーザ行動シナリオをもとに、各シナリオに該当する画面を洗い出す。具体例として、都心の新築分譲マンションの情報サイトを設計する場合

表3.1 ● ユーザ行動シナリオ例

ユーザ行動シナリオ	「ユーザは不動産情報サイトで、エリアや駅までの距離で検索してこの物件サイトにアクセスし、希望の間取り・広さの部屋があるかどうかを確認する。さらに価格を調べる（実際のユーザビリティテストでも全員がまず間取りから探し始めた。希望の間取りがない場合にはそれ以上の検討をやめてしまう）。 ここで周辺相場よりもこの物件は高いが、ユーザに単純に「高い」とだけ思われてサイトから離脱されるのを極力避けるために、設備や部材の良さなど高いなりの理由をきちんと示して理解してもらう。また地図や環境、また建築主や施工業者の信頼性などもアピールし、最終的には資料請求やモデルルーム見学予約への誘導していく」
サイト基本導線	間取り・価格 → 設備 → デザインイメージ → 地図、環境 → 建築主、施工主、管理体制 → 物件概要

を考えてみよう。

このときのユーザ行動シナリオが表3.1のようになっていた場合、サイトの基本導線は、「間取り・価格」→「設備」→「デザインイメージ」→「地図、周辺環境」→「建築主、施工主、管理体制」「物件概要」などというように定義できる。

ここでは、以下のページが重要ページとなる。

- トップページ
- 間取り・価格（一覧）
- （個別）間取り・価格
- 設備
- デザインイメージ
- 外観・共用部
- 地図、周辺環境

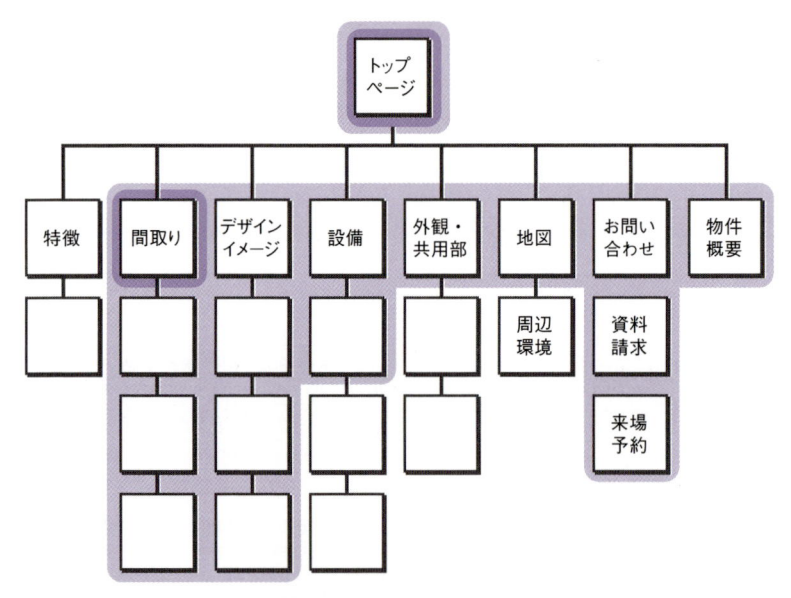

図3.5 ● プロトタイプ作成範囲の例

- 物件概要（建築主、施工主などの情報含む）
- 資料請求

3.2.2 重要画面プロトタイプの作成

次に、先に定義した重要画面の各ページに対して画面プロトタイプを作成していく。

画面プロトタイプを作成する際には、まず白紙の紙または画面を用意し、要件定義書からこのページに対応しそうな要件を抜き出し、プロトタイプに書き込んでいく。こうすることでプロトタイプのアウトラインができあがる。

たとえば、「（個別）間取り・価格」のページであれば、要件定義書にある「間取り図」「広さ」「価格」「間取りの特徴」といった要件はこのページに該当する。

要件定義書もユーザ行動シナリオに沿って作成されているため、要件はそのまま画面に対応していくはずだが、画面の大きさに対して要件が多い場合などは、画面を分割して掲載するなどサイト構造を検討する。

このようにアウトラインを書き出したあとは、画面の各要件をうまくレイアウトして画面プロトタイプを作成してく。

要件定義書	
間取り図	日本語表記の間取り図
価格	各住戸の価格、価格帯
間取りの特徴	ワイドスパン、クローゼットなど特徴
…	…
…	…
…	…
…	…

画面プロトタイプ（アウトライン）
- 間取り図
- 価格
- 間取りの特徴
- …

画面プロトタイプ（設計）
間取り図 Aタイプ

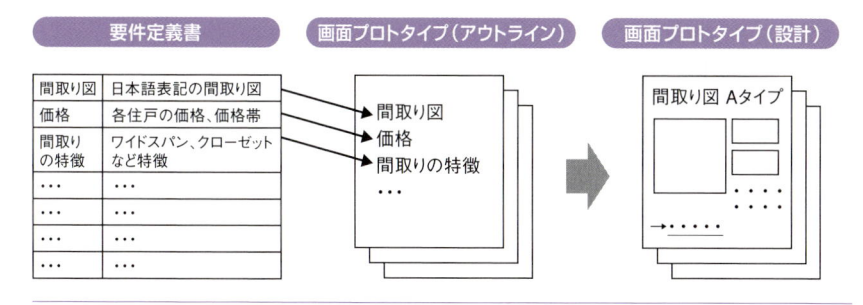

図 3.6 ● 画面プロトタイプ作成手順

3.2.3 基本導線設計、重要画面プロトタイプ作成におけるポイント

基本導線設計、重要画面プロトタイプにおけるいくつかのポイントを以下に示す。

ポイント1　要件を分類してページを定義しない

画面プロトタイプ作成に取り掛かる際、要件定義にあるそれぞれの要件を分類して各ページに落とし込んでいきたくなるかもしれない。

たとえば、「A商品の資料請求」と「B商品の資料請求」という要件がある場合、どちらも資料請求ページに一括りにしてしまえばわかりやすい。そこで、「資料請求ページ」という画面プロトタイプを作成し、そのページでA商品とB商品を選択できるようにすることで各要件を満たすこともできるだろう。

このように**似たような要件を1つのページにまとめていくというアプローチ方法は、実際のユーザの動きと連動しないことが多い**。ユーザは自分の経験や前提知識をもとに行動するため、「要件（情報）の論理的構造」と「ユーザの実際の動き」は常に一致するわけではない。この場合、ユーザが事前にA商品についての知識があり、資料だけを取り寄せたいと思っているのであれば、資料請求ページでA商

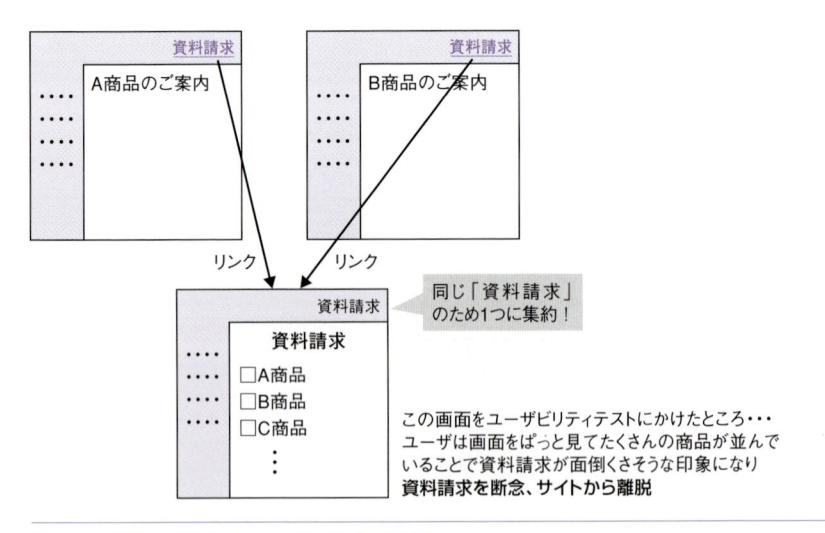

図3.7 ● 要件を分類してページを作成する例
要件を分類することで画面を作成するとユーザの動きをサポートできないことが多い

品を選択して……、という流れはスムーズにいくかもしれない。

　しかし、A商品の資料がどんな内容なのか、無料サンプルなどがあるのかどうかなど、場合によっては「A商品の資料請求」というページを作成し、資料の詳細をきちんとアピールしたほうがよい場合もある。

　このようにユーザが置かれる状況や行動の流れ、サイト目的までの誘導戦略によってサイト構造も画面も変化する。このため、**要件の分類だけでページを定義するのは良くない**。

　プロトタイプ作成を行う際には、先に定義したユーザ行動シナリオに沿って大きなユーザの画面遷移の流れを定義しつつ、各ページに対応しそうな要件を落とし込んでいくとよい。あくまでユーザシナリオありきで作業を進めるべきである。

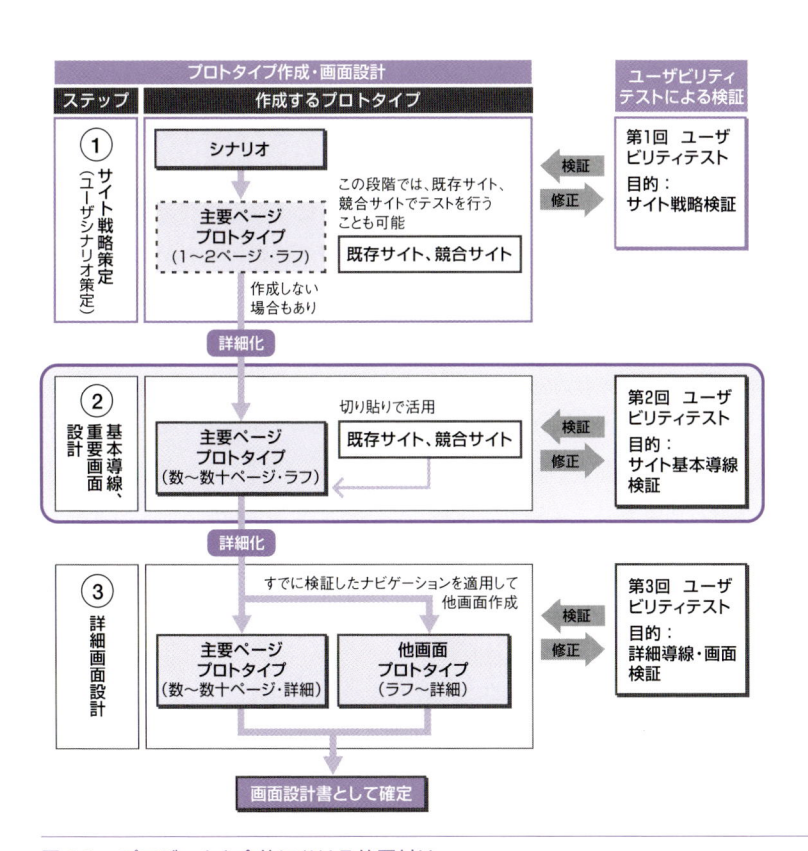

図3.8 ● プロジェクト全体における位置付け

ポイント2　メインのユーザ行動シナリオが一通り追えるレベルを目指す

　要件を画面プロトタイプに落とし込んだあとは、具体的に目に見える形にまで画面設計を進める。この段階では、「ラフでよいので重要部分の画面が一通り揃い、メインのユーザ行動シナリオが追える状態」が目標となる。ここで作成したプロトタイプは、第2回ユーザビリティテストにおいて検証される。

　次に行う第2回ユーザビリティテストでは、サイトの骨格部分にあたるユーザシナリオの基本的な導線や戦略、またそれを具現化したときのサイト構造やナビゲーションが主な検証ポイントとなる。各ページにおける使い勝手やビジュアルデザインはまだこの段階では必要ない。まずはサイトの骨格を完成させてから、第3回目のテストに向けて各画面の細かい作り込みを行っていくことになる。

　この段階では、**想定しているシナリオが機能するのかどうかを設計して検証するため、全体の流れをラフに作ることが先決になる**。検証の結果、想定した流れを修正する可能性もあるため、最初から細部まで作り込んでしまうと後々手戻りを起こしてしまう。

　コンテンツ部分はパンフレットなどの既存資料のコンテンツを切り貼りなども流用しながら作成して作成時間の効率化を図るとよい。もちろん、切り貼りできるような素材がない部分や、極めて重要で早めに検証したいコンテンツなどがあれば、時間の許す範囲で一から作り込んでいく。特にユーザの心理面に訴えるようなコンテンツはその表現の仕方も含めて難易度が高いため、早めに設計して何度もユーザビリティテストにかけることをお勧めする。

　画面プロトタイプを作成する際、まわりにいる人をユーザに見立てた**簡易ユーザビリティテストを行うと思わぬ発見がある**ことが多い。予定しているユーザビリティテストを待たずに、「作っては検証」というプロセスを頻繁に繰り返すことで、プロトタイプのクオリティ、ひいてはサイトのクオリティが見違えるほど良くなる。簡易ユーザビリティテストは積極的に取り入れていきたい。

ポイント3　ナビゲーションやサイト構造から検討しない

　サイトの基本導線を設計する際、ナビゲーションやサイト構造から検討を始めるべきではない。一般的な制作手順では、サイトマップやナビゲーション部分を検討してからサイトの骨格を定義するが、サイトは部分部分で考えても全体としてうまくいくわけではないため、この方法はお勧めしない。

画面プロトタイプを何ページか作り、ユーザがその画面間を行き来する可能性を考えながら次第にナビゲーションも決めていくほうが、結果的にコンテンツを邪魔せずにユーザをきちんと誘導するナビゲーションを作成できる。

　さらにナビゲーションはいわゆる「グローバルナビゲーション」と呼ばれる、サイト全体にわたって共通するナビゲーションエリアだけを指すわけではない。むしろユーザはコンテンツの中にあるリンクをたどってサイト閲覧を進める傾向にあり、それらも重要なナビゲーションとなる。

　グローバルナビゲーションにだけ頼っていると、ユーザは想定どおりに動いてはくれない。グローバルナビゲーションはサイト全体に表示するため、どうしても最大公約数的なニーズをカバーしたものになってしまう。また、グローバルナビゲーション部分にリンク先のコンテンツ説明文を付記することも、スペースの都合上難しい。

　これがコンテンツエリアにあるリンクに対しては可能となる。ユーザはあるコンテンツを読んで何らかの気持ちの変化が起こり、そのときにタイミングよく次のコンテンツへのリンクとキャッチーな言葉が提示されていれば、その流れで次のページに進んでくれる可能性が高くなる。つまり、**ページ全体を使って基本導線を考えることができれば、ユーザを意図したとおりに誘導できるサイト**になるのである。

　もちろん、この段階では、時間的にコンテンツ内の詳細なリンクまでは設計できないかもしれないが、重要ページの中でも特に肝となるコンテンツやリンク部分は簡易的に作っておき、早期に検証することで強固な基本導線を確立することができるようになる。

ポイント4　画面プロトタイプの余白に要件や設計思想をメモとして残す

　画面プロトタイプの作成を進めていくと、要件が次第に詳細化されていく。このとき、できる限り各要件の概要や検討経緯、また優先度を画面プロトタイプの脇などに文章として残しておくとよい。プロトタイプだけに頼って、「画面の見た目さえ設計すればよい」とならないよう注意したい。

第II部
ユーザ中心設計の進め方

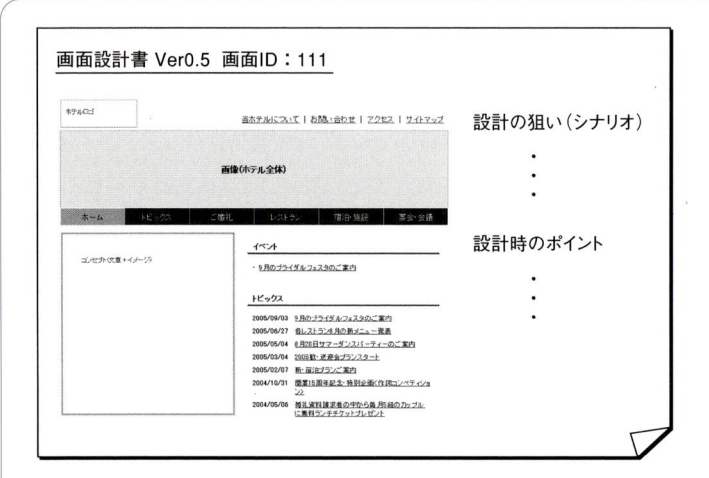

図3.9 ● プロトタイプ作成時の狙いやポイントを余白にメモとして残しておく

一般的なサイト骨格制作手順：
ナビゲーション単体でサイト導線を検討

- この場合、制約が多いナビゲーションエリアを使ってしか基本導線を設計できず、シナリオの実現が困難になる
- さらにコンテンツとは別に検討が進んでしまうため、ユーザの動きをサポートしきれない可能性が高い

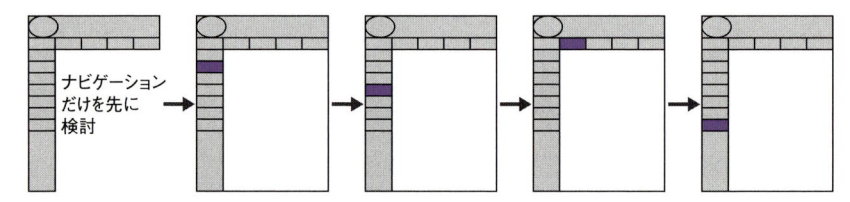

ユーザ中心設計における基本導線制作手順：
シナリオベース・画面全体でサイト導線を検討

- 早い段階からサイト全体を使って基本導線を設計できる＝提供するコンテンツも含めて検討するため、ユーザの気持ちの変化にまで踏み込むことができ、シナリオの実現がしやすい
- 結果的にユーザの現実的な動きに即したナビゲーションが設計できる

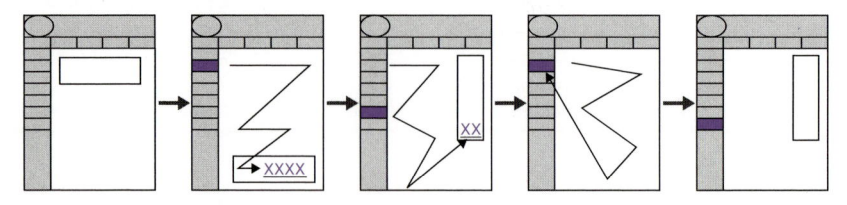

図3.10 ● サイト基本導線の設計手順比較

3.3 第2回ユーザビリティテスト

　プロタイプが完成したら、第2回ユーザビリティテストを実施する。テスト事前準備やテストの基本的な流れは、第1回ユーザビリティテストとまったく変わらない。ただし、第1回ユーザビリティテストの結果を受け、ターゲットユーザの修正など、何かしら変更を加えた場合は、最新のサイト戦略に従って協力者収集やヒアリング項目の準備を行うようにする。

表3.2 ● ユーザビリティテスト実施タイミングと検証ポイント

テスト回数	タイミング	検証ポイント	テスト使用画面
第1回目	サイトコンセプト(サイト目的、ターゲットユーザ、ユーザニーズなど)定義後	サイトコンセプトの妥当性 • ビジネス側の目的・目標設定は達成可能か • 想定したターゲットの存在有無 • ユーザニーズ、状況	• 現行サイト • 競合サイト • そのほかのユーザが使用するサイト
第2回目	シナリオ、サイト構造などメインとなる導線設計後	• 策定したシナリオの妥当性 • サイト構造、導線の有効度合い • ナビゲーション • 詳細なコンテンツニーズ	• 作成プロトタイプ • 現行サイト • 競合サイト • そのほかのユーザが使用するサイト
第3回目	画面プロトタイプ設計後	• レイアウト • ワーディング • コンテンツ表現、ライティング • 詳細な誘導 • リンク位置、色 • その他	• 作成プロトタイプ •(現行サイト) •(競合サイト)
第4回目	画面プロトタイプ設計後(たとえば3回目のテストでは、画面設計がメインの流れのみ(全体の30%程度)完成した時点で行い、残りの詳細画面ができた段階で4回目のテストを行う)	• ほぼ同上	• 作成プロトタイプ •(現行サイト) •(競合サイト)

3.3.1 検証ポイント

　第2回ユーザビリティテストは「サイト基本導線の検証」が目的となる。
　ユーザ行動シナリオやサイト戦略全体の確認を行うとともに、画面の基本構成、具体的にはサイト構造やナビゲーションなどの基本導線が有効に機能するかどうかを確認する。
　また、想定しいている導線が単純に操作としてうまくいったかどうかだけを検証するのではなく、ユーザの心理的な変化も実現できているかどうかも検証ポイントに含める。
　さらに、このあとにビジュアルデザイン作業が入るため、テスト協力者にデザインイメージや、複数のサイトデザインを見せるなどして、デザインのための情報収集を行う場合もある。ただし、デザインという感覚的なものに対してユーザが見せる反応はあてにならないことが多いため、あくまで参考程度の情報収集と認識しておいたほうがよいだろう。

3.3.2 テスト実施のコツ

　テスト実施方法も基本的にはこれまでと同じである。戦略やシナリオの検証も含んでいるため、まずは経験ヒアリングから入る。そのあとに、プロトタイプを実際に使ってもらってテストを行うとよいだろう。
　紙のプロトタイプの場合は、指をマウスに見立て、クリックしたい箇所は「ここをクリックします」と声に出してもらうよう依頼して、テストを進めていく。
　プロトタイプを画像化してパソコン画面上でテストを行う場合は、あらかじめテスト協力者に「今お見せしている画面は制作途中のものなので、リンク部分にカーソルを当ててもカーソルの形が変化しませんが、クリックする旨を教えてもらえれば次の画面を出します」と伝えておく。実際に「ここをクリックします」と言われた場合には、それに該当する画像を手動で表示することでテスト協力者は無理なくテストを進めることができる。
　テスト実施中、画面プロトタイプがまだ不完全な部分にぶつかった場合は、テスト進行者が口頭でフォローをする"口頭プロトタイプ"を用いる。たとえば、「この画面には、○○○○といったことが書いてあるとしたらこのあとどうします

か？」と言った具合にフォローすることで、協力者は次のアクションをとることができるようになる。

　また、テスト中にわかったプロトタイプ上の問題箇所は、すぐに改善できるのであれば、テストの合間にプロトタイプを修正してから次のテストを行うようにしたい。こうすることで、加速度的にプロトタイプのクオリティが向上するとともに、レベルの高い発見がもたらされるようになり、検証の価値がより高まる。また、「簡単に修正できること」がプロトタイプの真価でもあり、リンク1行でもたった数文字の言葉でも、修正すべきと思ったらどんどん修正してテストにかけていくようにする。

3.3.3 テスト結果分析とシナリオ、画面の修正

　テストが終了したあとには、テスト結果全体を振り返って、主な発見点や共通する行動、問題点をまとめる。そのあと、すぐにシナリオや画面プロトタイプの修正に入る。画面プロトタイプに対する問題や改善案は、そのままプロトタイプを修正して反映すれば、まとめの時間を短くすることができる。

　また、画面プロトタイプの余白に要件や設計思想を書き込んでおき、そこに主なテスト結果を追加するとよい。もちろん、画面プロトタイプは何度も書き換えるため、すべての履歴を余白に残すことは現実的に不可能である。バージョン管理をするか、主なものだけ余白に書き込むようにするなど工夫する。

　もしここで全体の基本導線が大幅に変わるようであれば、今回と同じ位置付けのテストをもう一度行うよう計画を修正する。ここはサイトの屋台骨となる重要な部分であるため、ここをおざなりにするのは失敗をもたらす原因となってしまうからである。

　ユーザ行動シナリオを修正し、サイトの基本導線がほぼ確定したら、さらに画面設計の範囲とレベルを広げていく段階に入る。

第4章

サイト詳細画面設計と検証

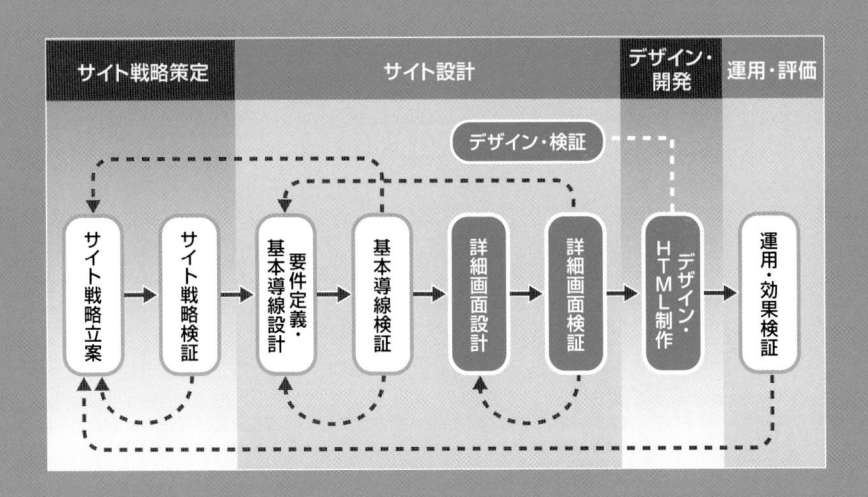

4.1 詳細画面設計

　第2回目のユーザビリティテストが終了したら、これまでに作成したプロトタイプを修正しながら、コンテンツ細部の作り込みや細かなリンクの配置などを行い、詳細な画面を設計していく。3回目のユーザビリティテストまでに、未作成画面を含め、大半のページの画面プロトタイプが完成している状態を目指す。

　第3回目のユーザビリティテストでは、サイトの詳細導線と、各画面の細部を検証することが目的となる。このため、可能な限りサイト全ページのプロトタイプを詳細レベルにまで作り込んでいく。特に、ほかのサイトなどから切り貼りしていたプロトタイプは、すべて新たに制作していく必要がある。

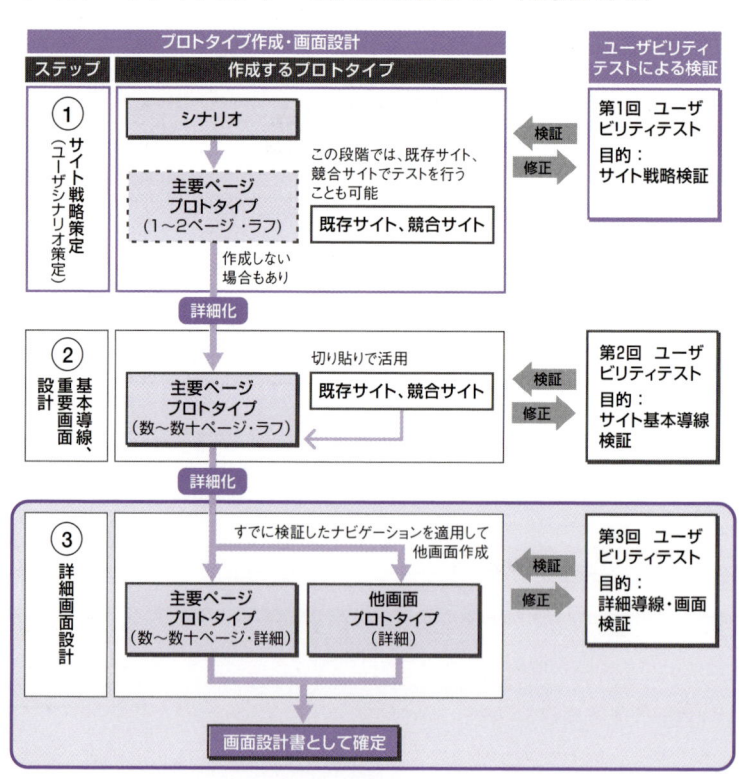

図4.1 ● プロジェクト全体における位置付け

第 4 章
サイト詳細画面設計と検証

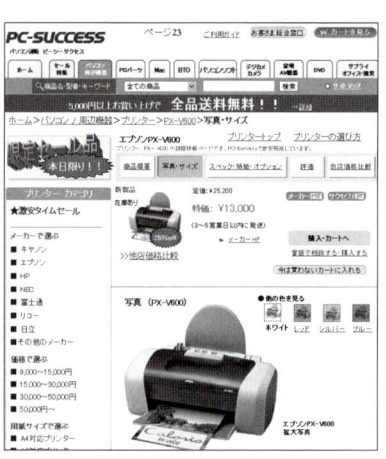

図 4.2 ● 詳細画面設計の例
いずれも PowerPoint で作成した画面プロトタイプ。このように、詳細画面設計ではリリース後のページと同じレベルまで詳細にプロトタイプを作り込む

4.1.1 重要画面の詳細設計

　いくら戦略やシナリオがよくできていても、それが**画面内にきちんと反映されて**いないサイトは結局サイト目的を達成することができない。そのため、行動シナリオに該当する重要画面から詳細設計に着手し、この段階で最終リリースに耐えうる程度までプロトタイプを細かく作り込む。具体的には、コンテンツ作成、リンク配置、レイアウト調整、メニューなどの文言の決定、掲載する写真選定、図表

279

の作成なども行う。

　詳細設計時にはこれまで同様、同僚などに協力してもらいながら簡易ユーザビリティテストを行うと、画面の品質を向上させることができる。

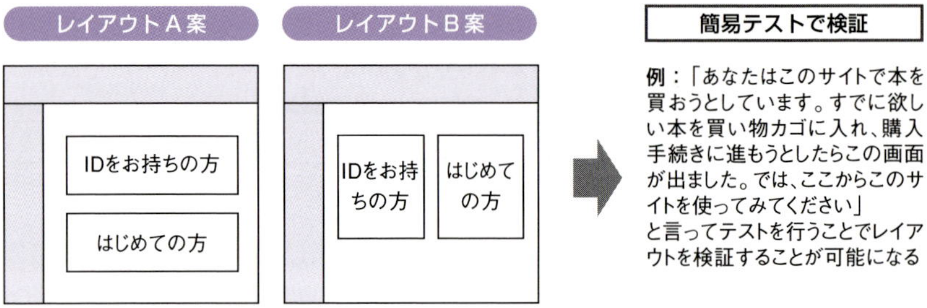

図4.3 ● 例：オンライン販売サイトの画面レイアウト中、2案で迷った場合の簡易ユーザビリティテスト

4.1.2　そのほかの画面の設計

　重要画面の詳細設計が終わったら、残りの画面やまだプロトタイプ作成を行っていない画面の設計を行う。この段階で、すべての画面を設計する時間がない場合、これまでどおりユーザシナリオ上優先度の高い画面の順番でプロトタイプを作成する。

　また、「よくあるご質問」のように、各ページに同一のテンプレートを適用する場合は、サンプルページだけを作成しておけば、サイト構造や画面構成を次のテストで検証することができる。このようにテンプレート化できるページは設計の効率化を図ることができるが、テンプレート化による設計・運用の効率化を追い求めるあまりに、ユーザニーズを満たせない画面ができてしまうことも多い。テンプレートを作成する際には、本当にそのテンプレートがユーザニーズを満たし、シナリオが実現できるのかどうか検討する必要がある。

　図4.4は、この段階における画面プロトタイプ作成範囲例である。主要なページの詳細を作り込むとともに、それ以外の残り画面についてもプロトタイプを作成した。プロトタイプをあえて作成しなかったページは、「プライバシーポリシー」などユーザ行動シナリオの観点からは優先度の低いページである。

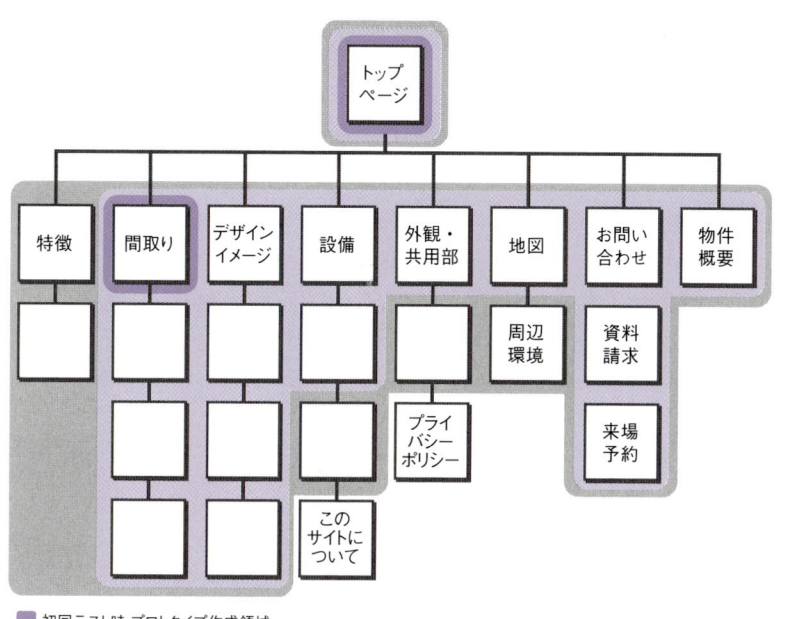

図 4.4 ● 最終的なサイト構造における画面プロトタイプ作成の順序例
プライバシーポリシーなど、ユーザ行動シナリオにおいて優先度の低いページ以外のページは、すべて画面プロトタイプを作成した

4.1.3 詳細設計時のポイント

　この段階でのプロトタイプ作成の中心はコンテンツの作り込みとなる。コンテンツの作成時に、ユーザの操作面のみならず、コンテンツ閲覧への動機付けなどのユーザの心理面に対しても十分な配慮を行うよう注意する。以下、8つのポイントを紹介する。

ポイント1　シナリオや文脈を重視する

　最も気をつけなければいけないのは、これまで同様ユーザの前提知識や前後の動きといったサイト閲覧の文脈を、踏まえた設計を行うことである。
　コンテンツ細部の作成に集中するにつれ、画面の中の設計に集中してしまうた

め、シナリオのことを意識しなくなる傾向がある。単独のコンテンツやページのことしか考えずにページを制作していくと、ユーザ行動を思わぬところで阻害することにつながりかねない。

　コンテンツを少し作っては、ユーザの気持ちになってサイトを最初から使ってみる「ウォークスルー」や簡易ユーザビリティテストを行うとよい。「ウォークスルー」は自分自身でユーザビリティテストを行うようなイメージだが、サイトの全容がわかっている設計者自身であっても、ユーザのつもりでサイトを使ってみると意外な使い勝手の悪さに気づくことが多い。

例：
よくあるご質問のページ下部に、よくあるご質問を見ても問題が解決しなかった人向けに「お問い合わせへのリンクボタン」を配置したが、簡易テストを実施した結果想定どおり機能しないことが判明した例

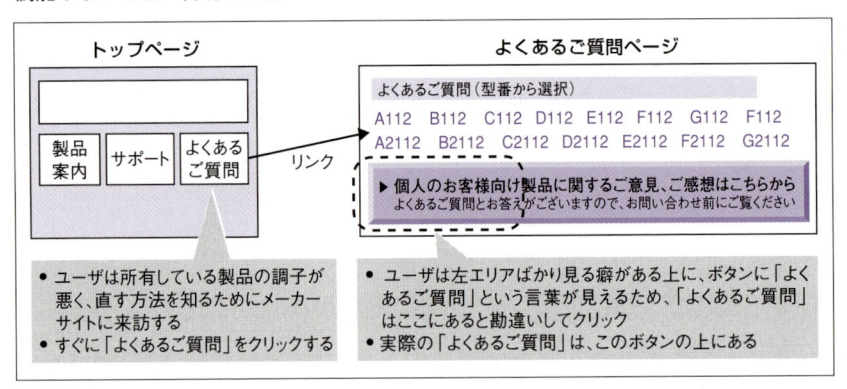

トップページ		よくあるご質問ページ
製品案内 / サポート / よくあるご質問	リンク	よくあるご質問（型番から選択） A112 B112 C112 D112 E112 F112 G112 F112 A2112 B2112 C2112 D2112 E2112 F2112 G2112 ▶個人のお客様向け製品に関するご意見、ご感想はこちらから よくあるご質問とお答えがございますので、お問い合わせ前にご覧ください
・ユーザは所有している製品の調子が悪く、直す方法を知るためにメーカーサイトに来訪する ・すぐに「よくあるご質問」をクリックする		・ユーザは左エリアばかり見る癖がある上に、ボタンに「よくあるご質問」という言葉が見えるため、「よくあるご質問」はここにあると勘違いしてクリック ・実際の「よくあるご質問」は、このボタンの上にある

ポイント2　ルール集やほかのサイトを参考にする

　ユーザの操作負荷を軽減し満足度を上げるためには、以下のサイトや書籍を参考にするとよい。

- ユーザビリティを高めるウェブサイト設計ルールを記した書籍
- ターゲットユーザが利用していると考えられる他サイト
- Yahoo! JAPAN や Google といった有名サイト

　有名サイトを参考にして、そのサイトでの学習経験をそのまま生かせるような

サイト作りを行えば、サイトに初めて訪れるユーザでもスムーズに操作が行えるようになる。

このように、ユーザの経験則を活用するのは手っ取り早く操作性を向上させる手段のひとつである。あまりに新しい操作方法を強要してユーザを戸惑わせないように注意したい。

例：ユーザビリティを高めるサイト設計ルール一例

共通ユーザビリティガイドライン（一例）

■ 画面の明瞭性の確保
- 文字の大きさ、フォント種類、行間、文字間、アラインメントなどはユーザにとって十分読むことができるよう配慮する（1行あたり30〜45文字程度（ブラウザでのフォンのサイズが中の状態で））
- 重要な情報は画面上部で強調する
- 情報は画面上に論理的に整理され、互いに明確に区切って表示する
- 背景色とテキストの間にはっきりとしたコントラストを付け、可読性を保つ

■ 柔軟性と主体性の提供
- 簡単に前の段階や画面に戻ることができるようにする。また再び進む逆操作も可能とする（「戻る」「進む」機能）
- ユーザが自由に情報を獲得できるようにする
- どの画面にいてもホームや初期メニューに戻ることができるようにする
- ユーザがインタフェースをコントロールできるようにする
  - 自由に文字のサイズ変更ができる
  - 自由に画面サイズ変更ができる
  - 動画、音声などは、自由に再生、停止ができる

■ ウェブライティングルールを遵守
- 文章量を削減する
  - ウェブの文章量は、印刷物の50％以下を心がける
  - 主観的な表現、誇張表現は避ける
  - 1ページに複数のトピックを持たせない
- 可読性を高める
  - 専門用語を避け、平易な表現を心がける
  - 文字の大きさ、一行の文字数、行間、段落の行数を適切に
- 文章に強弱を付ける
  - 要点を表す見出しを使う
  - ユーザにとって重要な言葉を太字や色を付けて目立たせる
  - 要約やポイントを箇条書きで表す
  - 記号・カタカナを効果的に使用して認知しやすくする
  - 表現方法より表現する内容に重きを置く
  - できる限り具体的な内容を言う
- 画像を効果的に使う
  - 画像・イラストをアイキャッチとして用いる

ポイント3　ナビゲーションに頼りすぎず、リンクをこまめに張る

　コンテンツ作成時には、関連するコンテンツへのリンクを最も関連する箇所から張るように注意するとよい。コンテンツエリアから関連するコンテンツへのリンクを細かく丁寧に張っていくことで、ユーザの動きが見違えるほど改善されるからである。にもかかわらず、コンテンツ内にはリンクを置かずに、すべてメインのナビゲーションだけでページ閲覧をさせようとするサイトが数多くある。

　ユーザのサイト閲覧の目的はコンテンツであって、ナビゲーションではない。ナビゲーションは「コンテンツエリアに見たいものがないとき」や「明らかに異なるほかのカテゴリーに移動したい場合」など、明確な強いニーズがある場合にのみ目を向けてもらえるため、ナビゲーションだけに頼るとサイト内での回遊性は低くなってしまう。

　ユーザは、サイトに来るとすぐに目的のページへと移動し、その部分だけを見る傾向が強い。そのため、コンテンツ上に関連コンテンツへのリンクが提示されていれば、すぐにクリックしてページ移動ができるようになる。この結果、ユーザの操作負荷が軽減されるとともに、ユーザシナリオの実現をもたらすことにもつながる。

ポイント4　ユーザの気持ちの変化を考慮する

　サイトのコンテンツを作り込む際には、操作性のみならず心理面への影響、変化をも考慮するとユーザシナリオの実現可能性が高まる。

　たとえば、乗り換え案内サイトやオンラインバンキングのように、操作がメインとなるサイトの場合、ユーザが操作に没頭しているときにサイトの別の機能や商品をいくら宣伝しても見向きもしてもらえない。しかし、操作が終了したときは、目的を達成してほっと一息ついているため、ほかの商品やサービスに興味をもたせて誘導することが可能な瞬間となる。もちろん、ただバナーや宣伝文句を並べ立てただけでは興味を喚起することはできない。これまでどんな操作を行ってきたのか、ユーザの関心はどこにあるのかなどを分析した上で、ユーザの気持ちに合致する言葉やビジュアル画像などを配置することで、いきなりそのコンテンツへのアクセスが増えたり、サイト目的が達成されたりするようになる。

　たとえば、オンライン販売サイトの場合、購入手続き画面では、氏名・住所・カード番号などの、ユーザにとって機密性の高い情報入力が必要となる。その時

点では、ユーザは緊張した状態にあるが、それらがすべて終わった確認画面は多少緊張がゆるむ瞬間となる。その確認画面において、購入した商品の有料サポートサービスの追加有無をユーザに尋ねると、購入手続き前に同じことをするよりも申し込み率が向上したという事例がある。

● オンライン販売サイト購入手続き画面

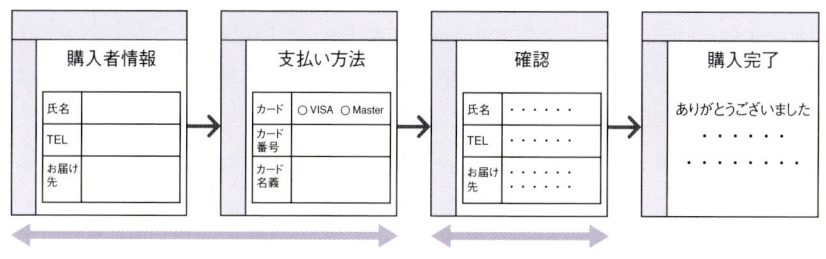

| 購入者情報 | → | 支払い方法 | → | 確認 | → | 購入完了 |

個人情報を入力している最中、ユーザは緊張状態にある
＝早く操作を終わらせたいという気持ちが強く、ほかに関心を示す余裕はない

緊張状態が終わるため、相対的に安心した状態になる
＝ほかの画面を見る余裕が生まれる
▶ 付加サービス（サポートの付与・ラッピングなど）をアピールするチャンス

図4.5 ● オンライン販売サイト 購入手続き画面におけるユーザの心理状態例

　また、コンテンツもユーザの心理を踏まえて文章を作成すれば、訴求力が見違えて良くなることがある。この際には、第1回、第2回のユーザビリティテストにおいて、ユーザから自発的に出た言葉を参考にするとよい。

　たとえば、ある年金関連商品のページをユーザビリティテストにかけた際、ユーザからは「まだ年金について勉強不足なので……」とか「もう少し勉強してからまたサイトを見たい」といった発言が頻発した。このとき、プロトタイプには「年金の基礎知識」という初心者向けのコンテンツを用意していたが、これをクリックしてもさっと流し読みしてすぐにサイトを去っていってしまっていた。そこでテスト結果を踏まえて、「年金の基礎知識」を「勉強用ページ」という名称に変えたところ、クリック数が増え、さらにコンテンツをじっくりと読んでもらえるようになった。多くのユーザが「勉強」というキーワードを自発的に口にしていたことをヒントにコンテンツ名称を変更しただけでも、このような変化をもたらすことができるのである。

このようにユーザの置かれている状況、心理状態、またどういう気持ちにさせたいのかといった心理面に踏み込むことができれば、同じ情報を伝えるにしても適切な画面、適切な表現手法が選択できるようになるだろう。

ポイント5　強いユーザニーズ＝集客力のあるページやコンテンツを生かす

　サイトの中には、アクセスする大半のユーザが訪れるページが1つか2つあるはずである。たとえば、サイトで扱う商品の特徴や商品写真、また料金表や手数料、送料、利率、金利などのお金に絡むページは、どんなタイプのサイトでもユーザのニーズが高い可能性がある。

　ニーズが高いということは、その情報がサイト内での行動を決めるひとつの基準となっている可能性が高いことを意味する。たとえば、ある商品紹介サイトで料金表へのニーズが高いのであれば、ユーザは自分の予算と書かれた料金を比べて、高ければすぐにサイト去って別のサイトを探し、安ければさらにそのサイトで情報収集を行う動きを取ることになるだろう。

　このようなユーザニーズの強いコンテンツは、強いニーズに裏打ちされた決定力、多くのユーザを集める集客力、そしてその後の動きに大きな影響を及ぼす影響力を持ったものとなるため慎重に設計を進める必要がある。

　ニーズが達成できないと大きな不満にもつながるため、まずはユーザニーズにきちんと答え、ユーザに満足してもらうことが大前提となる。その上でユーザシナリオを実現できる道筋を織り込むというステップで設計を進めていく。

　たとえば、料金表のページの場合、「商品が高い」と思われてサイトを去られる可能性があるのならば、「高いなりの理由を理解してもらう」「価格以外の価値を提示する」「価格だけで決めること自体の意味を問う」などの施策をすでにユーザシナリオ検討段階で定義しているはずである。その施策を最もニーズの強いコンテンツのすぐ近くに配置し、ユーザに確実に認知してもらえるよう工夫する。ユーザは驚くほどサイトの一部分しか見てくれないため、少しでも遠い位置にあるとその存在に気づいてくれない可能性が高い。ニーズを満たしつつ、施策にも気付いてもらえるようプロトタイプ上で試行錯誤し、画面の詳細を作っていく。

ポイント6　文章量を削減し、図表を活用して、斜め読みをサポートする

　ユーザに伝えたい内容を確実に伝えるためには、文章量を減らすとともに、画

像など視覚的に理解できるようにしておくとよい。文章が少しでも多いと、ユーザにまったく読んでもらえないからである。

　ユーザビリティテストを実施すればすぐにわかるが、ウェブユーザは驚くほど文章を読まない。リンク、画像、大きなテキスト文字、といったほんの少しの要素をぱっと見ただけで、そのサイトに対する判断を下してしまう。

　そのため、冗長な表現、たとえば形容詞などはできる限り削除して文章量を減らすとともに、箇条書き、見出し、表、図や記号、アイキャッチを作りやすいカタカナ表記（ただし、乱用すると逆効果になるため注意）などを利用して一目で内容が理解できるように工夫する。

ポイント7　専門用語に注意する

　伝えたい内容を正確に伝えるためには、ユーザが持つ前提知識をきちんと考慮した説明を行う必要がある。ここで特に問題になるのは専門用語の多用である。運営側が専門用語ではないと思い込んでいる言葉でも、ユーザの目から見た場合に目新しく感じるものは非常に多くある。

　また、前提知識がないと内容が理解できないサイトも多くある。作成している人にとっては「当たり前」の内容であってもユーザにとっては当たり前でないことが多いと考えておくべきだろう。

　たとえば、金融機関のサイトの場合、お申し込みボタンが「実行」という名前になっていることが多くある。もちろん、意味は通じるだろうが違和感を覚えるユーザも少なからずいるだろう。「ローンの実行」といった用語は金融機関の専門用語であり、一般的とは言いがたい。

　また、ある会社紹介のサイトでは、「GM」（ゼネラルマネージャという役職名）、「PJT」（プロジェクト）などの略称が何の注釈もなしに使用されていた。

　このようなちょっとした言葉遣いも、ユーザにとっては小さな疑問を生じさせるきっかけになる。これが1つだけならよいが、2つ3つと積み重なるうちに、「よくわからないサイト」と判断されてしまうのはあまりにもったいない。ひとつひとつの言葉を丁寧に検討し、ターゲットユーザにとって意味が理解されるよう細かく言葉のチューニングを行うことも重要な作業である。

ポイント8　同じ構造を持つほかのサイトやコンテンツを参照する

　画面詳細部の設計で悩んだときには、今作りたいと考えているコンテンツと構造的に似たようなサイトのコンテンツを参考にするとよい。参考にすべきは何も競合サイトだけではない。

　たとえば、スケジュール管理サイトなどで予定を登録する画面を設計する場合、日付の選び方や各項目の設定方法をどうしてよいか判断できないことがある。こういう場合、「日付を選択する操作を行うサイト」という観点で探していくと、たとえば旅行サイトや航空券の予約サイトなどは同じ構造を持っているため参考になる部分が多いことに気づくだろう。

　このように、競合でないサイトでも部分部分で参考となるサイトが多数ある。それらの良い部分をうまく取り入れることで、使い勝手の良いページを設計することができるだろう。

　以上、ここでは詳細設計時に主に必要となるいくつかのポイントに絞って紹介したが、この段階ではシナリオを踏まえつつ、細心の注意を払ってユーザにとってわかりやすいコンテンツ作りを行うことが重要となる。ほんの小さなことでもユーザはつまずいてサイトを去ってしまうため、詳細画面設計はある程度の時間を取って、細部を細かく詰めていくとよい。

4.2 重要ページビジュアルデザイン

　この段階になると、すでにトップページや最重要ページは2回のユーザビリティテストを経ていることになり、ページの骨格レベルはほぼ確定されている状態となる。そこでこれらのプロトタイプ画面をもとに、ビジュアルデザインを行い、第3回目のテストではビジュアルデザイン案もテストできるようしておきたい。ここでは、デザイン自体の妥当性や、デザインが当初の設計思想をきちんと具現化しているかどうかをユーザの視点から検証するのが目的となる。

　デザインするページは、トップページと主要ページの1、2ページ程度でよい。そのほかのページは、この段階でプロトタイプを詳細に作成し、第3回目のユーザビリティテストを行おうとしている段階のため、ビジュアルデザインを行うのは次のテスト以降のほうが手戻りが少なくなるだろう。

　画面プロトタイプではうまくいっていたことが、ビジュアルデザインを施したとたんにうまくいかなくなってしまうことは頻繁に起こる。画面を設計する人とビジュアルのデザインを行う人が異なる場合は特にその傾向が強い。設計意図や思想がデザイナーに正しく伝わっていなかったり、デザイナーがデザインの観点を強調しすぎて設計思想を壊してしまったりするのがその原因であるが、設計思想を完璧に伝達し、理解してもらうことは難しいため、**最後はユーザの視点から検証して調整を取る**。

　また、ビジュアルデザインもユーザの視点から組み立てていくことが重要である。ユーザにとって好ましい印象をもたらすデザイン、企業やそのサイトの価値を表し、またそれが伝わるデザインを行うことが基本である。

　デザインは好きか嫌いかといった感覚的な議論に陥りやすい領域である。そうなった場合には、「これは誰のためのサイトで誰のためのデザインなのか？」を問うようにするとともに、実際のユーザの目に触れさせるしかない。ユーザがまったく気づかないような、細かな色の違いやピクセル単位のレイアウトに関してチーム内で議論が紛糾することはよくある。そのような答えのない議論に拘泥するよりも、その時間を1人でも多くユーザビリティテストに振り向けたほうが結果として高い成果を上げられる。

上記のような理由からも、この段階から徐々にデザイン作業を開始するとよいだろう。3回目のテストでは、デザインされた画面案とデザインされていないプロトタイプが混在することになるが、これによりデザイン案の方向性やデザインによる問題発生の有無を検証できるようになる。

ただし、デザイン会社のウェブサイトなど、デザイン自体が極めて重要なコンテンツとなるサイトの場合には、デザイン作業の開始をさらに早めてもよい。ユーザにとってビジュアルデザイン的要素がコンテンツとして機能する度合いによってデザイン開始のタイミングは柔軟に設定する必要がある。多くの場合は、第2回テスト終了後で問題ないだろう。

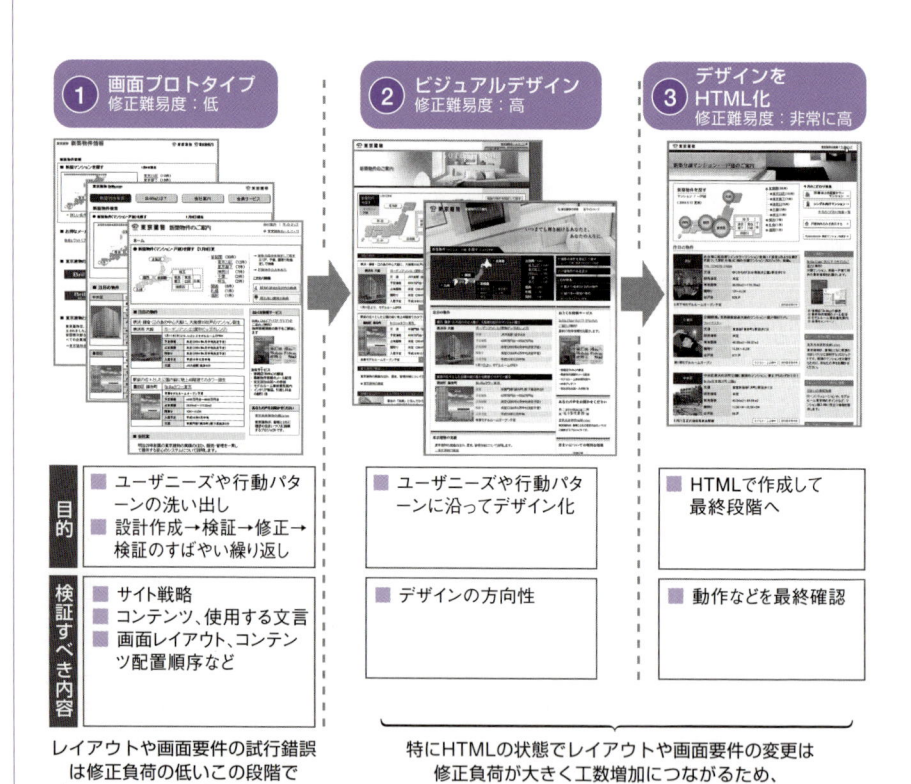

	① 画面プロトタイプ 修正難易度：低	② ビジュアルデザイン 修正難易度：高	③ デザインをHTML化 修正難易度：非常に高
目的	■ ユーザニーズや行動パターンの洗い出し ■ 設計作成→検証→修正→検証のすばやい繰り返し	■ ユーザニーズや行動パターンに沿ってデザイン化	■ HTMLで作成して最終段階へ
検証すべき内容	■ サイト戦略 ■ コンテンツ、使用する文言 ■ 画面レイアウト、コンテンツ配置順序など	■ デザインの方向性	■ 動作などを最終確認

レイアウトや画面要件の試行錯誤は修正負荷の低いこの段階で行い、すべての要件を確定する

特にHTMLの状態でレイアウトや画面要件の変更は修正負荷が大きく工数増加につながるため、この段階での修正は行わずに制作効率化を図る

図 4.6 ● 画面設計とデザインの位置付け

4.2.1 顧客接点を考慮したデザイン

サイトのデザインにあたっては、ほかの顧客接点との連携を考慮したデザインを行う。これに関しては、興味深い事例がある。日本有数の老舗企業のウェブサイトリニューアルを行った際、ユーザはその企業に対して「長い歴史ゆえの信頼、安定」といったイメージを描いていた。しかし、企業側はウェブサイトだけはインターネットメディアであることもあり「より先進的でサイバー空間を席捲するイメージ」をデザインに求めた。そして、そのようなデザイン案を画面プロトタイプに混ぜてテストしたところ、「イメージが違う」「冷たい感じがする」「こんな会社になっちゃったのか？」といった不満がテスト協力者から多く聞かれたのである。通常のテストではデザインに対してテスト協力者側から積極的な意見が出ることは少ないため、ユーザが感じた違和感は相当なものであったと推測できる。

ブランドはサイトのデザインで作られるわけではなく、あくまで企業やそのサイトが顧客に約束した「価値」で作られる。ウェブサイトだからといって突飛なデザインにすることなく、企業として、サイトとして顧客にどんな価値を約束するのかといった上位の概念からデザインの方向性を検討する。また社員（人）、パンフレット、店舗、CM、屋外広告などほかに触れる顧客接点との連携も十分に踏まえる必要がある。

4.2.2 デザインの自由度

ユーザ中心設計手法でビジュアルデザインを行うと、デザイナーから「デザインの自由度がない」といった発言を聞くことがある。特にサイト上で何かしらの数値（売上げ、問い合わせ数など）を上げなければならない場合、レイアウト、メニュー名、ナビゲーションなどは、ユーザシナリオをもとに極めて論理的に設計されるため、これらの要素をデザイン段階で変更すると、改悪につながる可能性が高くなる。この点に関しては、デザインの自由度は従来の紙媒体などに比べて低くなるのは確かである。

もちろん、デザイナーのクリエイティブな発想がサイトや各ページのクオリティ向上につながることもあるため、サイト戦略や画面プロトタイプで定義された各要素の理由や意味、想定されるユーザの動きやこれまでのテスト結果などを説

明し、それをサポートするようなデザインを依頼する。特に、レイアウトに関しててはデザイナーが創造性を発揮したがる領域だが、レイアウトほど論理的に決まっている部分もないため、お互いのすり合わせが必要である。また、デザイナーに画面プロトタイプ作成やユーザビリティテストに早いうちから参画してもらうのもよい。

4.3　第3回ユーザビリティテスト

詳細画面設計が終了したら、再度ユーザビリティテストを行う。テストの実施方法はこれまでどおりである。

4.3.1　検証ポイント

第3回目のユーザビリティテストでは、詳細な導線と画面の細部についての検証を行う。加えて、デザインの方向性やデザインによるユーザシナリオの有効性も確認する。

これまでの検証ではユーザシナリオの確認に重きが置かれていたが、ここではページのレイアウトや言葉の使い方、文章量、リンクの張り方・言葉、ボタンの位置、コンテンツの説明の仕方、フォームの入力のしやすさなど、ページの詳細な部分を細かく検証していく。いわゆる、多くの人が想定するユーザビリティに関する問題点を確認していくイメージに近い。

第3回ユーザビリティテストで発見された問題点の具体例を紹介する。たとえば、「一覧に戻る」といったリンクをよく見かけるが、検索エンジン経由でサイトの途中のページにいきなり飛び込んできたユーザにとっては、「一覧に戻る」と書かれていても、何の一覧であるかわからずクリックできないといったことがよくある。ユーザは常にサイトのトップページから階層を追ってページにたどりつくわけではない。テストにおいて検索を多用している場合には、サイトの途中ページが検索にひっかかったと想定して、途中ページをいきなり見せてみるといった検証を行うとよいだろう。この場合、たとえば「キッチン製品一覧に戻る」とリンクテキスト部分を何の一覧であるか明示しただけでもユーザのサイト行動は大きく変わる。このようなほんの小さな言葉の使い方でも、検証するかしないかで大きくユーザの動きを変えるきっかけとなる。

4.3.2 テスト実施のコツ

　テスト実施方法はこれまでのテストと同じである。ただし、ここでは画面詳細についての検証が大半を占めるため、ひとつひとつの画面をじっくり見てもらえよう、ヒアリングなどはこれまで以上に控えたほうがよいだろう。

　また、テスト協力者に提示する画面は、デザインされた画像とプロトタイプの2つが混在することになるが、協力者はまったく気にせずに使用するため特に問題はない。

　デザイン検証というポイントについては、3回目のテストで初めて見ていくことになる。第3回目のテストにデザインを含めてテストをすると、多くの場合、いかにユーザがデザインなど気にせずにサイトを利用しているかわかる。とはいっても、「このサイトを使うと気持ちよい」といった感性部分への効果は確実に存在する。そのようなユーザの反応を見逃さずにデザインイメージに生かしていくことが大切である。

　また、デザインについてユーザに感想を尋ねるときには注意が必要である。たとえば2つのデザイン案を見せて、「どちらのデザインが好きですか？」と聞いてみると、ユーザはどちらか1つに好きだと思える理由を無理やり見つけて回答することが多い。またその理由も、デザインというよりもコンテンツやレイアウトといった機能面に関する情報であることが多い。たとえば、「文字が大きくて見やすいのでこちらのデザインがよいです」「わかりやすく、目当てのリンクがすぐに見つかりそうなのでこちらがよいです」といった具合である。

　ユーザは自分が言葉として明示的に理解できる範囲でしか回答できないため、特にデザインのように潜在的な意識や感性に訴えかける機能について意見を聞いてみても有意義な回答は得られにくい。どちらが好きと言ったのか、その事実だけを重視し、その理由は参考レベルにしておくとよいだろう。

　さらに、実際の体験としてもユーザが同じサイトの2つのデザインを見比べるといった状況はなく、常に1つのデザインのサイトを使うため、デザイン比較を行うとしても、その解釈には注意が必要である。

4.3.3　テスト結果を受けてのシナリオ、画面修正

　テスト終了後には、発見された問題点の修正を画面プロトタイプ上で行い、プロトタイプを順次最終確定させていく。次に検証が控えていない、つまりは変更を前提としていないこれら画面プロトタイプは「画面設計書」と定義され、その次の工程であるビジュアルデザイン、HTML 制作に引き継がれていくこととなる。

　またテストまでに用意しなかった優先度の低い画面についても、ここで設計を行い、画面設計書の中に含める。

　プロトタイプを修正する際には、**これまでのユーザビリティテストの結果を踏まえて問題点を修正するとともに、良い点は維持・踏襲していくよう注意する**。テスト後に画面の修正をしていると、つい問題点にばかりに気が取られ、それを何とか修正しようとするうちに、良かった部分まで変えてしまったということはよく起こる。

　テスト結果を受け、デザインの方針に変更があるようであればそれをデザイナーに指示し、トップページや主要ページのデザイン案の修正を行い、デザインに関しても方向性を最終確定していく。

　そして、最終確定した画面から随時ビジュアルデザイン作業に入っていく。と同時に、ディレクトリ構成や HTML ファイル名など制作に必要なための準備作業に入る。特に、ディレクトリ構成や HTML ファイル名については、アクセスログ解析と密接に絡むため、第 1 部第 3 章の「3.5　アクセスログ解析」を参考にして作業を進めるとよいだろう。

　もし余力があれば、デザイン作業の繁忙期が過ぎた段階でユーザビリティテストを行い、画面を検証するようにする。これで、「実際に作ってみたら、当初の設計思想が崩れていた」といった事態を防ぐことができる。もちろん、デザイン案を設計者がこまめにチェックできているのであれば、このような検証をする必要はない。

4.4 ページ制作

　ページのデザインが確定したあとは、順次HTMLやCSSなどの作成に入る。ユーザ中心設計手法を取った場合、画面の仕様はこの段階ですべて確定しているため、HTML作成の段階で大幅なサイトの変更が入ることはほとんどなく、効率的にページ制作を進めることができる。ただし、HTMLやCSSを組んだ場合の細かなレイアウト、文字間などの調整作業はここで行うこととなる。

　最近では、サイトの実現形態もさまざまであり、サイトでどの実現形態を取るのかを事前に確認する必要がある。具体的なHTML制作の手順やポイントなどは専門書籍に譲るが、たとえば、コンテンツを一元管理できるCMS（コンテンツ管理システム）、見た目と情報の分離を実現するHTML（XML）とCSS、JavaScriptとXMLを活用したAjaxなど、さまざまなものがある。その際、技術から議論をスタートさせるのは危険である。あくまでユーザがどんな情報、サービスを求めていて、それを実現するための方式は何がベストなのかを議論すべきである。短期的には流行の技術を取り入れることで注目されるかもしれないが、ユーザニーズを無視しているようだと長期的な成功は見込めない。実際にFlashインタフェースが全盛期だった頃、洋服のオンライン販売を全面Flashで実現していたサイトがあったが、ユーザの目から見てFlashである必然性がなかった上に、使い方で戸惑うことが多かった。このため、思うような成果が上がらず、あっという間にサイトが閉鎖になった例がある。

　また、多くのユーザはウェブサイト運営者が思うほど新技術に習熟しているわけではない。本書を執筆している2006年7月時点で言えば、Ajaxはもちろんのこと、ブラウザに組み込む「ツールバー」についても、使用率は3割でしかない（弊社調査）。ツールバーという言葉すら知らない人も多くいた。もちろん、ターゲット層によって技術やツールの認知、利用率は異なるが、少なくとも毎日のようにインターネットを使い、サイトの運営について日々議論している運営者とエンドユーザの間にはインターネットリテラシーに大きな溝があると認識しておいたほうがよい。自分の経験から、「ユーザもこう使っているだろう」と推測するのは大変危険である。

4.5 サイトリリース準備

　HTMLなど、実際のページ制作が完了したら、それを入念にチェックし、言葉、文法、リンクミスなどをすべて修正し、いよいよ本番リリースとなる。

　ここで最終的なHTMLチェックは極めて重要である。オーサリングソフトやCMSを使用していてもミスは発生するため、ツールと人間の目によるチェック、両方を入念に行い最終リリースに備える。チェックすべき項目はサイトの作りによって異なるが、主なものを以下に掲載する。

- 各種OS、ブラウザチェック
  - 各種OS、ブラウザにおける、文字サイズ・文字間隔・色・配置・動作などの見た目チェック
- 環境
  - JavaScript有効・無効での動作
  - 画像オン／オフでの表示
  - 読み上げブラウザでの確認
- HTMLソース／文言チェック
  - ヘッダー、フッタ、グローバルナビゲーション要素、パン屑ナビゲーション要素、ページタイトル、画面設計書との整合性、TITLEタグ、METAタグ、リンク指定、HTML文法、エンコード方式
- 画像
  - 画像指定先、ALTタグの内容
- 印刷
  - 印刷時の表示
- システム連携

　チェックが終わり公開への準備がすべて整ったら、サイトを公開する。

4.5.1 リリース後こそがサイト運営の本番

　サイトはユーザに使ってもらい、サイトの目的を達成するために制作している。つまり、ここでほっとしてはいけない。むしろサイトをリリースしてからがスタートであり、これまでの作業はすべて準備にすぎないとすら言える。リリースしたあとで確実にユーザを満足させ、サイトの成果につなげていくためには、日々の運用が極めて重要になる。環境が変わればユーザも変わる。時々刻々と変化する不確実な環境に対応するためには、その変化を的確に捉えて、サイトを成長させていかなければならないのである。そのために必要となる運用と改善については第5章で説明する。

　この第4章までのところで、ユーザ中心設計手法を用いたサイト設計はほぼ終了である。ここに書かれた方法論に従って制作を進めれば、設計・制作途中でも多くの気づきと具体的施策、課題を発見することができ、さらに最終的なサイトリリースによって何かしらの成果が必ず上がってくるはずである。

　この方法論のように、ユーザシナリオを重視したサイト戦略立案・制作を行うと、ユーザがサイトを認知し、サイト内で説得され、サイトの目的へと到達して、リピート化するといった一連の流れを踏まえたサイトが完成する。特に、サイト内における「説得・ゴールへの道」はすでに実装された状態になっているだろう。

　今回はサイト内の設計についてフォーカスを当てたため、ユーザがどのようにサイトを認知して、アクセスしてくるかといった「流入・認知」領域と、またサイトを通じて得られたユーザの「展開・関係維持」領域が残課題として残っているかもしれない。インターネット広告やほかの媒体広告との連動による認知・流入の拡大や、メールマガジンやダイレクトメールなどによる関係構築・維持も同じように仮説を立て、プロトタイプを作成して、テストによる検証を重ねて設計することができる。すでに課題が何であるかと、その方向性は見ているはずである。あとは、すばやく目に見える形にして、検証を繰り返していけばよい。この地道な活動の先には大きな成果が待っている。

第5章

サイトの効果検証

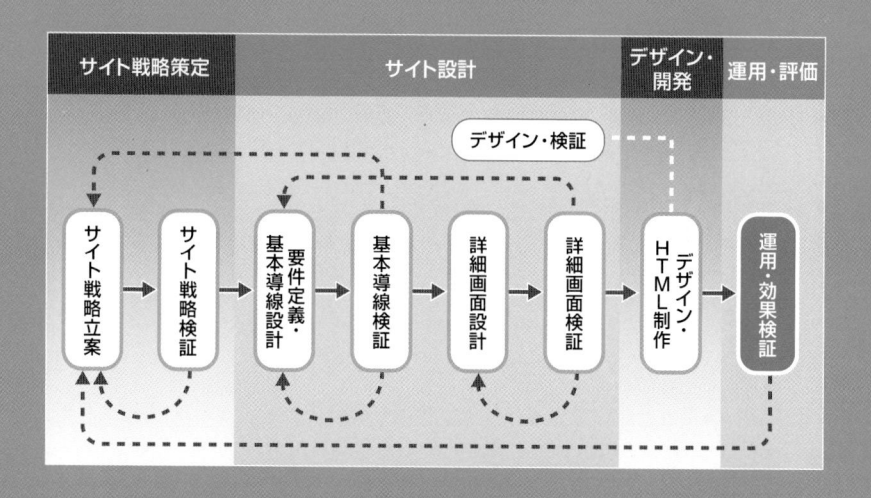

| サイト戦略策定 | サイト設計 | デザイン・開発 | 運用・評価 |

デザイン・検証

サイト戦略立案 → サイト戦略検証 → 要件定義・基本導線設計 → 基本導線検証 → 詳細画面設計 → 詳細画面検証 → デザイン・HTML制作 → 運用・効果検証

5.1 運用の重要性

サイトのゴールはサイトをアップすることではなく、想定どおりユーザに使ってもらいビジネス成果を上げることである。サイト戦略立案から設計、制作までの道のりが長いため、ついサイトリリース直後は気がゆるんでしまいがちだが、ここからがサイト運営の本番である。

これまで解説してきた「いかに作るかは」は重要な課題だが、それもすべてはサイトリリース本番を迎えるための準備にすぎない。リリースしたあとの運用の仕方次第ではサイトの成否は大きく分けられるため、「いかに運用するか」もまたこれまで同じくらい大切なポイントなのである。

運用時に行う主な作業として、以下のものがある。

- サイト修正、更新作業
- サイト効果検証、改善作業（現状評価、分析、サイト改善）
- 認知、流入関連作業（広告等施策の企画、設計、実施、効果検証）
- 各種ユーザ対応（お問い合わせ対応、資料請求対応など）
- ユーザ関係構築、維持作業（メルマガ発行など）
- 環境維持・整備作業（システム、ドメイン管理、負荷計測など）

ここでは、各種運用作業の中でも極めて重要かつユーザ中心設計手法と深く関連する「サイト効果検証、改善作業」について解説する。

「サイトの修正、更新作業」はこれまでサイト設計で行ってきた方法論や考え方がそのまま適用できるため、新たなページ追加やコンテンツ追加の際にはプロトタイプを作成してユーザビリティテストを実施するようにしたい。

また「認知、流入関連作業」では、広告、SEO（検索エンジン表示改善施策）、SEM（検索エンジンマーケティング）、アフィリエイトなどの手段を用いた施策を検討することになるが、ここでも策定済みの戦略やユーザシナリオを活用することができる。ユーザの関心時や、ほかに見ているサイト、同時に行う行為などがすでに把握されているため、それらをもとに各種媒体の特徴や費用対効果を見な

がら施策を立てていくとよいだろう。

　さらに、「ユーザ関係構築、維持作業」においてメールマガジンを発行するような場合、プロトタイプによる検証手法を使うことができる。特にHTMLメールを発行する場合には、これまでと同じようにユーザビリティテストを実施すると意外な落とし穴を見つけることができる。サイトに流入するユーザの大半がメールマガジン経由というサイトの場合、メールマガジンはサイト閲覧の起点となり、サイトのトップページと同じ、あるいはそれ以上の役割を果たすことになる。そのような重要ページは、たとえメールマガジンという形式を取っていたとしても送信する前にユーザビリティテストにかけておくと狙ったとおりの効果を得やすくなる。

　ここからは、本章の本題であるサイトの効果検証について見ていく。

5.1.1 効果検証の必要性

　あれだけユーザビリティテストを行い万全を期したはずのサイトであるのにもかかわらず、リリース後にもさらに検証作業が続くとなると、先に行った作業の意味が薄れるように感じられるかもしれない。しかし、最初に立てた仮説は検証を経ているといえども限定的な状況下での検証結果であるため、完璧ではなく、実際には想定どおりになっていない部分が発生している可能性がある。

　それに加え、常にユーザ環境は変化している。日々パソコンやインターネットに習熟していくといったユーザの個人的成長もあれば、新しく立ち上げられた他社のサイトがユーザ行動に大きな影響を与えることもある。当初想定した効果が得られにくくなる可能性は常に潜んでいると言えるのである。また、ユーザをサイトに惹きつけ続けるためには、適宜ユーザニーズを把握し、新鮮な情報提供に努めることも必要になる。すべてがいつまでも同じままでは飽きられてしまうのである。

　ウェブサイトではユーザの振る舞いが直接見えないため、サイトをリリースしてそのまま放っておくと、サイトで何が起こっているのかわからないという特徴がある。サイトに対して悪い印象を持った場合でも、大半のユーザは何も言わずにそのままサイトを立ち去り、二度と戻ってこないのである。

　たとえば、店舗や電話といったメディアであれば、目の前（電話の向こう）に直

接顧客がいるため、その態度や声色などからフィードバックを得ることができる。レストランに来た顧客は、そこでの食事が気に入らなければ、言葉にしないまでも不満足そうな表情を浮かべ、食べ物を残してその店を立ち去るというフィードバックをくれるだろう。特に運営側が意識をしなくても、毎回必ずユーザからの評価を突きつけられるということであり、それに都度対応するだけでも、サービスレベルの向上が期待できるのである。

ウェブサイトではこのようなフィードバックが得られないため、結果として何が起こっているかわからず、サイトをそのまま放ったらかしになる傾向が高い。気づいたときには大きな問題が発生していることも容易に起こり得る。効果検証やサイトの評価を通じて、常にユーザの動きを追っていかなければならないのである。

ユーザフィードバック形態	ウェブサイト	店舗
態度によるフィードバック	ない	ある (例)レストラン→食事を残す 　　　小売店→何も買わない
言葉によるフィードバック	少ない =サイレントマジョリティ	少ない =サイレントマジョリティ
	↓	↓
	ウェブユーザは 「見えない・言わない」	店舗ユーザは 「見える・言わない」

図 5.1 ● ユーザによるフィードバックの違い

以上のような理由から、サイトリリース直後から常にサイトの現状を把握・分析することが重要になる。「現実」から仮説を検証し目的達成度合いを評価・分析するとともに、環境やユーザの変化をタイムリーに捉えることで、問題や変化に対する素早い対応が可能となり、狙った成果を上げ続けることができるようになるだろう。

5.1.2 効果検証を阻む壁

サイト構築直後のみならず、運用作業の中でもサイトの効果検証はおろそかに

なりがちになる。実際の作業の説明に入る前に、なぜ運用時の効果検証が後手に回る傾向があるのか、いくつかのポイントから考察することで、意識すべきこと、やるべきことが見えてくる。

サイト修正・更新以外、そもそも何をしてよいかわからない

サイトを作る段階では何をすべきかが明確であったことに引き替え、サイト運用時にはコンテンツを修正・更新することと、資料請求など直接的な問い合わせの数値をカウントすること以外、何をしてよいかがわかりづらい。資料請求や会員登録、売上げなど直接数値が上がるサイトであればまだよいが、そうでない場合には本当にどうしてよいかわからないといった声も多く聞く。

また、ごく少数のユーザがわざわざ時間と手間をかけて書いてくれたお問い合わせ内容（そのほとんどはクレーム）をチェックし、それに都度対応していることでサイトの現状把握とすることもある。この場合、中には「問い合わせ対応にコストがかかる」として、問い合わせ先のメールアドレスも電話番号も掲載せず、ユーザとの接点を一切断ち切ろうとしているサイトも存在する。これではユーザからのフィードバックは何も得られず、立案した仮説が正しいかどうか検証する機会を失っていることになる。

いずれにしても、「サイトの効果を見る」というのは抽象的でわかりづらいという側面があることは事実である。特にユーザ中心設計に則ってサイトを制作していない場合には、この傾向が一層高まる。逆に言うと、きちんとサイトの目的からユーザシナリオまでの仮説を立ててサイトを設計している場合、検証すべきポイントはすでに明確になっているだろう。この両者の違いは事前の仮説があるかどうかである。今現在運営しているサイトが、そのサイト戦略やユーザシナリオが不明確なまま制作されているのであれば、まずはサイトの目的やユーザシナリオの仮説を立てるところからスタートする必要があるだろう。

サイト構築での燃え尽き、通常業務による忙殺

サイト構築時に全力を使い果たしてしまうからか、通常業務に忙殺されるためか、サイトリリース後には、アクセス状況を確認するといった基本的なことすらおろそかになりがちである。また、サイト運営者がほかの業務を兼務している場合が多いこともその理由のひとつとなっている。

サイトは放っておいても動作してくれるため、優先度が低くなってしまうのは仕方ないかもしれない。しかし、手をかけないと期待した成果は望めないのもまた事実である。ウェブサイト運営に傾ける時間がまったく取れない場合には、運営体制の見直しなど抜本的な解決も含めて検討する余地がある。効果検証はできれば恒常的に行うべきものであるため、「時間がない」ことが理由なのであれば、時間を作る、体制を変更するといった事前準備が必要になるだろう。

　上記のように、さまざまな理由からサイトの現状を評価することの優先度は下がりがちになる傾向がある。しかし、せっかく本番環境に乗せ、本当のユーザに使ってもらっているのであれば、その姿を追うことできちんと仮説と効果を検証し、問題があるようならその箇所と原因を特定して、改善の実行計画につなげていく活動を行うことが成功への近道である。

第5章 サイトの効果検証

> **Column**
>
> ## 効果検証は意外に簡単
>
> 「サイトの効果検証が重要なのは理解している。ただし、それを実施するのは時間もお金もかかりすぎて、かえって費用対効果が悪いのではないか」という声を聞くことがある。ウェブサイトの場合、きちんと意識さえすれば、効果は案外簡単に見ることができる。このとき、特に威力を発揮するのは、アクセスしたユーザ全員の動きを把握できる「アクセスログ」である。これはPOS以来のマーケティング革命とも言われている。
>
> 「アクセスログ」とはウェブサーバに蓄積される、サイト訪問者全員の行動履歴を記録した足跡データである。第1部第3章で説明したとおり、アクセスログには癖がある。このため、これをサイトの運用に活用するためには、多少の知識と経験が必要になる。だが、活用方法を覚えてしまえばユーザの動きをつぶさに把握し、仮説や効果を検証できる強大なツールになってくれるだろう。
>
> そのためには、アクセスログ解析を中心にしながら、アクセスログではわからないものをほかの評価手法で随時見ていくことで、ユーザのサイトにおける動きやニーズ、感想を徐々に明らかにしてくことができる。
>
> ちなみに、アクセスログ解析をしていないウェブサイトはやがて衰退していくとさえ言われている。なぜなら、全ユーザのデータであるアクセスログを見ないということは、ユーザの行動は二の次と運営側が考えていることの表れと捉えられるからである。サイトのユーザに対してこのように不誠実な態度であることは、必ずサイト上にも現れ、それがユーザの離脱、サイトの衰退を招くことになってしまう。
>
> ウェブのようにユーザが見えにくいメディアでは、「ユーザが見えないからこそ、常にユーザの評価を運営者が意識する」ことがとても重要である。行動を変えるのは意識の力だけであり、意識さえ働いていれば、アクセスログをはじめ、効果を検証するツールをいろいろ活用できるようになるのである。さらにサイトの効果検証を通して、市場ニーズを把握するなど既存のマーケティング活動にも貢献できることに気づくだろう。

5.2 効果検証の手順

　サイトの効果検証は、サイト目的や効果検証自体の目的を明確にすることからスタートし、目的に応じて手法を選択して実際の検証を行っていく。その手順は以下のようになる。

効果検証の手順
1. サイト目的、目標の明確化
2. 効果検証目的の明確化
3. 検証項目の定義
4. 検証手法の選択（⇔各手法の特徴の把握）
5. 上記を実施し現状のサイト評価
6. 結果分析、改善方針策定

　すでに本書で紹介しているユーザ中心設計手法を用いてサイト構築を行ったのであれば、「1. サイト目的、目標の明確化」は完了しているはずである。また、違う手法でサイトを構築した場合でも、「何のためにサイトを運営しているのか？」という問いに回答することでサイト目的を明確にすることができる。具体的なサイト目的・目標の検討方法については、第2部第1章が参考になる。

　ここでは、すでにサイト目的、目標は明確になっているものとし、「2. 効果検証目的の明確化」から「4. 検証手法の選択」を中心に効果検証方法について説明していく。

5.3 効果検証目的の明確化

　サイトの効果検証を行うにあたっては、サイトの目的を明確にするとともに、効果検証自体を行う目的もまた確認しておくとよい。

　検証を行う目的が明確になることで、最適な検証項目・検証手段が選択できるようになり、効果検証の費用対効果を最大化できるからである。**効果検証の方法は数多くあるため、検証目的が曖昧なままだといろいろな検証手法に手を出したくなってしまい、結局は費用対効果を落としてしまいかねない。**そうならないためにも、「何のために検証を行うのか」という当たり前のことをきちんと検討しておくことをお勧めする。

5.3.1　効果検証の目的

　たいていの場合、サイトの効果検証を行う目的は「サイトの目的達成をより確実なものとするために、サイトの現状評価から目的達成度合い、仮説の妥当性、目的達成阻害要因を把握し、改善につなげるため」と定義できるだろう。

　これを個々のサイト目的に照らし合わせると、たとえば「より売上げを上げるための現状の課題把握と今後の改善方針策定」など、より具体的な目的が浮かび上がる。このように、通常の効果検証はサイトの改善・洗練を前提としてサイトの現状を把握することになるだろう。

　しかし、スポットで行う効果検証では、サイト改善以外の目的を持つこともある。たとえば「社内説得のため」「サイト運営部署の評価のため」「サイト運営部署のやる気向上のため」などである。特に社内説得を目的としたサイト評価は多いため、次に簡単に解説する。

5.3.2　社内説得・啓蒙を目的としたサイトの効果検証

　短期的な視点で捉えた場合、時に検証目的が「社内説得・啓蒙」となるケースが多い。このことについて簡単に触れたい。

ウェブサイトはこれからますます全社的な課題として取り組むべき領域であるため、トップマネジメント層や他部署など社内をサイト運営に巻き込むことはサイト戦略上極めて重要である。通常、インターネットを使用しないようなマネジメント層に対しても、その重要性をきちんと理解してもらい、問題意識を醸成することはウェブ管理者にとって重大な責務と言えるだろう。

　そのときによく使われるのが、外部機関のウェブサイトの効果検証サービス、サイト評価サービスである。内部の人間が言うよりも説得力があるため、外部の機関にウェブサイトの評価を委託し、その結果をもって関係者に問題意識を持ってもらうというものだ。

　この場合、説得相手の理解度、状況などに応じて何を評価すれば最も効果が上がるのかを考え、評価計画を立てる必要があるだろう。ここがサイトの改善そのものを目的とした場合の検証とは明らかに違う点である。説得相手が「自社の特定の商品に思い入れがある」といった特徴があれば、その商品が絡むような効果検証を行うと、聞く耳を持ってくれるかもしれない。

　ただ、サイト目的とは関係のない部分で関係者に問題を認識させても、そのあとのサイト改善につながらないと意味がない。

　たとえば、説得したい対象がマーケティング担当役員で、競合動向などを気にしている人だとする。そこでウェブサイトでも競合との比較評価を実施し、その結果を報告すると、問題を認識してもらえるだろうが、「競合に勝つこと」がサイト運営の目的として認識されてしまう可能性も高まる。ウェブサイトは競合ではなくユーザを向いて作り上げていくものであり、これではせっかく持ってもらった問題意識のベクトルがずれてしまいかねない。説得して予算を獲得するのがゴールではなく、やはりその先にはサイトの本質的な改善がある。

　副次的な目的を持ってサイトの検証を行う場合には、問題認識を持ってもらうにはどこを評価するのが最も効果的なのかという視点と、それはサイト目的に合致しているのかという両方の視点でもって評価対象を定義するよう注意が必要である。

Column

サイト効果検証の未来形

　ウェブサイトの効果検証の目的はサイト目的の達成度合いの確認と、目的を阻害する要因の把握にある。だが、今後はそれだけではなくなってくると予想できる。一部の先進的な企業では取り入れ始めているが、ウェブサイトの検証は企業活動全体の評価として活用することができるのである。

　ウェブサイトは、企業全体、あるいは特定の事業をそのまま映し出す、いわば企業の姿そのものであると言える。どんなにウェブサイトを綺麗に作り、実態よりも良く見せようしても、会社の持っている文化、組織、戦略が映し出されてしまうものである。したがって、ウェブサイトの効果を検証するとは、すなわち企業活動、あるいは特定の事業活動を検証するといっても過言ではない。

　また、ウェブサイトというメディアがそのパワーを増し、ほかのメディアを凌駕する存在になったことによって検証に値するだけの母数を稼いでいるため、数値的にも信頼性の高いデータが獲得できつつある。

　このように、意味的にも数値的にも、ウェブサイトの成果はマーケティング活動や企業全体に対する評価、言い換えるならば経営のチェック機能などとして活用する動きが増加しつつある。特にアクセスログ解析は素早く把握可能な指標であるため、企業活動全体にフィードバックすることで、スピード感を持った経営への一助となるだろう。

　この場合、特にアクセスログ解析が有効である。後述するが、アクセスログ解析はほぼリアルタイムにサイトに訪れるユーザの動きを捉えることができるため、どのページ、カテゴリーにユーザが多くアクセスしたのかなど、アクセスログ解析の結果を顧客ニーズと置き換えて分析することで、マーケットや顧客の変化をいち早く捉えることができる。

5.4 検証項目の定義

検証目的が明確になったら、徐々に具体的な作業に入っていく。ここでは、検証すべき項目を決定する。

ウェブサイトの効果を検証すると一口に言っても、さまざまな項目を検証しなければならない。当初掲げたサイトの目標値の把握だけでなく、その数値がどうもたらされたのかも確認しておく必要がある。なぜなら、それがわかれば、さらに成果を上げるための具体的施策が検討できるからである。

ユーザシナリオを立ててサイトを設計しているのであれば、サイトやページの各所に「こういう情報をこういう形態で提供していれば、ユーザはこう思ってこう動くはずだ」というユーザ行動仮説（ユーザ行動シナリオ）があるはずである。これらの各施策が効果を発揮しているかどうかを検証するためには、どのような検証項目が必要になるのかここで明らかにしていく。すでにユーザ中心設計手法でサイトを構築しているのであれば、サイト戦略立案時に「サイトの目標」を設定しているため、そこで定義したものがそのまま検証項目となるだろう。

表 5.1 ● 検証項目の例

検証項目	手法
サイトの目的達成度 【サイト運営の効果（例）】 ・資料請求数 ・お問い合わせ数 ・売上高 ・一人当たり購買単価 ・コールセンター負荷軽減度合い ・ユーザ満足、CSR・ブランド貢献 【上記効果を得るために必要な要素（例）】 ・ユーザビリティ（ユーザ動機付け、説得、操作性） ・ユーザニーズ、サイト利用インセンティブ ・アクセシビリティ ・認知、流入施策 ・訪問者、ページビュー数 ・特定ページからのユーザ誘導 ・競合優位性	・実数値推移把握 ・アクセスログ解析 ・ユーザビリティテスト ・グループインタビュー ・アンケート ・ユーザからのお問い合わせ内容分析 ・専門家評価 ・アクセシビリティチェックツール ・視聴率

またユーザの行動のみならず、その行動理由、感想、意見、ニーズなども当初の仮説と合っているか随時確認する必要がある。その他、検証項目はいろいろな切り口があり多岐にわたるが、あくまでサイトの目的達成度合いを図ることが重要となるため、サイト目的から導出した検証項目を設定する。

5.4.1 サイト目的からの検証項目導出方法

サイトの効果検証項目は、サイト目的から導出するのが最も近道である。「何のために検証を行うのか」をつきつめて考えていくと、ウェブサイトの目的・存在意義までさかのぼることになる。

これは当たり前のことであるが、なぜか見落とされがちな部分である。アクセスログ解析やユーザビリティランキングなど、個別の評価・検証手法が体系化されることなく氾濫しているため、どうしても「ページビューがいくつか」といった個別の項目から議論がスタートしてしまう傾向が強いからである。サイト目的から検証をきちんと考えられているサイトはそんなに多くはない。

逆にサイトの目的やコンセプトがきちんとしている企業は、運用・検証体制も整備されていることが多い。また、このようにするとサイト運営の年間計画も立てやすくなる。

検証指標の定義のステップの例

① 「サイトの目的は何なのか」を問う

サイト目的	潜在顧客に商品情報を提供し、資料請求や来店予約を喚起することで店舗へと誘導、売上げに貢献する

② 「サイト目的達成要因（それが達成されている状態はどういう状態なのか）」を検討

サイト目的	達成要因
	● より多く人を集客（集客力） ● プロモーションが成功している ● リピートが実現している ● 口コミ、紹介が実現している ● ユーザに対して適切な商品情報を提供し魅力を伝える（購入意欲の向上、販売促進） ● より多くの人をサイト目的に誘導（コンバージョンレートの向上） ● より確度の高い人を選別（コスト削減）

③「②を測定・把握するための項目（および手法、頻度）」を洗い出す

分類	目的達成要因	検証項目	理由	検証手法	評価頻度
集客	より多くの潜在顧客が来訪	訪問者数	サイト目的の1つである潜在顧客の集客に対する貢献度合いを評価するため	アクセスログ解析 視聴率データ	毎月
		ウェブ広告の費用対効果	広告プロモーションで来訪したユーザが最終的に資料請求や来店予約に至ったか評価するため	アクセスログ解析 資料請求、来店予約実数値	毎月
		認知・流入経路	チラシ、DMなど認知媒体が何であったか評価	アンケート	随時
販促	商品の魅力を理解してもらい、購入意欲を向上させる	ページビュー（総数）	商品の魅力が伝わっていれば、直帰することなくページを閲覧していると考えられるため	アクセスログ解析	毎月
		ユーザのサイト利用経路	想定したシナリオどおりの動きであれば、動機付けできていると考えられるため		毎月
		ユーザの定性的評価	ユーザのサイトに対する印象、ニーズの過不足などを確認するため	ユーザビリティテスト	四半期
誘導	・資料請求などへの動機付け ・使いやすい入力フォーム	資料請求数	サイト目的の達成度合いの確認のため	実数のカウント	週次
		来店予約数	同上	同上	同上
		上記各コンバージョン率（サイト来訪者数全体に対するコンバージョン／入力フォームトップからのコンバージョン）	・来訪者に対するコンバージョン率→この数値のトレンドを追うことで、ユーザの変化を捉えることができるため ・入力フォームトップからのコンバージョン率→最終ゴールとなる資料請求等に興味を持ったと想定できるユーザがどこで脱落しているのか把握するため	アクセスログ解析	月次
展開	資料、来店時、問い合わせ時の顧客満足提供	資料請求の有効度、効率度	サイトで提供している情報とのバランスやユーザニーズに応える資料であったかを評価	顧客満足度アンケート調査、ユーザビリティテストなど	年に数回
		資料請求、来店予約者の歩留まり	サイトの最終的な効果を評価	アンケート	毎月
その他	その他 ⋮	その他課題 ⋮	⋮	検証したい問題によって最適な評価手法を選択 ⋮	都度実施 ⋮

このように、サイトの目的を達成する要因を洗い出すと自ずとチェックすべき項目が見えてくる。このうち重要度が高いものは、「サイトの管理指標」として定義できるだろう。

　現在、すでにサイトの運営中だという方であっても、もし効果検証に不安があるのであれば、サイト目的から運営時のチェック項目を見直してみるとよい。また、環境の変化等に合わせてこれらの項目や検証体制は定期的に見直すことが重要である。

事例：本田技研工業のサイトの目標管理

　本田技研工業のサイトは明確な目的と戦略のもと、実績を上げ続けている優良企業サイトのひとつである。ここでは、本田技研工業がどのような管理指標と目標を持ってサイトを運営しているのか紹介する。

本田技研工業ウェブサイトの目的

1. 集客
　自社メディアにたくさん人を集めることが一番の目的

2. 販売促進
　人が集まれば当然ビジネスに役に立つマーケットが形成される。商品を売るために、多くのプロダクト情報やサービスを提供して、お客様をいろいろな形でサポートして、最終的な購買につなげる

3. 優良顧客のコミュニティづくり
　企業サイトに来る人の1、2割は「ファン」と呼んでもよい層であり、そのような顧客層と10年、20年といった長期的に良好な関係を維持する

4. 企業ブランドへの貢献
　最終的には、リアルワールドのブランドに対してウェブが貢献する

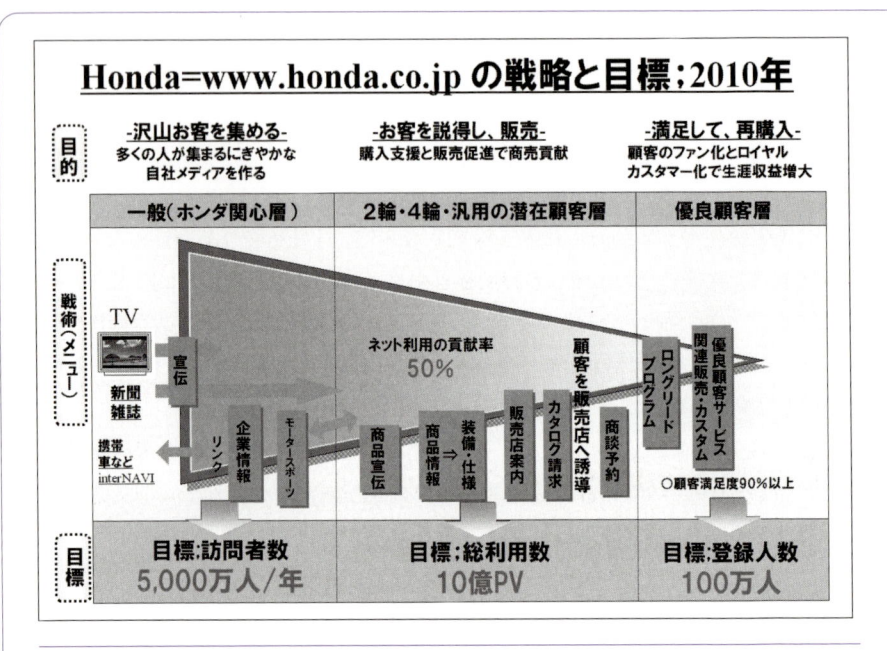

図5.2 ● 本田技研工業ウェブサイトの戦略と目標

サイトの管理指標

　サイトを訪れる人を、ホンダに多少関心がある「ホンダ関心層」、ある程度買ってくれそうな「潜在顧客」、そして「優良顧客」の3つのゾーンに分けて、ホンダ関心層には集客、潜在顧客には販売促進、優良顧客にはコミュニティという対応をしている。

　2006年7月現在、集客の目標はトップページを通過したIPの数を訪問者数と定義することにして、2010年に年間延べ5,000万人を目標にしている。

　2つ目の販売促進の領域は、商品情報などを見てもらうことが重要であるため、2010年で10億ページビュー、新車を買うときにホンダサイトを利用する比率、販売貢献度を50％程度に持っていくことを目標にしている。

　3つ目のコミュニティの管理指標はメルマガの登録数としている。これが2010年で100万人を目指している。

　最終目標であるブランドに関しては、将来、ブランドに貢献する企業サイト（ブランドサイト）が増えてきた際に、その中でトップテンに入ることを目標にしている。

5.5 検証手法の選択

検証項目がある程度固まったら、検証手法を選択する作業に入る。その際、最も重要なことは、手法それぞれの特徴をきちんと理解することである。

ここで紹介する評価手法については、運用時のみならず、設計時にも適用できる。各手法の本質を正しく理解し、目的や状況に応じて正しく使い分けるようにしたい。それぞれの手法が持つ力と限界を理解していれば、使い分けたり、組み合わせて使ったりなど、選択の幅が広がる。ここでは、以下のウェブサイトの効果検証では一般的となっている手法に絞って紹介する。より詳しく知りたい場合には、それぞれの専門書籍を参照してもらいたい。

- アクセスログ解析
- ユーザビリティテスト
- アンケート調査
- インタビュー調査
- 視聴率調査

まずはサイト運営・検証プロセスの中で必須であり、かつスタートしやすいアクセスログ解析から始めることをお勧めする。

5.5.1 最低限必要な検証手法

実際の評価手法の説明に入る前に、ウェブサイトの効果を検証する場合に最低限必要な検証手法について紹介する。

筆者らの経験では、どのようなタイプのサイトであっても、**最低限「アクセスログ解析」「ユーザビリティテスト」「実数値把握（実数値となるデータがあれば）」**の3つの手法を定期的に実施すれば、一定の効果検証を行うことができることがわかっている。これに加えて、可能ならば、ウェブサイトからユーザの意見、質問を収集できるようにしておき、その結果と掛け合わせて効果を分析するとより一層効

果的である。

　サイトにおけるユーザの行動軌跡と、ユーザの行動理由の2点が追えれば、仮説の検証も新たな問題点の発見も可能となる。前者の行動軌跡は「アクセスログ解析」で、行動理由は「ユーザビリティテスト」で把握できる。またアクセスログ解析はユーザの行動軌跡のみならず、ユーザボリュームも同時に見ることができ、サイトの集客力などを確認することが可能である。

　この2つの評価はお互いの限界を相互補完する関係にある（図5.3）。このように、お互いの不完全性を補うためにも、これらの2つの評価手法を組み合わせるのがよいだろう。

　「アクセスログ解析」と「ユーザビリティテスト」を何度も繰り返し行うことで、経験則が蓄積され、アクセスログ解析結果だけを見て、ある程度ユーザの行動理由を予測できるようにもなる。リアルタイムに解析されるアクセスログの数値を眺めるだけで、どこがどう問題になっているのか経験から判別できるため、すぐにサイトを修正するなど迅速な対応が可能となりサイトの質は一層向上する。

　たとえば、先ほど紹介した本田技研工業では、アクセスログ解析とサイトから日々収集しているお問い合わせデータをメインにして、随時行うユーザビリティテストやグループインタビューの結果を組み合わせて長年自社のウェブサイトに集うユーザの分析を重ねてきた。その結果、今ではアクセスログの数値からあら

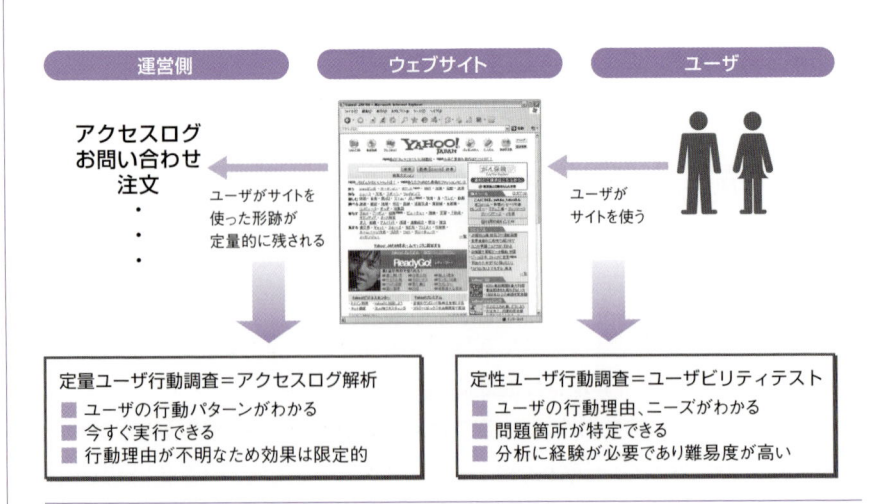

図5.3 ● アクセスログ解析とユーザビリティテストの関係

ゆる情報を読み取ることができている。もちろん、そのあとでユーザビリティテストを行うと、アクセスログ解析から推測した内容はほとんど的中している。この域に達するには多くの効果検証を経験する必要があり、難易度は高いが決して不可能なことではない。必要なことは、地道なデータ収集と分析の反復がどれだけできているかなのである。

5.5.2 検証頻度

　アクセスログ解析は、理想的には日次、最低でも月次で、ユーザビリティテストは四半期に一度（3ヶ月に一度）程度のペースで行うと費用対効果がよい。ただし、ユーザビリティテストをアウトソースする場合、1年に4回実施すると予算がオーバーしてしまうような場合には量を減らすか、そのうちの半分を廉価なアンケート調査やグループインタビューに代替することもできる。ユーザの定性的データはアクセスログ解析では収集できないため、ユーザビリティテスト、アンケート、インタビューなど何かしらの手法を活用して、「行動理由」に関するデータを定期的に収集して分析することが必要である。

5.5.3 改善プロセスへの引き継ぎ

　効果検証の目的が何であれ、効果検証作業で重要なことは、検証した結果をきちんと次のプロセスにつなげていくことである。当たり前に聞こえるかもしれないが、これが意外にできていないことが多い。特に外部機関による評価の場合、評価レポートをもらったあとに「評価はしてみたが、これをどうすればよいのか？」と疑問に抱くウェブサイト運営者が多いと聞く。

　先ほども見たように、ウェブサイトはさまざまな角度から効果検証ができるため、すべてを見ようとするのは現実的には難しい。サイト目的に照らし合わせて、次の改善プロセスに生かすことのできる評価を優先して行うようにしないと、意義の薄い作業に時間を使う羽目になる。

　このような事態を避けるためには、最終的な検証結果イメージを事前に持ち、得るべき項目をできる限り具体的にする。特に外部に委託する場合には、具体的な改善画面案や改善計画まで必要なのか、それともサイト全体の中で取り組むべ

き課題を洗い出したいのか、これらのゴールイメージを明確にしておくとよいだろう。そうすることで、最適な評価手法の選択、評価頻度の定義が行えるようになり、費用対効果の高い運用・評価フェーズが実現していく。

> **Column**
>
> ## 社内説得が目的の場合の評価手法の選択
>
> 「役員を説得したい」「コンテンツ作成部署（サイト制作子会社）の意識を高めたい」といった場合、筆者らはその背景や状況をヒアリングした上で、最終的にユーザビリティテストやアイトラッキング調査（視線追尾調査）を勧める場合が多い。この手法はユーザ（顧客）のダイレクトな行動・意見、時には視線の動きを目の前にできるため、ウェブサイトの重要性を理解するのに説得力がある。これらの手法はある意味「ショック療法」として使うのに適した手法である。
>
> ユーザビリティテストやアイトラッキング調査を別室で見学した経営層、管理職層、そのほかの関係者がウェブサイトに対して問題意識を持つようになり、その結果実際に予算が下りて、全体リニューアルや、大きなシステム改訂が実現したという例が数多くある。
>
> また、ウェブサイトをより良くするためには、ほかの部署との連携が必須だが、ユーザビリティテストを見学したマネジメント層が危機感を持ち、トップダウンの発令によって、ウェブサイトを前提にした業務プロセスの変革が起こったという事例もある。メディアとして後発のウェブサイトを全社の戦略、プロセス、組織などに根付かせていくには、このようにトップの理解と協力が必要となる。そのためには、時間のないトップ層にとって簡単でわかりやすい検証結果となるような手法を選択するとよいだろう。
>
> **アイトラッキング分析例**

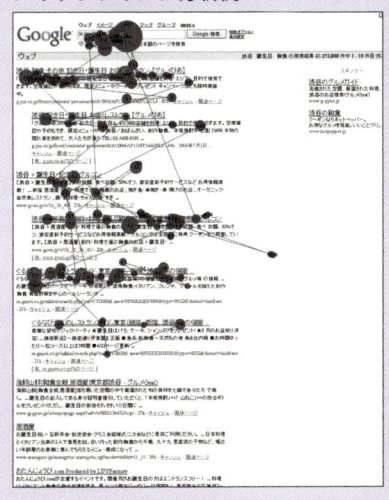

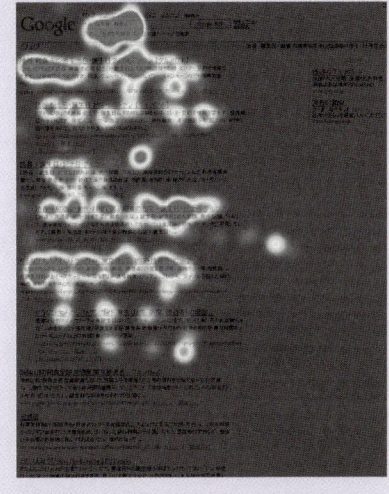

5.6 アクセスログ解析

アクセスログ解析は、運用時に行う評価の中で最もポピュラーな手法である。アクセスログ解析の基本的知識や特徴は第1部第3章で解説しているため、ここでは効果検証時の具体的な活用方法について触れていく。

アクセスログはこれまでもサイト運営のあらゆるシーンで活用されてきたが、その多くはページビューや訪問者の集計ツールといったレベルに留まっている。しかしながら、アクセスログは事前に立てた仮説が正しいかどうか、理想と現実のギャップはどこにあるのかなど、集計以上の事実を教えてくれる。また、ユーザの関心のあり方や行動傾向、マーケットや顧客・ユーザの変化の兆しなど、単なるサイトの効果測定のみならず、会社全体のマーケティングデータとしても活用可能な宝の山である。企業活動の結果を検証するツールとしても利用でき、使い道は広い。

以下では、アクセスログ解析を行う上で重要なポイントを見ていくこととする。

5.6.1 ページビュー、アクセス数を定期的に確認してトレンドを把握

数値を「点」として眺めていても、その意味するところはなかなかわからない。**アクセスログ解析全体を通じて「相対的に数値を検証すること」が解析の基本**となる。たとえば、「AページのあとにはBページに誘導する」といった行動（誘導）仮説があった場合、「Aページ」と「Bページ」のアクセス数、ページビューの数を比較するとともに、「Bページの参照元のうちAページがどの程度の割合を占めているか」といった数値を確認することで、この行動仮説を検証することになる。すべて数値を相対的にチェックしているのである。

そのため、まずはベースとなるような数値の把握が重要となる。たとえば、以下の数値はどのサイトにも共通してベースの数値になるものであるため、これらは最低限毎月定期的に把握する。

- 総ページビュー
- 総アクセス数
- トップページビュー
- トップページアクセス数
- カテゴリートップページビュー
- カテゴリー総ページビュー数
- 1人あたりページビュー
- 検索キーワード
- 流入元
- 入口ページ、出口ページ

5.6.2 実際のサイトと照らし合わせて分析

　アクセスログはユーザのサイト閲覧の結果を数値で表したものである。そのため、アクセスログ解析結果の数値やランキングだけを見ていても、得られる示唆は限定的となる。実際のサイト構造やページ内容と照らし合わせ、実際にログが示す行動パターンと同じようにサイトを使ってみて初めて発見できることがよくある。

　事象が数字として見えてしまうと、それだけで満足してしまう傾向があるが、むしろ**重要なのは数字がどのようにもたらされたのかである**。そのためには、実際のサイトを閲覧しながらアクセスログの数値を解析するのがベストだろう。

　アクセスが相対的に多いページ、また少ないページ、過去と比較して飛躍的に数値が伸びたページや離脱率の高いページなど、特徴的な結果を出しているページは、特に丹念に実際のサイトを確認してみると思わぬ問題点などが発見できるようになる。

5.6.3 数値を過去データやほかのページと比較

　アクセスログ解析の基本は「相対評価」である。たとえば、定期的に同じ指標を取り続けてグラフ化している場合、数値のトレンドが追えるようになり突発的な変化がすぐにわかるようになる（図5.3）。

　相対評価できるのは時系列だけではなく、ディレクトリ間、コンテンツ間も比較してみることで、効果を検証することができる。

　たとえば、同階層に位置付けられているコンテンツの中で、あるコンテンツが

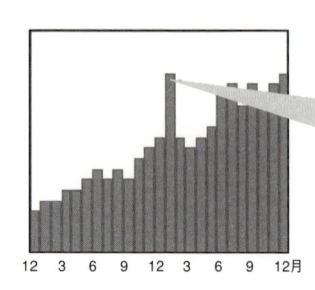

第 II 部 ユーザ中心設計の進め方

図 5.4 ● 相対評価によるアクセスログ解析の例

突出してページビューが高いのであれば、「ユーザニーズを捉えたページである」「ほかのページより流入元が多い」「このページを必ず経由する必要がある」などの行動パターンが考えられる（図5.5であれば、コンテンツAとBの比較）。たとえば、自動車会社のウェブサイトであれば、「車種A」「車種B」「車種C」と比較していくことで、どの車種に人気が集まっているのかがわかり、実際の販売台数と比例するのかどうかといった分析が行えるだろう。

このようにコンテンツ同士を比較する場合には、その比較対象の選定が重要である。コンテンツの性質としても、またユーザの目から見ても同じ分類に当てはまるようなコンテンツ同士を比較するとよいだろう。

さらに、各コンテンツのトップページビューの数値と、その下位階層のページビューにあまりにも開きがある場合や、同じような構造のページビューと比べて数値が違う場合には、「コンテンツトップから下位ページへのナビゲーションに問題があるのでは？」、「ユーザが見たいものを提供していないのでは？」「ユーザニーズがないのでは？」といった仮説を考察することができる。

たとえば、ページビューが以下のようになっていたとする。

トップページ	10,000 人
コンテンツ C トップ	7,000 人
コンテンツ C 特徴ページ	300 人

この場合、コンテンツCトップから、「Cの特徴」というページへの誘導に問題がある、もしくは「Cの特徴」に対するニーズがないなどの仮説が浮かび上がるだ

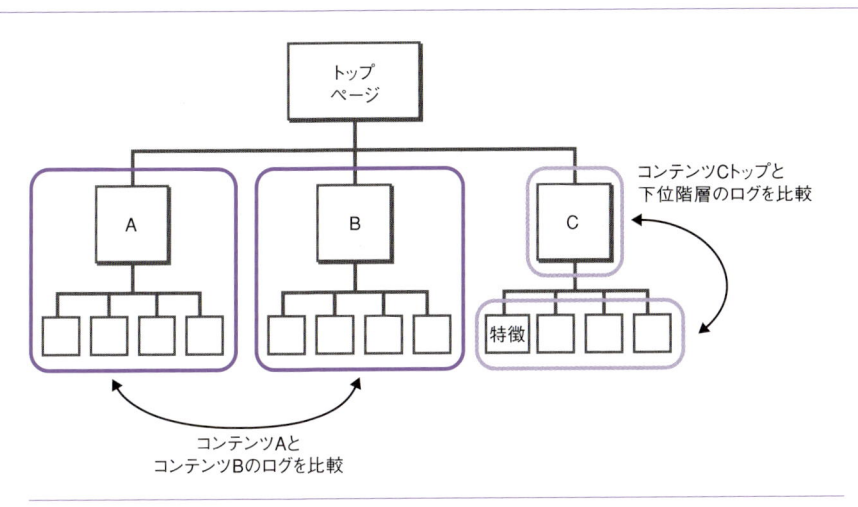

図 5.5 ● ディレクトリ間、コンテンツ間の相対分析

アクセスログ解析項目例

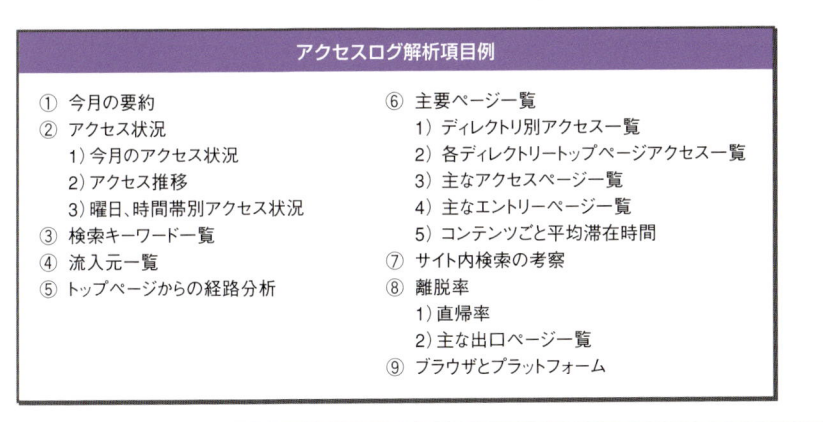

① 今月の要約
② アクセス状況
　1) 今月のアクセス状況
　2) アクセス推移
　3) 曜日、時間帯別アクセス状況
③ 検索キーワード一覧
④ 流入元一覧
⑤ トップページからの経路分析
⑥ 主要ページ一覧
　1) ディレクトリ別アクセス一覧
　2) 各ディレクトリトップページアクセス一覧
　3) 主なアクセスページ一覧
　4) 主なエントリーページ一覧
　5) コンテンツごと平均滞在時間
⑦ サイト内検索の考察
⑧ 離脱率
　1) 直帰率
　2) 主な出口ページ一覧
⑨ ブラウザとプラットフォーム

図 5.6 ● 月次など定期的に計測するアクセスログ解析項目の一覧 (例)

ろう (コンテンツ C トップのアクセス数が、ほかと比べて突出して多いわけではないことは調査済みであることが前提)。

　事前の想定しているシナリオの中で、「C の特徴」ページを見てもらうことが重要なのであれば、ここは改善を要する部分となる。たとえば、「コンテンツ C トップ」ページを手直しして、アクセスログの数値の変化をチェックすることで改善の効果の検証が行えるのである。

このように、アクセスログは相対的に見ていくことで多くの行動仮説を検証することができるのみならず、新たな問題点も教えてくれるようになる。

5.6.4　検証と改善の反復による検証精度の向上

　アクセスログ解析では、解析で得られた結果を生かして実際にページを改善し、またログをチェックして、改善されていれば良しとし、改善されていなければ別の施策を行い、またログでチェックするという一連のプロセスを繰り返すことが何より重要である。

　検証と改善を繰り返すことで、問題の原因がだんだんと絞り込まれるため、ユーザがサイトをどう使っているのか明らかにすることができる。このノウハウの蓄積がサイト運営の随所に生かされるようになるとき、サイトがもたらす成果は大きなものになっているだろう。

5.6.5　ログ解析事例

　ここではアクセスログ解析の具体例を紹介する。

　この事例は前出の本田技研工業ウェブサイトにおけるアクセスログ解析の実例である。アクセスの推移からユーザの変化をつかみ、仮説を立てて検証した結果を具体的施策に生かしている好例である。

第 5 章
サイトの効果検証

事例その1：アクセス推移からユーザの変化を読み取る

ログ&アンケート
- 2001年10月を境にページビュー、アクセス数ともにそれまでより増加している（図1）
- アクセス時間帯を見ると、同時期にすべての時間帯でサイト訪問者がいることが確認できる（図2）
- アンケート回答者の属性を見ると、女性の比率が同じ時期を境に徐々に高まっている（図3）

業界
- この時期の動きとして「Yahoo!BB」が2001年9月にサービスを開始し、接続サービスが広く行き渡った同年11月頃に「Yahoo!BBショック」があった

仮説
- 仮説として、「Yahoo!BB」が家庭に導入され、常時接続となったために、主婦層などの女性がサイトにアクセスするようになったのではないか？

検証
- 接続環境推移を調査すると2001年秋を境にブロードバンド比率が増加（図4）
- 女性をターゲットにしたアンケートや、女性を集めてグループインタビューを実施して仮説を検証
→ 女性のアクセスが確実に増えていることが証明された

施策
- これまで自動車やバイクなどの知識がある人向けのサイトだったが、新しいユーザである女性や初心者向が簡単にサイトを使えるように、「ワーディング」「ナビゲーション」を改善

図1：アクセス数の推移
（単位／万PV）
総ページビュー
トップページビュー
2001年秋から、それまでに比べアクセスが急激に伸びてきた

図2：アクセス時間帯 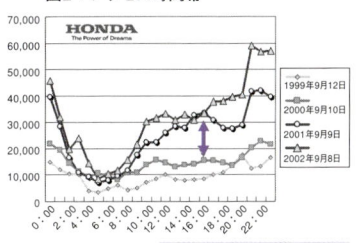
HONDA The Power of Dreams
1999年9月12日
2000年9月10日
2001年9月9日
2002年9月8日
2001年9月にはすべての時間帯でサイトにアクセスする人が増加

図3：アクセス者の男女比率 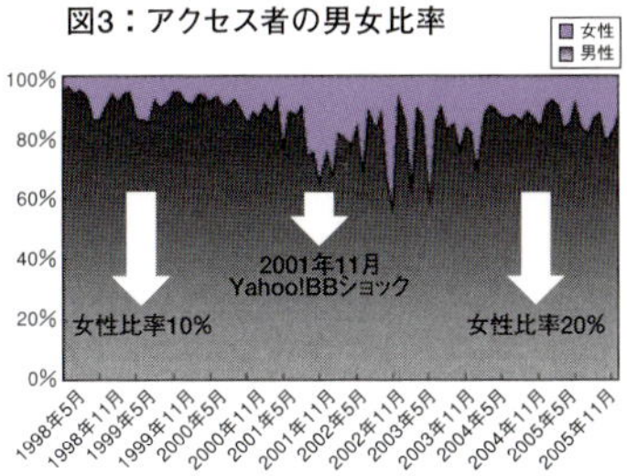
女性
男性
2001年11月 Yahoo!BBショック
女性比率10%
女性比率20%
女性比率は6年間で徐々に増加し約20%になった。特に2001年に倍増した。
（サイトアクセス者のアンケート回答結果、対象約14万人）

図4：ブロードバンドとHondaホームページ接続環境の推移 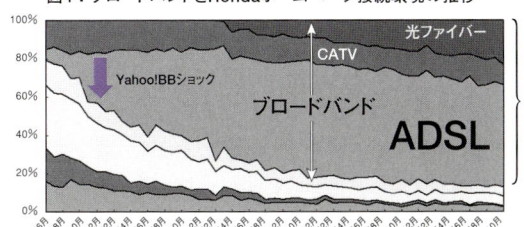
光ファイバー
CATV
Yahoo!BBショック
ブロードバンド
ADSL
85%
2001年6月時点では訪問者の21%しかブロードバンドでなかったが、2001年末には40%にまで拡大
（サイトアクセス者のアンケート回答結果、対象約10万人）

5.7 ユーザビリティテスト

ユーザビリティテストについては第1部第3章で詳述しているが、これはウェブサイト設計時のみならず、運用時においても効果的な調査手法である。

インターネット周辺の環境の変化は特に早いため、設計・構築時に何度もユーザビリティテストを繰り返してウェブサイトを作り上げたとしても、あっという間にその当時のコンセプトや画面案がユーザの現状に合わなくなってしまうことがある。

たとえば、新たにライバルとなるようなウェブサイトが立ち上がっている場合には、ユーザの行動や意思決定プロセスなどが大きく変化している可能性がある。そのような環境やユーザ行動の変化をいち早く捉え、的確な対処を行うためにも、アクセスログ解析とともにユーザビリティテストを実行するのが効果的である。特にアクセスログでは把握できないユーザ行動の裏に潜むニーズや行動原理を検証し、サイト改善に役立てていく。

5.7.1 運用時のユーザビリティテスト

運用時に行うユーザビリティテストの方法は、設計・構築時と何も変わらない。ターゲットユーザに類するユーザを協力者として呼び、インターネットの使用状況および、テスト対象となるウェブサイトの使用経験、使用方法をヒアリングしつつ、実際にサイトを使ってもらうだけでよい。以下、ポイントをいくつか紹介する。

■ テスト人数

設計・構築時のテストと違い、運用時のテストは数ヶ月〜半年に1回といったペースになるため、テスト人数は設計・構築時より多少多くしたほうがよい。

人数はターゲットユーザ群や想定しているシナリオやタスクの数によって異なるが、最低でも1ターゲットユーザ群8〜15名程度はテストするとよいだろう。サイト戦略を検証するなど、ニーズの把握に重きを置いたテストを行う場合は

特に10〜20名程度の人数があったほうがよいが、コスト的に難しい場合には可能な限りの人数でも問題ない。完璧を目指して何もしないよりは、1名だけでもユーザビリティテストを行ったほうがはるかに意味がある。

　ウェブサイトが広大な場合、ユーザビリティテストを行う領域は、その都度設定する必要があるだろう。ウェブサイトの中で一番メインとなる領域について定期的にテストするのはもちろんだが、そうでない領域も頻度は少なくなるかもしれないが、年に1回程度はテストするようにしたい。いずれにしても、「今回何が検証したいのか？」といったテスト実施の上での目的を明確にした上で、今回は「個人のお客様向けのページ」、「法人向けのページ」など、ターゲットユーザ別に設定したり、あるいは、同じ「製品情報」のページを、主婦層と男性会社員層でテストするなど計画を立てる。

✚ テスト準備

　これまでは、主にウェブサイトのプロトタイプに対してユーザビリティテストを行う方法を解説したが、実際にリリースされたウェブサイトに対してユーザビリティテストを行うのは、プロトタイプの準備がない分手軽かつ簡単である。パソコンとインターネット接続環境さえあればどこでもテストできるため、ターゲットユーザに近い同僚、友人などに声をかけ、ウェブサイトを使ってもらうだけでも十分にユーザビリティテストになりうる。

　実際に動いているウェブサイトを使用してユーザビリティテストを行う場合には、テストデータ、テストID、パスワードなど事前準備が必要な場合がある。

　たとえばECサイトなどをテストする場合、テストで使用した注文データが実際のデータと間違われて処理されないよう、バックエンドの担当者と十分にすり合わせを行い、テストデータを用意しておく必要がある。また、会員のログインが必要な場合には、テスト用のログインID、パスワードを用意しておく。協力者が「自分だったらここでログインする」と発言した場合は、手早くID、パスワードを提示できるようにしておく。

5.7.2 パフォーマンス測定

　運用時のユーザビリティテストにおいて、課題達成までの時間や課題達成率な

ど数値測定の是非について議論になることがある。

運用時には、次の改善への予算を申請など、さまざまな理由から評価した結果を数値データとして求められる傾向がある。特に、ある統一した基準に従って、数値的にサイトの状況を把握したいというというニーズは強い。

もちろん、そのこと自体は悪いことではないのだが、ユーザビリティテストにおける数値データの取り扱いは非常に限定的となるため、慎重に検討する必要がある。

■ 課題達成時間測定について

課題達成時間の計測の場合、何分で課題を達成することがユーザにとってベストであるのか、数値として算出することが難しく、そのため計測した数値を解釈しようがないとう限界がある。

テスト中にテスト協力者が明らかにサイト内のある情報を見つけるのに時間がかかっていると思われるような場合であっても、本人は長いとも感じていない上に、一連の操作に満足しているケースは多々ある。たいていの場合「課題達成時間は短いほうがよい」という価値観で解釈されるため、このようなケースで大きな誤解を生むことになるだろう。さらに、数値を算出した場合、数値だけが一人歩きし、いたずらに数値を減らす（あるいは増やす）ことがサイト改善の目的になってしまうという非本質的な状況が起こりやすくなってしまう。

そのため、業務効率を上げることが大きな目的となっているイントラネットなど、課題達成時間が明らかに短いほうがよい場合や、課題達成時間としてのベスト値が算出できる場合を除いては、時間計測をする意義はほとんどないといってもよい。課題達成時間よりも、ユーザがあるタスクにおいて結果的に満足したかどうかという定性的な評価を行ったほうが、事実に近い結果を導き出すことができる。

■ 課題達成率について

課題達成率に関しては、その課題の成功と失敗の定義が難しく、結果として統一した基準で課題を達成したか否かを判断しづらい場合が多い。ある課題に対して、「うまくいった」と思うかどうかは、すべてユーザが判断することであって、テスト実施者が判定するには限界があるからである。

たとえば、「この会社への地図を探す」といった課題でテストを行い、「会社地図ページを表示できたかどうか」が課題達成の条件だったとする。この場合、正解となる地図のページを表示していても、「この地図は支店の地図だ」と協力者が勘違いしていたり、「会社の住所を調べて、地図はいつも使っている地図サイトで見る」という行動を取ったとしたら、前者は課題成功、後者は課題失敗という事実とは矛盾した結果となってしまうだろう。また、課題成功の定義を「会社地図ページを表示し、内容を正しく理解していること」という定義に変更しても、後者の状況は依然「課題失敗」のままになる。これは課題の正否をある特定の基準で定義するのは難しいことを意味している。

もし課題達成率を算出したい場合には、課題成功、失敗をその都度ユーザに確認の上、判定していくほうが賢明である。

いずれにしてもサイトにおけるタスクを成功、失敗の2つで判定することは難しく、判断の揺れを伴いやすい。そのため、「10名中4名が成功」といった達成率を取る場合には、あくまで参考の数値として扱う程度にしておくとよい。

5.7.3　競合調査

競合と比較して自社サイトがどの位置にあるのかを知るために、ユーザビリティテストを用いて競合調査の実施を検討するケースがある。もし、ターゲットユーザが競合サイトと自社サイトを真剣に見比べて使うような状況が想定されているのであれば、競合調査とあえて設定しなくとも、ユーザビリティテストを実施する中で、自然とそのような動きを取るはずである。その際、自動的に競合と比較した場合に自社サイトがどう見られているのかわかるだろう。同様に、競合と比較して何が足りないのかなど、サイトの改善点も見えてくる。

しかし競合調査の多くは、同じ課題をいくつかの競合サイトにも与えて、その結果を何らかの形で点数化して評価するタイプのものが多い。このとき、最終的にランキング化された結果を見ても、「A社よりうちのサイトのほうがよくできている（劣っている）」ことがわかるだけで、そのあとのサイト改善につながる有意義な結果が得られないケースが多いのが現実である。

このタイプの競合調査では、「同じ課題を与える」というテストの前提と実際のユーザの使い方にずれがある場合が多い。たとえば、実際にユーザの目から見て、

競合することはないサイト同士を比較しているケースなどがそれに該当する。この場合、サイトを使う文脈が異なるため、競合の真似をしてサイト改善を行ってもユーザにとっての改善とはなっていないのである。このため、競合調査を行う場合には、それが最終的なサイト改善につながるかどうかを慎重に議論した上で具体的な方法を検討すべきである。

　いずれにしても、競合を向いたウェブサイトより、ユーザのほう向いているウェブサイトのほうが強いのは明らかである。もし競合のサイトも同様にテストにかけようとしているのであれば、その時間・協力者などのすべてを自社サイトに振り向けたほうがはるかに効果的だろう。

Column

さまざまなサイト評価サービスに無駄な投資をしないために

　「資料請求数」や「売上高」といった数値は自社で測定・評価可能な項目だが、「ウェブサイトブランド評価」や「競合比較調査」「ユーザビリティ評価」などの多くは、専門会社によって提供される場合が多い。企業のウェブサイト運営者なら一度はこのようなサービスを購入した経験があるかもしれない。

　このようなサイトの効果検証やサイト評価サービスは、「検証項目」×「手法」の組み合わせの数だけ、つまり非常に多く存在する。

　よく言われるようにウェブサイトは生き物であり、その運営に答えはないためか、つい「他社もやっている」といった理由からさまざまな効果検証サービスに触手を伸ばしてしまいがちである。実際に、「いろいろな検証・評価サービスを実施してみたが、どれも自社サイトの改善につながっていない、投資対効果が低い」と悩むウェブサイト運営者の声を聞くことが多い。これでは効果検証やサイト評価の各サービスに振り回されているような状況と言わざるを得ない。

　このような状況に陥らないためには、効果検証の目的と事前の仮説をきちんと持つ必要がある。検証の目的や、「何をもって良いとするのか」という判断基準がしっかりしていれば、「手段」に惑わされることはなくなるからである。

　サイトの目的に従って、検証すべき項目を設定し、さらにそれが把握できる最適な評価手法を選択していけばよいという作業ステップは、このような状況にでも十分に適用できるのである。

5.8 その他の手法によるサイトの効果検証

ここからは運用時に必須のアクセスログ解析とユーザビリティテスト以外の効果検証方法について簡単に紹介する。

5.8.1 アンケート調査

アンケート調査は最も親しみのある調査手法であり、これをウェブサイト評価に使うことは極めて多い。ユーザビリティ調査、ウェブサイトブランド調査、ユーザ満足度調査などでよく使われる。

アンケートという調査手法には、インタビューよりも大人数に一気に質問を投げられ、回答結果を定量的に分析でき数値化しやすいという特徴がある。また、ユーザがイエス／ノー、あるいは特定の回答を即答できるような情報を把握する場合に向いている。

ユーザに関する一般的な情報や、ある特定サイトの使用経験の有無など、知りたい情報が具体的かつできる限り過去の経験に根ざしているほど、アンケート特有の曖昧さが排除され、威力を発揮する。そのため、ウェブサイト評価の場合、あらかじめ立てた仮説に該当するユーザの市場規模やサイトを使用しているユーザの満足度を把握するために使われることが多い。

一方、ユーザのニーズ調査などはアンケートと相性が悪く、うまくいかないケースが多い。

ここでは、アンケートが持つ手法の特徴と限界を知ることで、アンケートを効果的に活用するコツを理解していく。

■ アンケート手法の限界 ── 人間の自覚・認知の限界

アンケートで「未来のニーズ」を調査することはあまり向いていない。そもそも人間は自分のニーズを言語化できてはいないし、未知のものに対して言語レベルで正しく評価を下せないという特徴がある。さらに、アンケート実施側も未来のニーズを正しく読めているわけではなく、アンケート回答の選択肢として設定で

きるものには限界がある。つまり、アンケート実施側も回答側も曖昧な状況の中にいるため、誤解が誤解を生むといったような傾向が高まってしまうのである。このような未来のニーズは、プロトタイプを作成して実際に使ってもらい、その中で観察やインタビューを行って反応を調べる手法のほうが向いているだろう。

たとえば、2000年頃によくあった「ブロードバンドコンテンツに対する期待に関する調査」というものがある。結果を見ると、「ブロードバンド時代には、その回線スピードを生かした動画や音楽配信を望む声が高く、ブロードバンドコンテンツ市場規模は2005年までに数千億円（調査によっては1兆円）規模に達するだろう」といったものが多くあった。

その場合の質問と選択肢はこのようなものが多い。

「今後、ブロードバンド環境で最も利用してみたいコンテンツは？」
1. 動画配信
2. 音楽配信
3. オンラインゲーム
4. ファイル交換
5. 学習系サービス（e ラーニング）
6. チャットやテレビ会議
7. その他

このように質問した場合、回答者は自分の想像の中で最も具体的にイメージできるものを答える以外の手立てがない。見たこともないことに対してそれが良いかどうか、自分が欲するものかどうかはわからないのである。そのため、このようなアンケートで多い回答は「動画配信」「音楽配信」となる。その結果をもって、「動画配信と答えたユーザは60％以上になり、ブロードバンドならではのコンテンツが期待されている」と結論付ける調査が非常に多かった。

実際のところ、ブロードバンド化が進んだところで動画や音楽配信事業が伸びたかというと、そうではないことはもはや周知の事実だろう。動画はやっと2005年から2006年にかけてGyaOやYouTubeといったサイトの登場で流通が一気に加速した感があるが、これらは帯域が広がったことのみならず、無料で何でも見られることが流通を後押ししたと見られる。また、音楽配信はiTunes ミュージッ

クストアの登場によって活性化してきており、ブロードバンドの普及と同期を取っていない。

　数々のユーザビリティテストの結果では、ブロードバンドに対してユーザが最も期待したのは、「時間あたりの閲覧ページ数の増加」であって、「大容量ファイルの閲覧」ではなかった。つまり、「今よりもっとサクサクとサイトを見たい、もう表示されるまでのあのイライラを感じたくない」と思っていただけであって、動画や音声などの重いファイルを見たいと願っていたわけではない。同じ時間でより多くのページが見られるようになるとユーザは期待していたため、結局のところブロードバンドが普及することで急速にアクセスを伸ばしたサイトは、「ニュースサイト」「オークション・ショッピングサイト」「2chなどの掲示板」「個人サイト」と「アクセススピード計測サービス」である。アンケート調査結果とは違う展開となったのだ。

　補足すると、前述のようなアンケート調査結果に従い、Flashなどで重いページを作成するサイト運営者がこの時期、増加した。「ブロードバンド時代だから重くても許容されるだろう」という読みだが、これはやはり間違っていた。ユーザは「早く表示されること」を期待してブロードバンドサービスに加入しているのだから、ダイヤルアップ時代と同じ表示速度だったり、あるいはそれより遅くなった場合には大きな不満につながったのである。

✣ アンケート手法の限界 ── 回答精度の限界

　アンケートは多数の人に同じ質問を投げかけられる一方、回答はすべて「回答者の自己解釈、自己申告」によるという回答者への依存が高いため、入力精度が低くなりやすい。

　アンケートは紙、またはウェブページで回答するものが多いが、回答者が質問に答えているときにアンケート実施の主体者（または代行業者）がそばにいる必要がない。これがインタビュー手法に比べた場合の大きな特徴でありメリットなのだが、その反面、回答者が質問の意図を誤解したまま回答したり、いわゆるお目付け役に値する人がいないことで適当に回答することを許容してしまう。これにより、アンケートは数多くの意見を網羅できる反面、事実や本音が入りづらいという限界が生じる。

　アンケートにある質問の意図を誤解する理由として、質問したい内容をわかり

やすく説明する人がいない以外にも、アンケートの媒体、設問の順番、設問量、回答選択肢、言葉遣いなどによることが多い。これにより回答結果が相当に左右される。

また、回答者が適当に回答するケースも多く見受けられる。だが、一概に回答者を責めることはできない。街頭アンケート、会場アンケート、訪問型アンケートのように、アンケート実施主体者が回答者の近くにいる場合には正しく最後まで回答する強制力が働く。

しかし、多くのアンケートは紙やウェブなど完全に回答者に依存するタイプのものが多いため、回答精度に対する強制力も弱まり、さらに回答すべき事項が多い場合などは、「面倒だし、どちらにも当てはまるから適当に答えておけばいいや」といった気持ちがどうしても働いてしまう。

さらにウェブアンケートの場合、いろいろなアンケート協力サイトがあり、ユーザは特定のアンケートに時間をかけるよりは、アンケートサイトを次々に訪問したいと考えてしまうため、より適当に回答する傾向が強まる。アンケート回答自体を楽しむよりも、回答したあとに手にする報酬に興味があるのだからこれは仕方がない。

一説によれば、高い回答精度を実現できる訪問型アンケートでは、200件程度のサンプルがあれば全体傾向として十分なサンプル数だが、ウェブアンケートは入力精度が低いため、その10倍の2,000件程度必要となるというサンプル基準がある。回答精度の差は極めて大きい。

その点、インタビュー手法であれば質問者がその場にいるため、回答者が誤解

	アンケート	インタビュー (訪問型アンケート等含む)
サンプル数	多数	少数
特徴	アンケート回答者にすべてが依存する →誤解したまま回答する可能性がある →適当に回答する可能性がある	質問者が質問内容を説明できる →誤解をその場で訂正できる →真剣に回答する可能性が高まる
	多くの意見を網羅できるが、 本音が入りづらい	少数の意見しか把握できないが、 本音・事実が捉えられる

図5.7 ● アンケート手法とインタビュー手法の特徴

しているのであれば、その誤解を解いて真実を引き出すことができる。アンケートもインタビューもユーザに質問し、その回答を得るという意味では非常によく似た手法だが、このような違いがあることは理解しておく必要がある。

バイアスのかからない調査は存在しないが、アンケート調査はあまりに確固たる地位を築いているために、その限界について疑いを持つ人は案外少ない。だが、アンケートには前述のような限界があるため、結果だけを見て一喜一憂をするのは危険だと言える。アンケート（調査表）自体も確認するなど、結果を導いたプロセスが重要である。

以下、ウェブサイト評価に関する興味深い事例を紹介する。

ここに「アンケートによるウェブサイトの満足度調査」と「ユーザビリティテスト結果」の比較がある。

アンケート調査（ウェブアンケート）

Aサイトにて、興味のあるページを自由にご覧になってください。

その上で以下にご回答ください。

興味・関心がある商品ページを探すことができましたか

1) すぐに探すことができた
2) 普通に探すことができた
3) どちらともいえない
4) 探しにくかった
5) とても探しにくかった

▶【結果】
とても探しにくかった が大多数だった

ユーザビリティテスト

（テスト前の事前インタビューから）
あなたは現在○○の購入を検討しているということですので、実際にインターネットを使って、いつもと同じように自由に調べてみてください。

→ウェブサイトを使用している様子を観察し、Aサイトにたどり着いたかどうか、またその中で興味・関心がある商品ページを探すことができたかどうかをテスト終了後にヒアリング

▶【結果】
とても使いやすい が大多数だった

図 5.8 ● アンケートによるウェブサイトの満足度調査とユーザビリティテスト結果の比較

これはどちらもAサイトの使い勝手を、アンケート手法（ウェブアンケート）とユーザビリティテストの2つの方法で調査している。

アンケート調査の結果だと、「4) 探しにくかった」「5) とても探しにくい」といった極めて否定的な回答が多く、よって「Aサイトはユーザが興味のある商品を探しにくい」と結論付けられていた。

しかし実際にユーザビリティテストを行うと、ほとんどの協力者が目的の商品

ページをスムーズに探し出すことができ、ほぼ全員が「使いやすい」と口々に発言した。はじめのうちはサイトを見るなり「使いづらそう」と言っていた協力者も、必要なメニューを探そうとした次の瞬間にはメニューが見つかり、「わかりやすい」と発言し、そのままスムーズなページ閲覧を続けることができ、最後は「知りたいことがすぐにわかって使いやすかった」といった感想を漏らす協力者が多かった。

　このサイトは、情報量が豊富なためにぱっと見は使いづらく見えるのだが、実際に使ってみると、きちんと情報、メニューが提供されており、使い勝手は決して悪くない。むしろ良いほうであると言えるというのがユーザビリティテストで得た結論である。

　一方、アンケートのほうは、インターネット上で指定されたページを見て50の設問に回答するという、かなり時間のかかるものであった。実際にどのようにアンケートに回答したのかは見ることはできないが、アンケート協力者と同じ状態を作って「アンケートのユーザビリティテスト」をしてみたところ、多くのユーザが「途中で面倒になって適当に回答する」といった動きが確認できた。

　2つの結果を見比べてみると、以下の2点を推測できる。

- アンケートでは、実際に指定されたウェブサイトをぱっと見ただけで設問に回答する回答者が多いため、実際の使い勝手ではなく、ぱっと見の印象を回答している
- 実際に使い始めてみると、ぱっと見の印象ほど使い勝手が悪いわけではなく、むしろ必要な場所に必要なリンクやコンテンツがきちんと掲載されているため、ニーズを持ってきちんとサイトを使えば使いやすいサイトであると言える

　アンケート調査を企画する際、あるいはアンケート調査結果を参考にする場合には、このようなアンケート自体が持つ特徴と限界をきちんと認識することが、正しい評価への第一歩である。

アンケート実施時のポイント

　これまで見てきたとおり、まずアンケートにはアンケートの質問票だけが一人歩きするため回答者に設問の意図を誤解されてしまうケースが多い。それを防ぐには、アンケートは実施前に必ず簡易的にでも「アンケートのユーザビリティテス

ト」を行うとよい。やり方はウェブサイトとまったく同じである。

　これにより、用語への誤解、文脈に沿った場合の勘違い、適切な質問量を事前に検証することができ、修正をほどこしたアンケートを実施することで、アンケートの回答率および回答精度を上げることができる。

　また、先ほどの例のように、回答項目が多いと入力精度を下げる一因となってしまうため、これも簡易ユーザビリティテストなどで確認するとよい。

　設問内容は、できる限り「回答者が即答できるもの」にしたほうが現実を捉えることができる。たとえば、過去の経験「あなたは○○へ行ったことがありますか？」といった質問であれば、記憶が正確な限りは正しい答えが得られるだろう。

　意見やニーズなどを調査したい場合には、できる限り回答しやすい選択肢を用意する。自由解答欄は設けてもよいが、やはりきちんと記入してくれる人は少ないため、これだけに頼るのは危険である。

　さらに、アンケート回答に対する謝礼、インセンティブもアンケート結果に大きな影響を及ぼすため注意が必要である。インセンティブ（「アンケート回答者の中から抽選で商品モニターを依頼」など）によっては回答者がアンケート実施側の意向に沿うような回答をする場合がある。そのため、アンケートの狙い、意向がわからないような工夫が必要だ。ある特定の事項ばかりを質問すれば、「このアンケートは○○の満足度を調べるためのものだ」と理解され、場合によっては事実と異なる回答を促すことにつながる。そのため、特定の事項に質問が偏らないよう別の事項を織り交ぜるなど、公平な印象を与えるようアンケートを設計する。

　もし、アンケート回答後に直接対面でインタビューするような場合（病院やモデルルームの受付など）には、デリケートな内容はアンケートに盛り込むようにするとよい。人間は相手の期待に応えたり、また自分を良く見せたりしようとするため、自分の能力や資質を問われるようなデリケートな質問に関しては、そういった抵抗が弱まるアンケート手法のほうが向いているからである。たとえば、面と向かって「年収は？」と聞かれるよりも、アンケートに年収を書き込むほうがはるかに精神的な負担が軽い。また、その際、アンケートの最初から聞くのではなく、アンケートの回答に慣れた最後の段階で聞くようにする。

> **アンケート実施のポイント**
> 1. 事前にユーザビリティテストを行う
> 2. 回答数が多くなりすぎないよう注意する
> 3. 即答できる質問にする
> 4. 回答選択肢を用意し、回答負荷を下げる
> 5. 自由回答欄は記述されない傾向にあるため、頼りすぎない
> 6. アンケートの趣旨、意向が回答者に伝わらないよう配慮（特定の事項に質問が集中しないようにするなど）
> 7. プライベートに関することなど、デリケートな内容はアンケートで聞く

5.8.2 インタビュー調査

　ウェブサイト評価を実施する場合に、インタビューを使用することはあまり多くはない。あるとすれば、外部機関にグループインタビュー（フォーカスグループインタビュー）を依頼するケースが多いと考えられる。この場合、インタビューの実施主体は外部機関となるため、その機関の手法、方法論に従うことになるが、自分で実施する場合でも外部に委託する場合でも、インタビュー調査手法自体の特徴は同じであるため、基礎的な部分は認識しておくとよいだろう。

　インタビュー調査の大きな特徴は、その場にインタビュアーがいることで臨機応変なやり取りが可能な点である。協力者が設問の内容を理解していない場合には、かみ砕いて説明したり、興味深い回答をした場合にはさらに深く掘り下げて質問ができるなどの柔軟さを有している。もちろん、その反面量的な分析には向いていない。

　そのため、まだ仮説として何を掲げればよいのかわからないような状態の予備的な調査に向いている。インタビューで得られた結果をもとに、より精緻な仮説を立て、それをアンケートを使ってより多くのユーザに対して検証するというやり方を取ることができる。

　ユーザ中心設計手法によるウェブサイト構築のステップでも、最初に行うコンセプト立案時は何もかもが漠然としているためインタビューに主眼を置いた調査を行うと第2部第2章で解説した。もちろん、インタビューを行うからには、

漠然とはしていてもあらかじめ仮説を持って、質問項目を考えておく必要はあるが、そのレベルはかなり曖昧かつ臨機応変なものとなる。

■ インタビュー調査のポイント

　インタビュー調査の際には、できる限り協力者の発言を促すことで、有益なデータを得るよう努める必要がある。具体的には、イエス／ノーではなく、自分の言葉で答えるような質問を行うよう心がける。たとえば、「このウェブサイトを使ったことがありますか？」だけではなく、「このウェブサイトをいつ使いましたか？」「どうしてそのときに使ったのですか？」「このウェブサイトについてどう思いましたか？」などと聞くようにすることで、インタビュー協力者の考えをうかがい知ることができる。

　また、このような質問をした場合に、協力者が自由に回答できるような雰囲気作りを絶えず行うことも重要だ。自分の回答に自信がなさそうな場合は、共感を示したり、励ますなどして勇気づけるようにする。

　また、人間は未来のニーズに対しては極めて曖昧な態度しか持ち得ないため、たとえば「どういうウェブサイトだったら使いますか？」「このサイトにどんなコンテンツ、機能が欲しいですか？」と聞いても有益な情報を得ることはできない。そのような内容を調査してみたい場合には、あらかじめプロトタイプを作成しておくか、あるいは、「今まで使ったことがあるショッピングサイト中で、便利だと思ったものがあればその名前と、どうしてそう思ったのか教えてください」といったように質問を変える。過去の経験、事実であれば協力者も答えやすく、また事実を抽出することができる。

5.8.3　チェックリスト評価（ヒューリスティック評価）

　ウェブサイトのユーザビリティを評価する場合によく聞かれるのが、ウェブサイトを特定のチェックリストに照らし合わせながら行う評価である。この評価手法をチェックリスト評価と呼ぶ。

　これは、「ウェブサイトとして満たすべき要件＝チェック項目」と、実際のウェブサイトとを照らし合わせながらサイトの現状を評価する手法であり、主に専門業者の手によって行われる。また、チェック項目は専門家がこれまでの評価経験

に基づいて定義されたものであることから、経験則＝ヒューリスティック評価とも呼ばれる。

チェックリスト評価の特徴は、大きく以下の2点である。

- 「チェック項目」を共通の評価軸として、競合他社との比較が可能である
- 項目への適合度合いなどを定量的に把握できる

チェックリスト評価手法で重要なことは、評価軸となるチェック項目の妥当性である。チェック項目が自社サイトのあるべき姿に近いものであるならば、この評価手法は十分に意味を持つが、そうでない場合には評価の有効性が弱まることになる。

実際には、チェック項目はあらゆるサイトに適用できる必要があるために、その内容は極めて汎用的、一般的なものとなっている。たとえば、「テキストのリンクの色はブラウザの初期設定値となっているか」や「現在地から上位階層のページへのリンクが張られているか」といった、ウェブサイトの初歩的なルールであることが多い。

ウェブサイト黎明期であれば、最低限の使い勝手を担保する意味でこれらの項目についてサイトを評価することは意味があったかもしれない。しかし、ウェブサイトの質が向上し、さらに自サイトのユーザニーズに答えようという動き活発な現在においては、汎用化されたチェックリストによる評価は次第に意味をなさなくなってきている可能性がある。

このような評価を行ったあとに、改善の示唆が得られなかったという話はサイト運営者の方々からよく聞く。また、評価後に指摘された問題点は、「わかっていながらあえてそうしている」類のものが多く、特に目新しい発見がなかったという声も多い。多少の経験があるウェブサイト運営者にとっては、あまりに当たり前のことばかりが指摘されている印象になってしまうのである。

そのため、ウェブサイトを立ち上げたばかりで、サイトとしての最低限の体裁を保っているのかどうか不安な場合には、このような評価を取り入れてみるのは意味があると考えられる。また、たとえばアクセシビリティといった、JIS基準などに準拠した「守り」のチェックであれば効果があるだろう。

あるいは、自社サイトのあるべき姿を独自にガイドライン化しておき、自社内

で定期的にその項目に照らし合わせたチェックを行うという方法もある。

　チェックリスト評価手法は競合との比較調査にもよく使われるが、ユーザが実際に競合他社のサイトと比較していなければ意味がない。また競合との比較で何を得たいのかも明確にしないと、ただチェック項目への適合率の順位を争うだけの結果に陥ってしまう。

　いずれにしても、ウェブサイトの良し悪しはそのサイトを訪れるユーザ、そのときの状況、ユーザの目的によって異なるため、一義的な評価項目はあくまで通過点と捕らえ、より自社のウェブサイトに焦点を当てた評価を行ったほうが、成果の上がるウェブサイト運営の近道となる。

5.8.4 視聴率調査

　テレビにも視聴率があるように、インターネットの視聴率を調査しデータを提供するサービスがある。これを「視聴率調査」と呼ぶ。インターネットの視聴率調査は、多くの場合、調査機関が独自に有するモニターに対してインターネット視聴状況などを調査し、その結果から全体を推測する方法を取っている。アクセスログ解析と異なり、自社サイト以外に対する動きなどインターネットの使用状況の全体が把握できることが大きな特徴である。

　たとえば、アクセスログ解析であれば、自社ウェブサイトに到達する直前にいたウェブサイトは「リファラー」によって把握可能だが、直後に利用したウェブサイトはわからない。しかし、視聴率調査の場合はそのいずれも把握できるため、自社サイト訪問前後の動きを知ることができる。また、競合など他社のアクセスログは見ることができないが、視聴率調査の場合、他社の視聴状況も把握できる。

　さらに、調査機関が有するモニターの属性情報、たとえば、居住地域、年齢、性別、家族構成等があらかじめわかっているため、それらの属性情報とサイト視聴の状況をかけあわせて分析することが可能であり、アクセスしているユーザの全体傾向を捉えやすいという特徴もある。

　また、複数ウェブサイトの利用状況を同一基準で比較・把握できるため、以下のようなデータが把握可能である。

- 自社ウェブサイトと競合サイトの重複利用の割合
- 利用者属性の比較
- ページビュー
- 一人あたり利用頻度
- 延べ視聴ページ
- リーチ率
- 滞在時間

　このようにメリットが多い一方で、視聴率調査の限界は、あくまで限られた視聴モニターから全体傾向を推察していることにある点である。つまり、アクセスが少ないウェブサイトに対しては、結果にばらつきが生じやすく、正しい傾向を導きづらい。そのため、もし視聴率調査を導入するのであれば、自社サイトがある程度のアクセス数を持っている必要がある。どの程度のアクセス数があればよいのかは、各視聴率調査サービスによって異なるため、導入を検討するのであれば、そのあたりを入念に確認することをお勧めする。

　以上、サイト運営における効果検証について手法の選択まで詳細に見てきたが、手法が決定したあとはそれぞれの手法の手順に従って、準備、実行、結果分析を行うことになるため、ここでは説明を割愛する。また、アクセスログ解析、ユーザビリティテストについては第1部第3章、第2部第2章に詳述しているため、そちらを参照願いたい。

> **Column**
>
> ## サイト運営効果の算出
>
> 　評価手法を選択したあとは、実際に評価を行い、現状の課題を発見して改善に取り組むのだが、それとはまた別の観点で、「効果を数値で算出する」という命題がウェブマスターに課されることがある。
>
> 　もちろんこの命題は、これまで見てきたウェブサイトの評価と結局は同じことである。しかし、ウェブサイトの効果を数値化するとなると別の意味での困難さが伴われる。数値は一人歩きするがために、その算出には慎重にならざるを得ないからだ。
>
> 　効果数値化のコツは、「サイトの目的から導出する」ことにある。詳細については、第2部第1章の「効果検証を見据えた目標値を策定する」を参照してもらいたいが、会社概要ページなど、特にその効果を数値化しづらいウェブサイトを運営している場合は、「ユーザがなぜ自分のサイトに訪れるのか？　そのときに何をすることがビジネスへの貢献につながるのか？」といったサイトコンセプトをもう一度問い直しながら、効果を見極め、アクセスログ解析の数値を活用する。
>
> 　たとえば、ウェブサイトのひとつの目的として「集客」を掲げているのであれば、何人のアクセスがあったのかというのは、その効果を測る上での重要な指標となる。
>
> 　また、ウェブサイト上でサポート情報を提供しているのであれば、人的サポートのコスト削減への貢献という効果をもたらすことが多いだろう。たとえば、「FAQの回答ページの閲覧数×お客様相談電話受付コスト」によって、問い合わせの削減効果を謳うこともできる（この例は、理解しやすくするために算出ロジックを単純化している。実際にはサイトの構造などにより、効果算出の計算ロジックはやや複雑になる可能性がある）。

あとがき

　マーケティングの大家フィリップ・コトラーは著書の中で、「マーケティングの役割とは、たえず変化する人々のニーズを収益機会に転化すること」※と説明している。

　本書で説明してきたユーザ中心設計手法は、コトラーの定義をインターネットにあてはめ、さらに収益の実現手法までを組み入れたものであると言える。つまりユーザ中心設計手法とは、「絶えず変化する人々の行動やニーズを把握し、インターネットを通じた企業の収益機会を実現する」ためのものなのである。コトラーが述べているように、ユーザを正しく知るということが偉大な成果をもたらす要になる。

　しかしながら、この手法を本格的に実践しようとすると、多くの時間と労力が必要なのは否定できない。すべてを実施しようとするのではなく、まずはこの手法の一部分だけでよいので普段のサイト運営業務の中に取り入れてみることをお勧めする。たとえば、サイトのデザイン案を同僚に使ってもらう「簡易ユーザビリティテスト」を行うだけでもよい。これならたった5分でできる上に、「仮説を立ててそれを実際のユーザで検証する」というユーザ中心設計の根幹に触れることができる。そして、多くの示唆をもたらしてくれるだろう。

　また、実際にこの手法を実践してみると想像していたほど大変ではないことに気づくはずである。むしろ、実践したほうがかえって楽になる感覚すらあるかもしれない。なぜなら、仮説検証を繰り返すことでひとつひとつの意思決定が論理的に下せるようになるからである。このようにしてノウハウが蓄積されていくと、それだけサイト運営は明確な指針のもとに進められ、それに伴い大きな成果がもたらされるようになるのである。

　仮説を立てて、それを実際のユーザで検証する。たったこれだけのことが、変

※『コトラーのマーケティング・コンセプト』フィリップ・コトラー著、東洋経済新報社、2003、5ページ

化し続けるユーザに有効にアプローチし、それを継続的に成果につなげていくための秘訣である。作っては試し、試しては直すという、地道で泥臭い作業の中にユーザの真実が隠されているのである。

　インターネットは今後ますます我々の生活と密着した社会的インフラのひとつになってくるはずである。本書により、すべてのウェブサイトがユーザにとっても、また企業にとっても有益なものとなり、社会インフラの品質向上に少しでも貢献できていれば本望である。

2006年8月

武井 由紀子

索引

英字

AISAS	30
Flash	296, 333
JavaScript	141
PCサクセス	5
URL命名基準	146

あ

アーリープロトタイピング	62
アイトラッキング	156
アイトラッキング調査	319
アクセス数	135, 320
アクセスログ	133, 305
〜の限界	139
アクセスログ解析	78, 92, 133, 137, 315, 316, 320
〜の前提条件	145
〜のポイント	148
アクセスログ解析項目	135
アクセスログ解析ソフト	134
アンケート	154
〜実施時のポイント	336
〜による市場規模検証	255
アンケート手法	334
アンケート調査	331
アンテナ	199

い

一覧に戻る	293
入口ページ	136
印刷	254
インセンティブ	185, 215
インターネット	33, 169
〜の特性	40
インターネット革命	29
インターネットメディア	
〜の基本特性	39
〜の強み	187
インタビュー手法	334
インタビュー調査	338

う

ウェブサイト	22
→サイト	
〜の掟	210
〜の効果検証サービス	308
ウェブサイト戦略	73
ウォークスルー	282
ウォーターフォール型	53, 54
運用	53
〜時のユーザビリティテスト	326
〜の重要性	300

え

遠慮不要メディア	42

か

回顧法	101
改善プロセスへの引き継ぎ	317
回答精度	333
開発	52
囲い込み	71
仮説	59, 147
仮説検証ツール	76, 77
仮説検証の回数	92
課題達成時間測定	328
課題達成率	328
画面設計	73
画面設計書	128
画面プロトタイプ	84, 126-128, 199, 259, 271
〜の精度	241
画面プロトタイプ作成	238
〜担当者	130
〜ツール	129
〜範囲	131
簡易ユーザビリティテスト	124
管理指標	314

き

キーワード	135

346

き

キーワードアドバイスツール	78, 79, 155
キーワード広告	155
企業戦略	166
既存顧客データ分析	154
基本導線	265
〜検証	52
〜設計	51, 268
競合	193, 199
競合調査	156, 329
〜の例	196, 197
業務系システム	37
業務システム	28

く

クリックストリーム	136
クリティカルパス	216
グループインタビュー	154, 338
グローバルナビゲーション	271

け

経路分析	136
見学ルーム	117, 118
言語化されたニーズ	87
検索キーワード	135
検証	59, 218
〜項目	310, 311
〜手法	315
〜精度の向上	324
〜頻度	317

こ

効果検証	53, 305, 309, 331
〜の手順	306
〜の必要性	301
〜の目的	307
〜を阻む壁	302
行動	91
〜のギャップ	87
分析	91
行動理由	138
購買プロセス	34
顧客接点	291
顧客中心	13
コミュニケーションシステム	26, 35

さ

サイト	298, 300, 309
運用	300
効果検証	309
〜の価値	68
〜の管理指標	314
〜の基本導線	265
〜の効果検証	301, 306, 331
〜の強み・売り	252
〜の目的の設定	165
〜の目標値の設定	173
〜のユーザ行動シナリオ策定	163
リリース後	298
サイト運営	162
〜効果の算出	343
サイト構造	145, 270
〜最適化	142
サイトゴール到達までの戦術案	217
サイト戦略検証	51
〜のポイント	222
〜の効果	163
サイト戦略の修正	252
サイト戦略立案	51
〜の意義	162
〜のゴール	163
サイト戦略立案ステップ	165
サイト認知経路	190
サイト評価サービス	308, 330
サイト目的	169
〜からの検証項目導出方法	311
サイト流入経路	190
サイト利用シナリオ	201
サイト利用状況	190
サイトリリース準備	297
再訪	254
サイレントマジョリティ	137
参照元	135

し

事業戦略	166
思考発話法	101
視線追尾調査	→アイトラッキング調査
事前の仮説	147
時代背景	24
視聴率調査	341
実数値把握	315

索引

実ユーザによる検証 58
シナリオ 23
　　〜策定 209, 213
　　修正 275, 295
指標 175, 176
　　管理〜 314
社内説得（啓蒙） 307, 319
社内ヒアリング 82, 151, 225
　　〜の具体例 233
　　〜の実施 224
重要画面設計 265
　　詳細設計 279
重要画面プロトタイプ 267
重要ページ 289
主導権 70
詳細画面検証 52
詳細画面設計 52, 278
詳細設計時のポイント 281
使用状況インタビュー 101, 156
消費者の情報武装 29
情報開示 69
情報システム 27, 37
情報武装した消費者 31
申告レポート・写真撮影 156
新鮮・網羅メディア 42
心理 183
心理状態 188, 211, 253

す

スパイラル型 53, 54
スパイラル手法 60

せ

生産と消費のシステム 24, 33
接客設計 64
接続環境の定義 192
セルフサービスメディア 22
専門用語 287

そ

早期可視化による品質向上 61
早期プロトタイピング 62

た

ターゲットユーザ 178
第1回ユーザビリティテスト 243

第2回ユーザビリティテスト 273
第3回ユーザビリティテスト 293
代替 193, 194
　　〜の調査 197
対面メディア 33
縦の視点 167
他媒体との役割分担 167

ち

チェックリスト評価 157, 339
直帰率 136

つ

ツールバー 296

て

定性ユーザ行動調査 316
定量ユーザ行動調査 316
出口ページ 136
デザイン 52
　　顧客接点を考慮した〜 291
　　〜の自由度 291
　　ビジュアル〜 132, 289
　　ユーザ心理の〜 66
デザイン検証 294
テスト　→ユーザビリティテスト
テスト観察・分析のコツ 249
テスト協力者収集 107, 109
テスト計画 107, 109
テスト結果分析 122, 251, 275
テスト実施 107, 118
　　〜のコツ 274, 294
　　〜のタイミング 246
テスト実施環境準備 107, 117
テスト進行のコツ 247
テスト設計 107, 112
テスト人数 246
テストルーム 117, 118
デモグラフィック属性 182
テレビ 35
店舗 33

と

問い合わせ内容 154
動機付け　→インセンティブ
動的ページ 141

索引

トップページのプロトタイプ 239, 240

な
仲間 193, 194
斜め読みメディア 41
ナビゲーション 270, 284
生ログ 133

に
ニーズ言語化の限界 86
日記 156
認知経路 190
認知的ウォークスルー 157

ね
ネットユーザの行動特性 39

は
パフォーマンス測定 157, 327
パンフレット 36

ひ
ヒアリング　→社内ヒアリング
　　～結果の分析と修正 237
　　～項目事前送付 229
　　～実施のコツ 232
　　～対象者の選定 227
　　～日程 229
比較メディア 43
ビジネス視点 47
ビジネスニーズ 162
ビジュアルデザイン 132, 289
ヒューリスティック評価 156, 339
評価手法 319

ふ
フィードバック 302
フィールド調査 156
フォーカスグループインタビュー
　　→グループインタビュー
複数画面案のテスト 125
プロダクトアウトの時代 25
プロトタイプ 126
　　→画面プロトタイプ
文章量 286

へ
平均滞在時間 136
平均到達時間 136
ページ制作 296
ページビュー 135, 144, 320
ペーパープロトタイピング手法 130
ペーパープロトタイプ 84, 129

ほ
訪問者数 135, 144
本田技研工業 6, 313

ま
マーケットインの時代 25
前のめり型メディア 40

み
見えないユーザ 21
三井住友銀行 2, 170, 233

も
目標値の設定 173, 174
「戻る」ボタン 140

ゆ
ユーザ 302
　　時系列で～を捕捉 66
　　～の意見 85
　　～のインセンティブ 185
　　～の気持ちの変化 284
　　～の行動シナリオ 202
　　～の行動シナリオ設計 200
　　～の行動特性 39
　　～の行動理由 138
　　～のサイト利用目的 162
　　～の視点 194
　　～の心理状態 188, 211, 253
　　～の接続環境 192
　　～の動機の把握 66
　　～のニーズ・心理 183
　　～の認知・行動ステップのモデル化 .. 214
　　フィードバック 302
　　見えない～ 21
　　～を想定するときのポイント 179
ユーザエージェント 136
ユーザエクスペリエンス 65

索引

ユーザ環境の定義 189
ユーザ検証　→ユーザビリティテスト
ユーザ検証刺激ツール 83
ユーザ行動 85
　　〜観察 98
ユーザ行動シナリオ 200-203, 265, 270
　　〜策定 163
ユーザ行動パターン検証ツール 77
ユーザ行動理由検証ツール 82
ユーザ視点 47
　　〜でサイトの価値を定義 68
　　〜による仮説検証 76
ユーザシナリオ 51, 57, 201, 202
　　〜の精緻化 252
ユーザ心理のデザイン 66
ユーザターゲティング 55
ユーザ中心 13
　　〜の必要性 24
ユーザ中心設計 46, 55, 64
　　作業ステップ詳細図 50
　　作業ステップ図 49
　　〜におけるテストの位置付け 103
　　〜のゴール 47
　　〜のプロセス 49
ユーザ中心設計手法 11, 12, 21
ユーザテスト　→ユーザビリティテスト
ユーザニーズ 162, 183, 184, 252, 286
　　言語化の限界 86
　　強い〜 286
　　〜に対するアンテナ 199
ユーザビリティテスト 82, 92, 93, 98, 102, 315, 316, 319, 326
　　運用時の〜 326
　　具体例 250
　　検証ポイント 244, 274, 293
　　実施タイミング 243
　　第1回〜 243
　　第2回〜 273
　　第3回〜 293
　　〜の実践ステップ 107
ユーザ誘導シナリオ 51, 201
ユーザ理解 20, 22
ユニークユーザ数 135

よ

要件定義 51, 258, 260, 268
　　〜の具体例 263
　　〜の方法、注意点 261
要件定義書 259
横の視点 167

ら

ラピッドプロトタイピング 62

り

リスティング広告 155
リファラー 135
流入経路 190
利用状況 190

る

ルール集 282

ろ

ロボット検索 143

わ

ワイヤーフレーム 132

■ 著者紹介

株式会社ビービット　http://www.bebit.co.jp/
仮説検証型の独自方法論「ビービット UCD (User Centered Design)」を用いて、ウェブサイトのユーザ行動分析を軸に成果の上がるインターネットコンサルティングサービスを展開。年間1,000人を超える個別ユーザ行動観察（ユーザビリティテスト）結果をもとに、ウェブサイト戦略立案からサイト設計、開発、効果検証を行い、サイトの売上げ向上やサービス申し込み数向上などの数値的成果を実現することを得意としている。
主な実績として、三井住友銀行、日本生命保険、本田技研工業、マネックス証券、三井住友海上、ヤマハ、Yahoo! JAPAN、日本経済新聞社、東京建物など。

■ 執筆者略歴

執筆
■ 武井 由紀子
（株）ビービット取締役。早稲田大学政治経済学部卒業後、アンダーセンコンサルティング（現アクセンチュア）入社。金融機関の組織戦略立案や官公庁のシステム開発に従事した後、ビービット設立に参加。ビービットでは、金融機関や製造業の企業ウェブサイトのコンサルティングに携わり、高い数値実績を上げている。著書に『ウェブ・ユーザビリティルールブック』（インプレス）がある。

企画、執筆、監修
■ 遠藤 直紀
（株）ビービット代表取締役。横浜国立大学経営学部卒業後、システム開発会社を経てアンダーセンコンサルティング（現アクセンチュア）に入社。通信会社のインターネット活用戦略立案、開発支援に従事した後、ビービット設立。インターネットやウェブユーザの特性から、従来のシステム開発方法論ではインターネットビジネスの成功が難しいことに気づき、いち早くユーザ中心のウェブサイト開発方法論「ビービット UCD」を策定。経営者として行動科学とインターネット、ビジネス、インターフェースデザインを融合した新しい世界の創出に意欲的に取り組んでいる。

■ 磐前 豪
（株）ビービットマネージャー。早稲田大学法学部卒業後、アンダーセンコンサルティング（現アクセンチュア）入社。製造業、流通業の営業改革や製造プロセス改革に携わる。同社マネージャーを経て、ビービットに参加。小売業、インターネット企業などのウェブサイトコンサルティングを手掛け、高い数値実績を上げている。

■ 若林 龍成
（株）ビービット副社長。東京大学大学院工学系研究科修了後、アンダーセンコンサルティング（現アクセンチュア）入社。製造業の経理システム改革などに従事した後、ビービット設立に参加。ビービットでは経営者として戦略や採用に携わるとともに、メディア系企業のウェブサイトコンサルティングに強みを持つ。

■ 中島 克彦
（株）ビービット取締役。横浜国立大学経営学部卒業後、（株）富士銀行入行。法人融資などに従事した後、ビービット設立に参加。金融機関、ECサイト、検索サイトなど数々の企業のウェブサイトコンサルティングに携わり高い成果を上げている。

図表作成
■ 東 美和子
■ 深沢 由佳

■本書のサポートページ
http://isbn.sbcr.jp/33529/

本書をお読みいただいたご感想・ご意見を上記URLからお寄せください。本書に関するサポート情報やお問い合わせ受付フォームも掲載しておりますので、あわせてご利用ください。お電話でのお問い合わせにはいっさいお答えできませんので、なにとぞご了承ください。Webサイトにアクセスする手段をおもちでない方は、ご氏名、ご送付先、および「質問フォーム希望」と明記のうえ、FAXまたは郵便(80円切手をご同封願います)にて、下記宛先までお申し込みください。お申し込みの手段に応じて、折り返し質問フォームをお送りいたします。フォームに必要事項をもれなく記入し、FAXまたは郵便にて下記宛先までご返送ください。

送付先住所　〒107-0052　東京都港区赤坂4-13-13
FAX 番号　　03-5549-1144
宛先　　　　ソフトバンク クリエイティブ株式会社
　　　　　　第一書籍編集部　読者サポート係

ただし、本書の記載内容とは直接関係のない一般的なご質問、本書の記載内容以上の詳細なご質問、お客様固有の環境に起因する問題についてのご質問、書籍内にすでに回答が記載されているご質問、具体的な内容を特定できないご質問など、そのご質問への対応が、他のお客様ならびに関係各位の権益を減損しかねないと判断される場合には、ご対応をお断りせざるをえないこともあります。またご質問の内容によっては、回答に数日ないしそれ以上の期間を要する場合もありますので、なにとぞご了承ください。

ユーザ中心ウェブサイト戦略

2006年10月10日　初版第1刷発行
2007年 2月28日　初版第3刷発行

著　　者　　株式会社ビービット　武井 由紀子／遠藤 直紀
発 行 者　　新田 光敏
発 行 所　　ソフトバンク クリエイティブ株式会社
　　　　　　〒107-0052　東京都港区赤坂4-13-13

制　　作　　有限会社風工舎
装　　丁　　森 裕昌
印　　刷　　文唱堂印刷株式会社

※本書の出版にあたっては正確な記述に努めましたが、記載内容、運用結果などについて一切保証するものではありません。
※乱丁本、落丁本はお取り替えいたします。小社販売局 (03-5549-1201) までご連絡ください。
※定価はカバーに記載されております。

Printed in Japan　　　　ISBN4-7973-3352-9